建筑给水排水工程

JIANZHU GEISHUI PAISHUI GONGCHENG
SHIGONG XUEYONG SUCHENG

施工学用速成

魏文彪 编著

中国电力出版社
CHINA ELECTRIC POWER PRESS

内 容 提 要

本书着重介绍了建筑给水排水工程识图基础、投影的基本原理、建筑给水排水工程简介、建筑内部给水系统施工图识读、建筑内部排水系统施工图识读、建筑消防给水系统施工图识读、建筑内部热水供应系统施工图识读、小区给水排水施工图识读、中水系统施工图识读。

本书严格依据目前最新的国家规范、标准编写，着重突出新规范、新标准、新工艺、新思维、新形势。本书内容丰富、言简意赅、图文并茂、综合性强，以培养和增强读者的建筑给水排水工程基础知识及应用能力为目的，知识点由易到难、循序渐进。本书可作为建筑给水排水工程相关专业人员学习的参考书，特别适合作为建筑给水排水类本、专科及高职不同层次教学的教材，也可作为建筑给水排水专业人员继续教育的辅导用书。

图书在版编目（CIP）数据

建筑给水排水工程施工学用速成/魏文彪编著. —北京：中国电力出版社，2015.1
ISBN 978 - 7 - 5123 - 6277 - 2

Ⅰ.①建…　Ⅱ.①魏…　Ⅲ.①建筑—给水工程—工程施工②建筑—排水工程—工程施工
Ⅳ.①TU82

中国版本图书馆 CIP 数据核字（2014）第 173677 号

中国电力出版社出版发行
北京市东城区北京站西街 19 号　100005　http：//www.cepp.sgcc.com.cn
责任编辑：梁　瑶　联系电话：010-63412605
责任印制：蔺义舟　责任校对：常燕昆
北京市同江印刷厂印刷·各地新华书店经售
2015 年 1 月第 1 版·第 1 次印刷
700mm×1000mm　1/16·18 印张·342 千字
定价：45.00 元

编写委员会

前 言

在我国国民经济实力飞速发展的大背景下，建设工程已成为当今最具有活力的一个行业，民用、工业或者公共建筑如雨后春笋般拔地而起。伴随着建筑施工技术的不断发展与成熟，建筑产品在品质、功能等方面有了更高的要求。尤其是建筑设备的完善程度和设计水平，可以作为体现建筑物建设质量和现代化水平的重要标志，在不断发展的过程中，越来越引起人们的关注。

给水排水工程作为建筑设备最基本的要素，与人们的生活、卫生、安全、消防等方面息息相关，其技术水平直接影响建筑物的使用功能。尤其是近些年来，工程新技术、新工艺的不断应用，让人们在大开眼界的同时，也享受了建筑设计成果。随着社会的进步，建筑给水排水工程在理论与实践上仍将不断地完善与拓展，进而成为现代建筑的重中之重。

从目前的趋势来看，一方面，社会对建筑给水排水工程技术人才的需求越来越多，各大高等院校也在积极建立和完善建筑给水排水工程专业人才培养体系。另一方面，建筑给水排水工程技术迅速发展，不仅对实践领域的设计人员有要求，同时对高校相关专业学生的培养也提出了新的要求。

近年来，随着高校毕业生逐年增加，促使建筑给水排水专业队伍不断壮大，也为整个给水排水行业带来了新鲜的血液，使得给水排水工程走向年轻化、多元化。可是存在的问题也日益明显，初出茅庐的高校毕业生，在管理能力、社会经验、实际操作等方面都极为欠缺，他们中的大多数人在毕业后，不能迅速成为一名合格的技术人员，就业前景堪忧。如何改变这种状况？使这些刚刚参加工作的毕业生的管理能力和技术水平得到快速的提高？这就迫切需要具有较高实用价值的资料性、实践性教材。本套丛书就是基于这样的背景编写完成的。希望本丛书能够为高等院校建筑给水排水工程专业的读者提供帮助，也可作为教学、辅导的参考用书。

本书全面、细致地概括了建筑给水排水工程的设计基础和设计应用。本书共分为8个项目，是一个有机的整体。从建筑产品的使用功能出发，通过对给水、排水、消防、中水、热水、饮用水等不同系统逐一介绍，有效、有序地将建筑给水排水系统设计原理及国家标准、规范融入到设计理论当中，以强调设计过程中的规范意识及对规范条款的应用。本书在内容上由浅及深，循序渐进，适合不同层次的读者，尤其适合新手尽快入门成为高手。在表达上简明易懂、图文并茂、灵活新颖，杜绝了以往建筑类图书枯燥乏味的记叙，而是分别列出需要掌握的技能，让读者一目了然。

目前，给水排水工程各领域发展迅速，学科之间的联系也越来越紧密，虽然编者在编写时力求做到内容全面、及时，但由于自身专业水平有限，加之时间仓促，书中存在错误或者不当之处在所难免，恳请读者批评指正。当然，编者会在今后的出版工作中，力求做到精益求精。我们诚挚地希望本书，能为奋斗在建筑给水排水工程行业的朋友带来更多的帮助。

编　者

目　录

前言

基础部分

项目 1　施工图识读 ································· 3
　1.1　基础知识 ································· 3
　1.2　识读方法 ································· 42
　1.3　识读举例 ································· 43
项目 2　常用材料及机具 ································· 50
　2.1　常用材料 ································· 50
　2.2　常用机具 ································· 71

应用部分

项目 3　建筑给水管道施工 ································· 87
　3.1　给水管道预制加工 ································· 87
　3.2　给水管道连接 ································· 109
　3.3　给水管道支吊架安装 ································· 131
　3.4　给水管道安装 ································· 139
　3.5　给水管道防腐及保温 ································· 164
项目 4　建筑排水管道施工 ································· 186
　4.1　排水管道预制加工 ································· 186
　4.2　排水管道连接 ································· 186
　4.3　排水管道支吊架安装 ································· 186
　4.4　排水管道安装 ································· 186
　4.5　排水管道防腐 ································· 206
项目 5　建筑消防系统施工 ································· 207
　5.1　消防管道预制加工 ································· 207
　5.2　消防管道连接 ································· 207
　5.3　消防管道支吊架安装 ································· 207

5.4　消防系统安装 …………………………………………………………… 207

5.5　消防管道及设备防腐保温 ……………………………………………… 229

项目 6　水表阀门安装 ……………………………………………………… 230

6.1　水表安装 ………………………………………………………………… 230

6.2　阀门安装 ………………………………………………………………… 232

项目 7　水箱水泵安装 ……………………………………………………… 245

7.1　水箱安装 ………………………………………………………………… 245

7.2　水泵安装 ………………………………………………………………… 249

7.3　水箱水泵的防腐与保温 ………………………………………………… 255

项目 8　卫生器具安装 ……………………………………………………… 256

8.1　卫生器具安装基本要求 ………………………………………………… 256

8.2　各类器具的安装 ………………………………………………………… 260

参考文献 …………………………………………………………………… 277

基础部分

项目 1 施工图识读

1.1 基础知识

1.1.1 平面布置图

给水、排水平面图应表达给水、排水管线和设备的平面布置情况。

根据建筑规划，在设计图样中，用水设备的种类、数量、位置，均要作出给水和排水平面布置；各种功能管道、管道附件、卫生器具、用水设备，如消火栓箱、喷头等，均应用各种图例表示；各种横干管、立管、支管的管径、坡度等，均应标出。平面图上管道都用单线绘出，沿墙敷设时不标注管道距墙面的距离。

一张平面图上可以绘制几种类型的管道，一般来说，给水和排水管道可以在一起绘制。若图样管线复杂，也可以分别绘制，以图样能清楚地表达设计意图而图样数量又很少为原则。

建筑内部给水排水，以选用的给水方式来确定平面布置图的张数。底层及地下室必绘；顶层若有高位水箱等设备，也必须单独绘出。建筑中间各层，如卫生设备或用水设备的种类、数量和位置都相同，绘一张标准层平面布置图即可；否则，应逐层绘制。

在各层平面布置图上，各种管道、立管应编号标明。

1.1.2 系统图

系统图也称"轴测图"，其绘法取水平、轴测、垂直方向，完全与平面布置图比例相同。系统图上应标明管道的管径、坡度，标出支管与立管的连接处，以及管道各种附件的安装标高，标高的±0.00应与建筑图一致。系统图上各种立管的编号应与平面布置图一致。系统图均应按给水、排水、热水等各系统单独绘制，以便于施工安装和概预算应用。

系统图中对用水设备及卫生器具的种类、数量和位置完全相同的支管、立管，可不重复完全绘出，但应用文字标明。当系统图立管、支管在轴测方向重复交叉影响识图时，可断开移到图面空白处绘制。

◆◆ *1.1.3* 施工详图

凡平面布置图、系统图中局部构造因受图面比例限制而表达不完善或无法表达的，为使施工概预算及施工不出现失误，必须绘出施工详图。通用施工详图系列，如卫生器具安装、排水检查井、雨水检查井、阀门井、水表井、局部污水处理构筑物等，均有各种施工标准图，施工详图宜首先采用标准图。

绘制施工详图的比例以能清楚绘出构造为根据选用。施工详图应尽量详细注明尺寸，不应以比例代替尺寸。

◆◆ *1.1.4* 设计施工说明及主要材料设备

用工程绘图无法表达清楚的给水、排水、热水供应、雨水系统等管材、防腐、防冻、防露的做法，或难以表达的诸如管道连接、固定、竣工验收要求、施工中特殊情况技术处理措施，或施工方法要求严格必须遵守的技术规程、规定等，可在图样中用文字写出设计施工说明。工程选用的主要材料及设备表，应列明材料类别、规格、数量，设备品种、规格和主要尺寸。

设备、材料表是该项工程所需的各种设备和各类管道、管件、阀门、防腐和保温材料的名称、规格、型号、数量的明细表。

此外，施工图还应绘出工程图所用图例。

所有以上图样及施工说明等应编排有序，写出图样目录。

1. 图线

建筑给水排水施工图的线宽 b 应根据图样的类别、比例和复杂程度确定。一般线宽 b 宜为 0.7mm 或 1.0mm。常用的线型应符合表 1-1 的规定。

表 1-1   常 用 线 型

名称	线 型	线宽	用 途
粗实线	——————	b	新建各种给水排水管道线
中实线	——————	0.5b	(1) 给水排水设备，构件的可见轮廓线。 (2) 厂区（小区）给水排水管道图中新建筑物、构筑物的可见轮廓线，原有给水排水的管道线
细实线	——————	0.35b	(1) 平、剖面图中被剖切的建筑构造（包括构配件）的可见轮廓线。 (2) 厂区（小区）给水排水管道图中原有建筑物、构筑物的可见轮廓线。 (3) 尺寸线、尺寸界限、局部放大部分的范围线、引出线、标高符号线、较小图线的中心线等

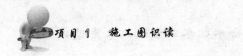
续表

名称	线 型	线宽	用 途
粗虚线	———————	b	新建各种给水排水管道线
中虚线	—— —— —— ——	$0.5b$	（1）给水排水设备，构件的不可见轮廓线。 （2）厂区（小区）给水排水管道图中新建建筑物、构筑物的不可见轮廓线，原有给水排水的管道线
细虚线	— — — — —	$0.35b$	（1）平、剖面图中被剖切的建筑构造的不可见轮廓线。 （2）厂区（小区）给水排水管道图中新建建筑物、构筑物的不可见轮廓线
细点划线	- - - - - - -	$0.35b$	中心线、定位轴线
折断线	——／\／——	$0.35b$	断开界线
波浪线	∼∼∼∼∼	$0.35b$	断开界线

2. 标高

（1）标高符号及一般标注方法应符合《房屋建筑制图统一标准》（GB/T 50001—2010）的规定。

（2）室内工程应标注相对标高；室外工程宜标注绝对标高，当无绝对标高资料时，可标注相对标高，但应与总图标高一致。

（3）压力管道应标注管中心标高；重力流管道和沟渠宜标注管（沟）内底标高。标高单位以米计时，可注写到小数点后第二位。

（4）在下列部位应标注标高。

1）沟渠和重力流管道：

①建筑物内应标注起点、变径（尺寸）点、变坡点、穿外墙及剪力墙处；

②需控制标高处；

③小区内管道按《建筑给水排水制图标准》（GB/T 50106—2010）的规定执行。

2）压力流管道中的标高控制点。

3）管道穿外墙、剪力墙和构筑物的壁及底板等处。

4）不同水位线处。

5）建（构）筑物中土建部分的相关标高。

（5）标高的标注方法应符合下列规定：

1）平面图中，管道标高应按图 1 - 1 的方式标注；

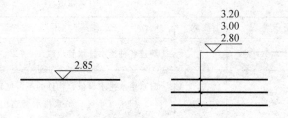

图 1-1　平面图中管道标高标注法

2）平面图中，沟渠标高应按图 1-2 的方式标注；

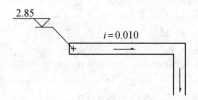

图 1-2　平面图中沟渠标高标注法

3）剖面图中，管道及水位的标高应按图 1-3 的方式标注；

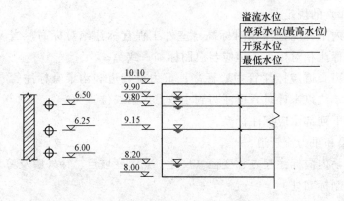

图 1-3　剖面图中管道及水位标高标注法

4）轴测图中，管道标高应按图 1-4 的方式标注。

（6）建筑物内的管道也可按本层建筑地面的标高加管道安装高度的方式标注管道标高，标注方法应为 $H+\times.\times\times$，H 表示本层建筑的地面标高。

3. 管径

（1）管径的单位应为"mm"。

（2）管径的表达方法应符合下列规定。

项目 1　施工图识读

▶ 7 ◀

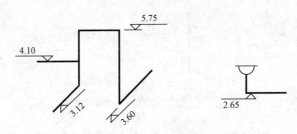

图 1 - 4　轴测图中管道标高标注法

1）水煤气输送钢管（镀锌或非镀锌）、铸铁管等管材，管径宜以公称直径 DN 表示；

2）无缝钢管、焊接钢管（直缝或螺旋缝）等管材，管径宜以外径 D×壁厚表示；

3）铜管、薄壁不锈钢管等管材，管径宜以公称外径 $D\omega$ 表示；

4）建筑给水排水塑料管材，管径宜以公称外径 DN 表示；

5）钢筋混凝土（或混凝土）管，管径宜以内径 d 表示；

6）复合管、结构壁塑料管等管材，管径应按产品标准的方法表示；

7）当设计中均采用公称直径 DN 表示管径时，应有公称直径 DN 与相应产品规格对照表。

（3）管径的标注方法应符合下列规定：

1）单根管道时，管径应按图 1 - 5 的方式标注；

DN20

图 1 - 5　单管管径表示法

2）多根管道时，管径应按图 1 - 6 的方式标注。

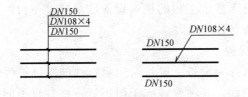

图 1 - 6　多管管径表示法

4. 编号

（1）当建筑物的给水引入管或排水排出管的数量超过一根时，应进行编号，编号宜按图 1 - 7 的方法表示。

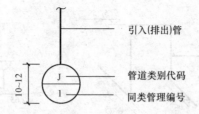

图 1-7 给水引入（排水排出）管编号表示法

（2）建筑物内穿越楼层的立管，其数量超过一根时，应进行编号，编号宜按图 1-8 的方法表示。

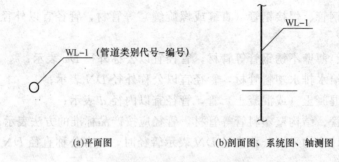

图 1-8 立管编号表示法

（3）在总图中，当同种给水排水附属构筑物的数量超过一个时，应进行编号，并应符合下列规定：

1）编号方法应采用构筑物代号加编号表示；

2）给水构筑物的编号顺序宜为从水源到干管，再从干管到支管，最后到用户；

3）排水构筑物的编号顺序宜为从上游到下游，先干管后支管。

（4）当建筑给水排水工程的机电设备数量超过一台时，宜进行编号，并应有设备编号与设备名称对照表。

5. 给水排水图例

施工图上的管件和设备一般是采用示意性的图例符号来表示的，这些图例符号既有相互通用的，各种专业施工图还有一些各自不同的图例符号，为了看图方便，一般在每套施工图中都附有该套图样所用到的图例。

建筑给排水图样上的管道、卫生器具、设备等均按照《建筑给水排水制图标准》（GB/T 50106—2010）使用统一的图例来表示。在《建筑给水排水制图标准》中列出了管道、管道附件、管道连接、管件、阀门、给水配件、消防设施、卫生设备及水池、小型给水排水构筑物、给水排水设备、仪表共 11 类图例，见

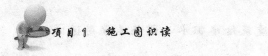

表 1-2～表 1-12。

表 1-2 管 道

名 称	图 例	备 注
生活给水管	—— J ——	—
热水给水管	—— RJ ——	—
热水回水管	—— RH ——	—
中水给水管	—— ZJ ——	—
循环冷却给水管	—— XJ ——	—
循环冷却回水管	—— XH ——	—
热媒给水管	—— RM ——	—
热媒回水管	—— RMH ——	—
蒸汽管	—— Z ——	—
凝结水管	—— N ——	—
废水管	—— F ——	可与中水原水管合用
压力废水管	—— YF ——	—
通气管	—— T ——	—
污水管	—— W ——	—
压力污水管	—— YW ——	—
雨水管	—— Y ——	—
压力雨水管	—— YY ——	—
虹吸雨水管	—— HY ——	—
膨胀管	—— PZ ——	—

续表

名 称	图 例	备 注
保温管		也可用文字说明保温范围
伴热管		也可用文字说明保温范围
多孔管		—
地沟管		—
防护套管		—
管道立管	XL-1 平面　XL-1 系统	X 为管道类别，L 为立管，1 为编号
空调凝结水管	—— KN	—
排水明沟	坡向 ⟶	—
排水暗沟	坡向 ⟶	—

表 1 - 3　　　　　　　　　管 道 附 件

名 称	图 例	备 注
管道伸缩器		—
方形伸缩器		—
刚性防水套管		—

续表

名　称	图　例	备　注
柔性防水套管		—
波纹管		—
可曲挠橡胶接头	单球　　双球	—
管道固定支架		—
立管检查口		—
清扫口	平面　　系统	—
通气帽	成品　蘑菇形	—
雨水斗	YD-1　YD-1 平面　　系统	—
排水漏斗	平面　　系统	—
圆形地漏	平面　　系统	通用。如无水封，地漏应加存水弯

名称	图　　例	备　注
方形地漏	平面　　　系统	—
自动冲洗水箱		—
挡墩		—
减压孔板		—
Y形除污器		—
毛发聚集器	平面　　　系统	—
倒流防止器		—
吸气阀		—
真空破坏器		—
防虫网罩		—
金属软管		

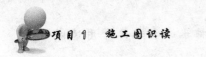

表 1 - 4　　　　　　　　　　　　　管　件

名　称	图　例
偏心异径管	
同心异径管	
乙字管	
喇叭口	
转动接头	
S 形存水弯	
P 形存水弯	
90°弯头	
正三通	
TY 三通	
斜三通	
正四通	
斜四通	
浴盆排水管	

表 1 - 5 　　　　　　　　　管 道 连 接

名称	图 例	备 注
法兰连接		—
承插连接		—
活接头		—
管堵		—
法兰堵盖		—
盲板		
弯折管	高 低 　 低 高	—
管道丁字上接	高 低	—
管道丁字下接	高 低	—
管道交叉	低 高	在下面和后面的管道应断开

表 1-6   给 水 配 件

名 称	图 例
水嘴	平面 系统
皮带水嘴	平面 系统
洒水（栓）水嘴	
化验水嘴	
肘式水嘴	
脚踏开关水嘴	
混合水嘴	
旋转水嘴	
浴盆带喷头混合水嘴	
蹲便器脚踏开关	

表 1 - 7 阀 门

名称	图 例	备 注
闸阀		—
角阀		—
三通阀		—
四通阀		—
截止阀		—
蝶阀		—
电动闸阀		—
液动闸阀		—
气动闸阀		—
电动蝶阀		—
液动蝶阀		—

续表

名　称	图　例	备　注
气动蝶阀		—
减压阀		左侧为高压端
旋塞阀	平面　　　系统	—
底阀	平面　　　系统	—
球阀		—
隔膜阀		—
气开隔膜阀		—
气闭隔膜阀		—
电动隔膜阀		—
温度调节阀		—
压力调节阀		—
电磁阀		—
止回阀		—
消声止回阀		—

续表

名　称	图　例	备　注
持压阀		—
泄压阀		—
弹簧安全阀		左侧为通用
平衡锤安全阀		—
自动排气阀	平面　系统	—
浮球阀	平面　系统	—
水力液位控制阀	平面　系统	—
延时自闭冲洗阀		—
感应式冲洗阀		—
吸水喇叭口	平面　系统	—
疏水器		—

表 1 - 8   消 防 设 施

名称	图例	备注
消火栓给水管	——— XH ———	—
自动喷水灭火给水管	——— ZP ———	—
雨淋灭火给水管	——— YL ———	—
水幕灭火给水管	——— SM ———	—
水炮灭火给水管	——— SP ———	—
室外消火栓		—
室内消火栓（单口）	平面 系统	白色为开启面
室内消火栓（双口）	平面 系统	—
水泵接合器		—
自动喷洒头（开式）	平面 系统	—
自动喷洒头（闭式）	平面 系统	下喷
自动喷洒头（闭式）	平面 系统	上喷

建筑给水排水工程施工学用速成

名称	图 例	备 注
自动喷洒头（闭式）	平面　　　系统	上下喷
侧墙式自动喷洒头	平面　　系统	—
水喷雾喷头	平面　　　系统	—
直立型水幕喷头	平面　　系统	—
下垂型水幕喷头	平面　　系统	—
干式报警阀	平面　　系统	—
湿式报警阀	平面　　系统	—
预作用报警阀	平面　　系统	—

续表

名　称	图　例	备　注
雨淋阀	平面　　系统	—
信号闸阀		—
信号蝶阀		—
消防炮	平面　　系统	—
水流指示器		—
水力警铃		—
末端试水装置	平面　　系统	—
手提式灭火器		—
推车式灭火器		—

表 1-9   卫生设备及水池

名称	图例	备注
立式洗脸盆		—
台式洗脸盆		—
挂式洗脸盆		—
浴盆		—
化验盆、洗涤盆		—
厨房洗涤盆		不锈钢制品
带沥水板洗涤盆		—
盥洗槽		—
污水池		—
妇女净身盆		—
立式小便器		—

续表

名　称	图　　例	备　注
壁挂式小便器		—
蹲式大便器		—
坐式大便器		—
小便槽		—
淋浴喷头		—

表 1 - 10　　　　　　　　　给 水 排 水 设 备

名　称	图　　例	备　注
卧式水泵	平面　　　系统	—
立式水泵	平面　　　系统	—
潜水泵		—
定量泵		—

续表

名 称	图 例	备 注
管道泵		—
卧式容积热交换器		—
立式容积热交换器		—
快速管式热交换器		—
板式热交换器		—
开水器		—
喷射器		小三角为进水端
除垢器		—
水锤消除器		—
搅拌器		—
紫外线消毒器	ZWX	—

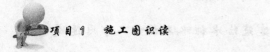

表 1-11   仪   表

名称	图 例	备 注
温度计		—
压力表		—
自动记录压力表		—
压力控制器		—
水表		—
自动记录流量表		—
转子流量计	平面 系统	—
真空表		—
温度传感器	—————[T]—————	—
压力传感器	—————[P]—————	—
pH 传感器	—————[pH]—————	—
酸传感器	—————[H]—————	—
碱传感器	—————[Na]—————	—
余氯传感器	—————[Cl]—————	—

表 1 - 12 　　　　　　　　　　小型给水排水构筑物

名　称	图　例	备　注
矩形化粪池	HC	HC 为化粪池代号
隔油池	YC	YC 为隔油池代号
沉淀池	CC	CC 为沉淀池代号
降温池	JC	JC 为降温池代号
中和池	ZC	ZC 为中和池代号
雨水口（单箅）		—
雨水口（双箅）		—
阀门井及检查井	J-×× 　 J-××　W-×× 　 W-××　Y-×× 　 Y-××	以代号区别管道
水封井		—
跌水井		—
水表井		—

6. 标题栏

标题栏以表格的形式画在图样的右下角,内容包括图名、图号、项目名称、设计者姓名、图样采用的比例等。

7. 比例

管道图样上的长短与实际大小相比的关系叫做比例,是制图者根据所表示部分的复杂程度和画图的需要选择的比例关系。

(1) 建筑给水排水专业制图常用的比例,宜符合表1-13的规定。

表 1 - 13　　　　　　　　　　常 用 比 例

名　称	比　例	备注
区域规划图 区域位置图	1∶50 000、1∶25 000、1∶10 000、1∶5000、1∶2000	宜与总图专业一致
总平面图	1∶1000、1∶500、1∶300	宜与总图专业一致
管道纵断面图	竖向 1∶200、1∶100、1∶50 纵向 1∶1000、1∶500、1∶300	—
水处理厂(站)平面图	1∶500、1∶200、1∶100	—
水处理构筑物、设备间、卫生间、泵房平、剖面图	1∶100、1∶50、1∶40、1∶30	—
建筑给水排水平面图	1∶200、1∶150、1∶100	宜与建筑专业一致
建筑给水排水轴测图	1∶150、1∶100、1∶50	宜与相应图样一致
详图	1∶50、1∶30、1∶20、1∶10、1∶5、1∶2、1∶1、2∶1	—

(2) 在管道纵断面图中,竖向与纵向可采用不同的组合比例。

(3) 在建筑给水排水轴测系统图中,如局部表达有困难时,该处可不按比例绘制。

(4) 水处理工艺流程断面图和建筑给水排水管道展开系统图可不按比例绘制。

8. 方位标

方位标是用以确定管道安装方位基准的图标;画在管道底层平面图上,一般用指北针、风玫瑰图等表示建(构)筑物或管线的方位。方位标的常见形式如图1-9所示。

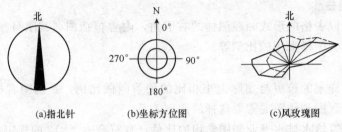

|(a)指北针|(b)坐标方位图|(c)风玫瑰图|

图 1-9　方位标的常见形式

9. 坡度及坡向

坡度及坡向表示管道倾斜的程度和高低方向，坡度用符号"i"表示，在其后加上等号并注写坡度值（m）；坡向用单面箭头表示，箭头指向低的一端，如图 1-10 所示。

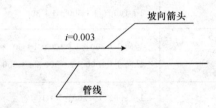

图 1-10　坡度及坡向的标注

◈◈ *1.1.5*　图样画法

1. 一般规定

（1）图样幅面规格、字体、符号、图样图线、比例、管径、标高和图例等均应符合《房屋建筑制图统一标准》（GB/T 50001—2010）的有关规定。

（2）设计应以图样表示，当图样无法表示时可加注文字说明。设计图样表示的内容应满足相应设计阶段的设计深度要求。

（3）对于设计依据、管道系统划分、施工要求、验收标准等在图样中无法表示的内容，应按下列规定，用文字说明：

1）有关项目的问题，施工图阶段应在首页或次页编写设计施工说明集中说明；

2）图样中的局部问题，应在本张图样内以附注形式予以说明；

3）文字说明应条理清晰、简明扼要、通俗易懂。

（4）设备和管道的平面布置、剖面图均应符合《房屋建筑制图统一标准》（GB/T 50001—2010）的规定，并应按直接正投影法绘制。

（5）工程设计中，本专业的图样应单独绘制。在同一个工程项目的设计图

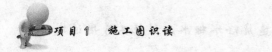

样中，所用的图例、术语、图线、字体、符号、制图表示方式等应一致。

（6）在同一个工程子项目的设计图样中，所用的图样幅面规格应一致。如有困难时，其图样幅面规格不宜超过2种。

（7）尺寸的数字和计量单位应符合下列规定：

1）图样中尺寸的数字、排列、布置及标注，应符合《房屋建筑制图统一标准》（GB/T 50001—2010）的规定；

2）单体项目平面图、剖面图、详图、放大图、管径等的尺寸应以mm计；

3）标高、距离、管长、坐标等应以m计，精度可取至cm。

（8）标高和管径的标注应符合下列规定：

1）单体建筑应标注相对标高，并注明相对标高与绝对标高的换算关系；

2）总平面图应标注绝对标高，并注明标高体系；

3）压力流管道应标注管道中心；

4）重力流管道应标注管道内底；

5）横管的管径宜标注在管道的上方，竖向管道的管径宜标注在管道的左侧，斜向管道应按《房屋建筑制图统一标准》（GB/T 50001—2010）的规定进行标注。

（9）工程设计图样中的主要设备器材表的格式，可按图1-11绘制。

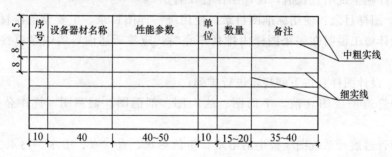

图1-11　主要设备器材表图例

2. 图号和图样编排

（1）设计图样编号的有关规定。

1）规划设计阶段宜以水规-1、水规-2等以此类推表示；

2）初步设计阶段宜以水初-1、水初-2等以此类推表示；

3）施工图设计阶段宜以水施-1、水施-2等以此类推表示；

4）单体项目只有一张图样时，宜采用水初-全、水施-全表示，并宜在图样图框线内的右上角标"全部水施图样均在此页"字样，如图1-12所示；

5）施工图设计阶段，本工程各单体项目通用的统一详图宜以水通-1、水通-2等以此类推表示。

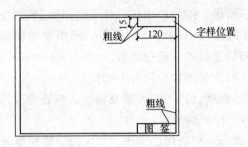

图 1-12　只有一张图样时的右上角字样位置

（2）设计图样编写目录的有关规定。

1）初步设计阶段工程设计的图样目录宜以工程项目为单位进行编写；

2）施工图设计阶段工程设计的图样目录宜以工程项目的单体项目为单位进行编写；

3）施工图设计阶段，本工程各单体项目共同使用的统一详图宜单独进行编写。

（3）设计图样排列的有关规定。

1）图样目录、使用标准图目录、使用统一详图目录、主要设备器材表、图例和设计施工说明宜在前，设计图样宜在后。

2）图样目录、使用标准图目录、使用统一详图目录、主要设备器材表、图例和设计施工说明在一张图样内排列不完时，应按所述内容的顺序单独成图和编号。

3）设计图样宜按下列规定进行排列：

①管道系统图在前，平面图、放大图、剖面图、轴测图、详图依次在后编排；

②管道展开系统图应按生活给水、生活热水、直饮水、中水、污水、废水、雨水、消防给水等依次编排；

③平面图中应按地面下各层依次在前，地面上各层由低向高依次编排；

④水净化（处理）工艺流程断面图在前，水净化（处理）机房（构筑物）平面图、剖面图、放大图、详图依次在后编排；

⑤总平面图应按管道布置图在前，管道节点图、阀门井剖面示意图、管道纵断面图或管道高程表、详图依次在后编排。

3. 图样布置

（1）同一张图纸内绘制多个图样时，宜按下列规定布置：

1）多个平面图时应按建筑层次由低层至高层、由下而上的顺序布置；

2）既有平面图又有剖面图时，应按平面图在下、剖面图在上或在右的顺序布置；

3）卫生间放大平面图，应按平面放大图在上，从左向右排列，相应的管道轴测图在下，从左向右布置；

4）安装图和详图宜按索引编号，并按从上至下、由左向右的顺序布置；

5）图样目录、使用标准图目录、设计施工说明、图例和主要设备器材表，宜按自上而下、从左向右的顺序布置。

（2）图名的标注。

每个图样均应在图样下方标注出图名，图名下应绘制一条中粗横线，长度应与图名长度相等，图样比例应标注在图名右下侧横线上侧处。

（3）图样中文字说明的标注。

图样中某些问题需要用文字说明时，应在图样的右下部用"附注"的形式书写，并应对说明内容分条进行编号。

4. 总图

（1）总平面图管道布置应符合下列规定。

1）建筑物和构筑物的名称、外形、编号、坐标、道路形状、比例和图样方向等，应与总图专业图样一致。

2）给水、排水、热水、消防、雨水和中水等管道宜绘制在一张图样内。

3）当管道种类较多、地形复杂、在同一张图样内将全部管道表示不清楚时，宜按压力流管道、重力流管道等分类适当分开绘制。

4）各类管道、阀门井、消火栓（井）、水泵接合器、洒水栓井、检查井、跌水井、雨水口、化粪池、隔油池、降温池、水表井等，应按《建筑给水排水制图标准》（GB/T 50106—2010）规定的图例、图线等进行绘制，并进行编号。

5）坐标标注方法应符合下列规定。

①以绝对坐标定位时，应对管道起点处、转弯处和终点处的阀门井、检查井等的中心标注定位坐标；

②以相对坐标定位时，应以建筑物外墙或轴线作为定位起始基准线，标注管道与该基准线的距离；

③圆形构筑物应以圆心为基点标注坐标或距建筑物外墙（或道路中心）的距离；

④矩形构筑物应以两对角线为基点，标注坐标或距建筑物外墙的距离；

⑤坐标线、距离标注线均采用细实线绘制。

6）标高标注方法应符合下列规定：

①总图中标注的标高应为绝对标高；

②建筑物标注室内±0.000 处的绝对标高时，应按图 1-13 的方法标注；

7）指北针或风玫瑰图应绘制在总图管道布置图图样的右上角。

图 1 - 13   室内±0.000 处的绝对标高标注

（2）给水管道节点图宜按下列规定绘制。

1）管道节点图可不按比例绘制，但节点位置、编号、接出管方向应与给水排水管道总图一致。

2）管道应注明管径、管长及泄水方向。

3）节点阀门井的绘制应包括下列内容：

①节点平面形状和大小；

②阀门和管件的布置、管径及连接方式；

③节点阀门井中心与井内管道的定位尺寸。

4）必要时，节点阀门井应绘制剖面示意图。

5）给水管道节点图图样，如图 1 - 14 所示。

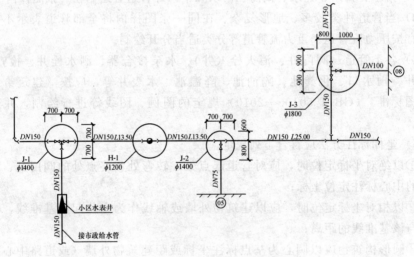

图 1 - 14   给水管道节点图图样

（3）总图管道布置图上标注管道标高宜符合下列规定。

1）检查井上、下游管道管径无变径，且无跌水时，宜按图 1 - 15（a）的方式标注；

2）检查井内上、下游管道的管径有变化或有跌水时，宜按图 1 - 15（b）的方式标注；

3）检查井内一侧有支管接入时，宜按图 1-15（c）的方式标注；

4）检查井内两侧均有支管接入时，宜按图 1-15（d）的方式标注。

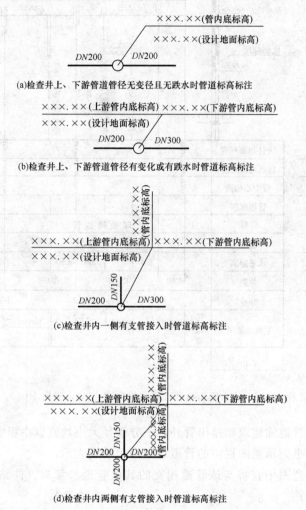

(a)检查井上、下游管道管径无变径且无跌水时管道标高标注

(b)检查井上、下游管道管径有变化或有跌水时管道标高标注

(c)检查井内一侧有支管接入时管道标高标注

(d)检查井内两侧有支管接入时管道标高标注

图 1-15　总图管道布置上标注管道标高

（4）设计采用管道纵断面图的方式表示管道标高时，管道纵断面图宜按下列规定绘制。

1）采用管道纵断面图表示管道标高时，应包括下列图样及内容。

①压力流管道纵断面图，如图 1-16 所示；

②重力管道纵断面图，如图 1-17 所示。

2）管道纵断面图所用图线宜按下列规定选用。

①压力流管道管径不大于 400mm 时，管道宜用中粗实线单线表示；

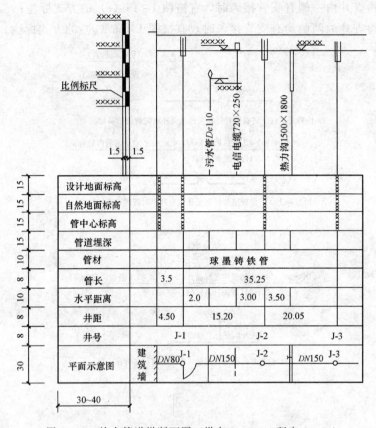

图 1-16　给水管道纵断面图（纵向 1∶500，竖向 1∶50）

②重力流管道除建筑物排出管外，不分管径大小均宜以中粗实线双线表示；

③图样中平面示意图栏中的管道宜用中粗单线表示；

④平面示意图中宜将与该管道相交的其他管道、管沟、铁路及排水沟等按交叉位置给出；

⑤设计地面线、竖向定位线、栏目分隔线、检查井、标尺线等宜用细实线，自然地面线宜用细虚线。

3）图样比例宜按下列规定选用：

①在同一图样中可采用两种不同的比例；

②纵向比例应与管道平面图一致；

③竖向比例宜为纵向比例的 1/10，并应在图样左端绘制比例标尺。

4）绘制与管道相交叉管道的标高宜按下列规定标注：

①交叉管道位于该管道上面时，宜标注交叉管的管底标高；

②交叉管道位于该管道下面时，宜标注交叉管的管顶或管底标高。

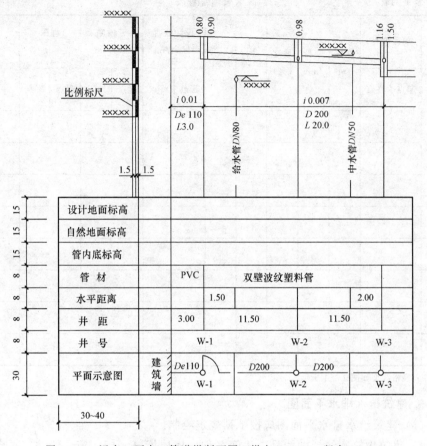

图1-17 污水（雨水）管道纵断面图（纵向1：500，竖向1：50）

5）图样中的"水平距离"栏中应标出交叉管距检查井或阀门井的距离，或相互间的距离。

6）压力流管道从小区引入管经水表后应按供水水流方向先干管后支管的顺序绘制。

7）排水管道应以小区内最起端排水检查井为起点，并按排水水流方向先干管后支管的顺序绘制。

（5）设计采用管道高程表的方法表示管道标高时，宜符合下列规定。

1）重力流管道可采用管道高程表的方式表示管道敷设标高；

2）管道高程表的格式，见表1-14。

表 1-14   ××管道高程表

序号	管段编号		管长 /m	管径 /mm	坡度 (%)	管底坡降 /m	管底跌落 /m	设计地面标高/m		管内底标高/m		埋深 /m		备注
	起点	终点						起点	终点	起点	终点	起点	终点	

注：表格线型如图 1-11 所示。

5. 建筑给水排水平面图

（1）建筑给水排水平面图应按下列规定绘制。

1）建筑物轮廓线、轴线号、房间名称、楼层标高、门、窗、梁柱、平台和制图比例等均应与建筑专业一致，但图线应用细实线绘制。

2）各类管道、用水器具和设备、消火栓、喷洒水头、雨水斗、立管、管道、上弯或下弯及主要阀门、附件等均应按图例作图，以正投影法绘制在平面图上。

管道种类较多，在一张平面图内表达不清楚时，可将给水排水、消防或直饮水管分开绘制相应的平面图。

3）各类管道应标注管径和管道中心距建筑墙、柱或轴线的定位尺寸，必要时还应标注管道标高。

4）管道立管应按不同管道代号在图面上自左向右按规定分别进行编号，且不同楼层同一立管编号应一致。

消火栓也可分楼层从左向右按顺序进行编号。

5）敷设在该层的各种管道和为该层服务的压力流管道均应绘制在该层的平面图上；敷设在下一层而为本层器具和设备排水服务的污水管、废水管和雨水

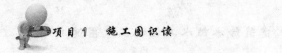

管应绘制在本层平面图上。如有地下层时，各种排出管、引入管可绘制在地下层平面图上。

6）设备机房、卫生间等另绘制放大图时，应在这些房间内按《房屋建筑制图统一标准》（GB/T 50001—2010）的规定绘制引出线，并在引出线上面注明"详见水施—××"字样。

7）平面图、剖面图中局部部位需另绘制详图时，应在平面图、剖面图和详图上按《房屋建筑制图统一标准》（GB/T 50001—2010）的规定绘制被索引详图的图样和编号。

8）引入管、排出管应注明与建筑轴线的定位尺寸、穿建筑外墙的标高和防水套管形式，并按规定以管道类别从左至右按顺序进行编号。

9）管道布置不相同的楼层应分别绘制其平面图；管道布置相同的楼层可绘制一个楼层的平面图，并按《房屋建筑制图统一标准》（GB/T 50001—2010）的规定标注楼层地面标高。

平面图应按规定的标注管径、标高和定位尺寸。

10）地面层（±0.000）平面图应在图幅的右上方按《房屋建筑制图统一标准》（GB/T 50001—2010）的规定绘制指北针。

11）建筑专业的建筑平面图采用分区绘制时，本专业的平面图也应分区绘制，分区部位和编号应与建筑专业一致，并应绘制分区组合示意图，各区管道相连但在该区中断时，第一区应用"至水施—××"，第二区左侧应用"自水施—××"，右侧应用"至水施—××"方式表示，并应以此类推。

12）建筑各楼层地面标高应以相对标高标注，并应与建筑专业一致。

（2）屋面给水排水平面图应按下列规定绘制。

1）屋面形状、伸缩缝或沉降位置、图面比例、轴线号等应与建筑专业一致，但图线应采用细实线绘制。

2）同一建筑的楼层面如有不同标高时，应分别注明不同高度屋面的标高和分界线。

3）屋面应绘制出雨水汇水天沟、雨水斗、分水线位置、屋面坡向、每个雨水斗的汇水范围，以及雨水横管和主管等。

4）雨水斗应进行编号，每只雨水斗宜注明汇水面积。

5）雨水管应标注管径、坡度。例如，雨水管仅绘制系统原理图时，应在平面图上标注雨水管起始点及终止点的管道标高。

6）屋面平面图中还应绘制污水管、废水管、污水潜水泵坑等通气立管的位置，并应注明立管编号。当某标高层屋面设有冷却塔时，应按实际设计数量表示。

6. 管道系统图

（1）管道系统图应表示出管道内的介质流经的设备、管道、附件、管件等连接和配置情况。

（2）管道展开系统图应按下列规定绘制。

1）管道展开系统图可不受比例和投影法则限制，可按展开图绘制方法按不同管道种类分别用中粗实线进行绘制，并应按系统编号。一般高层建筑和大型公共建筑宜绘制管道展开系统图。

2）管道展开系统图应与平面图中的引入管、排出管、立管、横干管、给水设备、附件、仪器仪表及用水和排水器具等要素相对应。

3）应绘出楼层（含夹层、跃层、同层升高或下降等）地面线。层高相同时楼层地面线应等距离绘制，并应在楼层地面线左端标注楼层层次和相对应楼层地面标高。

4）立管排列应以建筑平面图左端立管为起点，顺时针方向自左向右按立管位置及编号依次排列。

5）横管应与楼层线平行绘制，并应与相应立管连接，为环状管道时两端应封闭，封闭线处宜绘制轴线号。

6）立管上的引出管和接入管应按所在楼层用水平线绘出，可不标注标高（标高应在平面图中标注），其方向、数量应与平面一致，为污水管、废水管和雨水管时，应按平面图接管顺序对应排列。

7）管道上的阀门、附件，给水设备、给水排水设施和给水构筑物等，均应按图例示意绘出。

8）立管偏置（不含乙字管和2个45°弯头偏置）时，应在所在楼层用短横管表示。

9）立管、横管及末端装置等应标注管径。

10）不同类别管道的引入管或排出管，应绘出所穿建筑外墙的轴线号，并应标注出引入管或排出管的编号。

（3）管道轴测系统图应按下列规定绘制。

1）轴测系统图应以45°正面斜轴测的投影规则绘制。

2）轴测系统图应采用与相对应的平面图相同的比例绘制。当局部管道密集或重叠处不容易表达清楚时，应采用断开绘制画法，也可采用细虚线连接画法绘制。

3）轴测系统图应绘出楼层地面线，并应标注出楼层地面标高。

4）轴测系统图应绘出横管水平转弯方向、标高变化、接入管或接出管及末端装置等。

5）轴测系统图应将平面图中对应的管道上的各类阀门、附件、仪表等给水

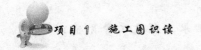

排水要素，按数量、位置及比例一一绘出。

6) 轴测系统图应标注管径、控制点标高或距楼层面垂直尺寸、立管和系统编号，并应与平面图一致。

7) 引入管和排出管均应标出所穿建筑外墙的轴线号、引入管和排出管编号、建筑室内地面线与室外地面线，并应标出相应标高。

8) 卫生间放大图应绘制管道轴测图。多层建筑宜绘制管道轴测系统图。

（4）卫生间采用管道展开系统图时应按下列规定绘制。

1) 给水管、热水管应以立管或入户管为基点，按平面图的分支、用水器具的顺序依次绘制。

2) 排水管道应按用水器具和排水支管接入排水横管的先后顺序依次绘制。

3) 卫生器具、用水器具给水和排水接管，应以其外形或文字形式予以标注，其顺序、数量应与平面图相同。

4) 展开系统图可不按比例制图。

7. 局部平面放大图、剖面图、安装图及详图

绘制局部平面放大图、剖面图、安装图及详图的规定如下。

（1）绘制局部平面放大图的规定。

1) 本专业设备机房、局部给水排水设施和卫生间等的要求，用平面图难以表达清楚时，应绘制局部平面放大图。

2) 局部平面放大图应将设计选用的设备和配套设施，按比例全部用细实线绘制出其外形或基础外框、配电、检修通道、机房排水沟等平面布置图和平面定位尺寸，对设备、设施及构筑物等应自左向右、自上而下进行编号。

3) 应按图例绘出各种管道与设备、设施及器具等相互接管关系及在平面图中的平面定位尺寸；如管道用双线绘制时，应采用中粗实线按比例绘出，管道中心线应用单点长画细线表示。

4) 各类管道上的阀门、附件应按图例、按比例、按实际位置绘出，并应标注出管径。

5) 局部平面放大图应以建筑轴线编号和地面标高定位，并应与建筑平面图一致。

6) 绘制设备机房平面放大图时，应在图签的上部绘制"设备编号与名称对照表"，如图 1-18 所示。

7) 卫生间如绘制管道展开系统图时，应标出管道的标高。

（2）绘制剖面图的规定。

1) 设备、设施数量多，各类管道重叠、交叉多，且用轴测图难以表示清楚时，应绘制剖面图。

2) 剖面图的建筑结构外形应与建筑结构专业一致，应用细实线绘制。

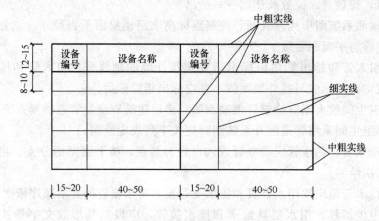

图 1-18 设备编号与名称对照表

3）剖面图的剖切位置应选在能反映设备、设施及管道全貌的部位。剖切线、投射方向、剖切符号编号、剖切线转折等，应符合《房屋建筑制图统一标准》（GB/T 50001—2010）的规定。

4）剖面图应在剖切面处按直接正投影法绘制出沿投影方向看到的设备和设施的形状、基础形式、构筑物内部的设备设施和不同水位线标高、设备设施和构筑物各种管道连接关系、仪器仪表的位置等。

5）剖面图还应表示出设备、设施和管道上的阀门、附件和仪器仪表等位置及支架（或吊架）形式。剖面图局部部位需要另绘详图时，应标注索引符号，索引符号应按《房屋建筑制图统一标准》（GB/T 50001—2010）的规定绘制。

6）剖面图应标注出设备、设施、构筑物、各类管道的定位尺寸、标高、管径，以及建筑结构的空间尺寸。

7）仅表示某楼层管道密集处的剖面图，宜绘制在该层平面图内。

8）剖切线应用中粗线，剖切面编号应用阿拉伯数字从左至右顺序编号，剖切编号应标注在剖切线一侧，剖切编号所在侧应为该剖切面的剖视方向。

（3）绘制安装图和详图的规定。

1）无定型产品可供设计选用的设备、附件、管件等应绘制制造详图。无标准图可选用的用水器具安装图、构筑物节点图等，也应绘制施工安装图。

2）设备、附件、管件等制造详图，应以实际形状绘制总装图，并应对各零部件进行编号，再对零部件绘制制造图。该零部件下面或左侧应绘制包括编号、名称、规格、材质、数量、重量等内容的材料明细表；其图线、符号、绘制方法等应按《机械制图 图样画法 图线》（GB/T 4457.4—2002）、《机械制图 剖面符号》（GB 4457.5—1984）、《机械制图 装配图中零、部件序号及其编排方法》（GB/T 4458.2—2003）的有关规定绘制。

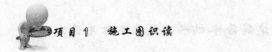
3）设备及用水器具安装图应按实际外形绘制，对安装图各部件应进行编号，应标注安装尺寸代号，并应在该安装图右侧或下面绘制包括相应尺寸代号的安装尺寸表和安装所需的主要材料表。

4）构筑物节点详图应与平面图或剖面图中的索引号一致，对使用材质、构造做法、实际尺寸等应按《房屋建筑制图统一标准》（GB/T 50001—2010）的规定绘制多层共用引出线，并应在各层引出线上方用文字进行说明。

8. 水净化处理流程图

（1）初步设计宜采用方框图绘制水净化处理工艺流程图，如图 1-19 所示。

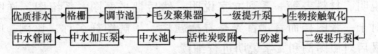

图 1-19　水净化处理工艺流程

（2）施工图设计应按下列规定绘制水净化处理工艺流程断面图。

1）水净化处理工艺流程断面图应按水流方向，将水净化处理各单元的设备、设施、管道连接方式按设计数量全部对应绘出，可不按比例绘制。

2）水净化处理工艺流程断面图应将全部设备及相关设施按设备形状、实际数量用细实线绘出。

3）水净化处理设备和相关设施之间的连接管道应以中粗实线绘制，设备和管道上的阀门、附件、仪器仪表应以细实线绘制，并应对设备、附件、仪器仪表进行编号。

4）水净化处理工艺流程断面图（图 1-20）应标注管道标高。

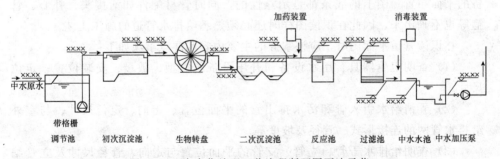

图 1-20　水净化处理工艺流程断面图画法示范

5）水净化处理工艺流程断面图应绘制设备、附件等编号与名称对照表。

1.2　识读方法

◆◆ 1.2.1　阅读给排水施工图的方法

阅读给排水施工图一般应遵循从整体到局部，从大到小，从粗到细的原则。对于一套图样，看图的顺序是先看图样目录，了解建设工程的性质、设计单位、管道种类、搞清楚这套图样有多少张，有几类图样，以及图样编号；其次是看施工图说明、材料表等一系列文字说明；然后把平面图、系统图、详图等交叉阅读。对于一张图样而言，首先是看标题栏，了解图样名称、比例、图号、图别等，最后对照图例和文字说明进行细读。

阅读主要图样之前，应当先看说明和设备材料表，然后以系统图为线索深入阅读平面图、系统图及详图。

阅读时，应三种图相互对照来看。先看系统图，对各系统做到大致了解；看给水系统图时，可由建筑的给水引入管开始，沿水流方向经干管、立管、支管到用水设备；看排水系统图时，可由排水设备开始，沿排水方向经支管、横管、立管、干管到排出管。

◆◆ 1.2.2　平面图的识读方法

室内给排水管道平面图是施工图样中最基本和最重要的图样，常用的比例是 1∶100 和 1∶50 两种，它主要表明建筑物内给排水管道及卫生器具和用水设备的平面布置。图上的线条都是示意性的，同时管材配件如活接头、补心、管箍等也不画出来，因此在识读图样时还必须熟悉给排水管道的施工工艺。

在识读管道平面图时，应该掌握的主要内容和注意事项如下：

（1）查明卫生器具、用水设备和升压设备的类型、数量、安装位置、定位尺寸。

（2）弄清给水引入管和污水排出管的平面位置、走向、定位尺寸、与室外给排水管网的连接形式、管径及坡度等。

（3）查明给排水干管、立管、支管的平面位置与走向、管径尺寸及立管编号。从平面图上可清楚地查明是明装还是暗装，以确定施工方法。

（4）消防给水管道要查明消火栓的布置、口径大小及消防箱的形式与位置。

（5）在给水管道上设置水表时，必须查明水表的型号、安装位置及水表前后阀门的设置情况。

（6）对于室内排水管道，还要查明清通设备的布置情况，清扫口、检查口的型号和位置。

◈◈ *1.2.3*　系统图的识读方法

给排水管道系统图主要表明管道系统的立体走向。

在给水系统图上,卫生器具不画出来,只需画出水龙头、淋浴器莲蓬头、冲洗水箱等符号;用水设备如锅炉、热交换器、水箱等则画出示意性的立体图,并在旁边注以文字说明。

在排水系统图上也只画出相应的卫生器具的存水弯或器具排水管。

在识读系统图时,应掌握的主要内容和注意事项如下:

(1)查明给水管道系统的具体走向,干管的布置方式,管径尺寸及其变化情况,阀门的设置,引入管、干管及各支管的标高。

(2)查明排水管道的具体走向,管路分支情况,管径尺寸与横管坡度,管道各部分标高,存水弯的形式,清通设备的设置情况,弯头及三通的选用等。识读排水管道系统图时,一般按卫生器具或排水设备的存水弯、器具排水管、横支管、立管、排出管的顺序进行。

(3)系统图上对各楼层标高都有注明,识读时可据此分清管路是属于哪一层的。

◈◈ *1.2.4*　详图的识读方法

室内给排水工程的详图包括节点图、大样图、标准图,主要是管道节点、水表、消火栓、水加热器、开水炉、卫生器具、套管、排水设备、管道支架等的安装图及卫生间大样图等。

这些图都是根据实物用正投影法画出来的,图上都有详细尺寸,可供安装时直接使用。

1.3　识读举例

这里以图 1-21～图 1-24 所示的给排水施工图中西单元西住户为例介绍其识读过程。

1. 施工说明

本工程施工说明如下:

(1)图中尺寸标高以 m 计,其余均以 mm 计。本住宅楼日用水量为 13.4t。

(2)给水管采用 PPR 管材与管件连接;排水管采用 UPVC 塑料管,承插粘结。出屋顶的排水管采用铸铁管,并刷防锈漆、银粉各两道。给水管 $De16$ 及 $De20$ 管壁厚为 2.0mm, $De25$ 管壁厚为 2.5mm。

(3)给排水支吊架安装见 GJBT—630《室内管道支架及吊架》图集

03S402，地漏采用高水封地漏。

（4）坐便器安装见图集 GJBT—525《卫生设备安装》99S304—64，洗脸盆安装见 GJBT—525 图集 99S304—31，住宅洗涤盆安装见 GJBT—525 图集 99S304—24，拖布池安装见 GJBT—525 图集 99S304—16，浴盆安装见 GJBT—525 图集 99S304—105。

（5）给水采用一户一表出户安装，所有给水阀门均采用铜质阀门。

（6）排水立管在每层标高 250mm 处设伸缩节，伸缩节做法见 GJBT—525 图集 98S1—156～158。

（7）排水横管坡度采用 0.026。

（8）凡是外露与非采暖房间给排水管道均采用 40mm 厚聚氨酯保温。

（9）卫生器具采用优质陶瓷产品，其规格型号由甲方定。

（10）安装完毕进行水压试验，试验工作严格按现行规范要求进行。

（11）说明未详尽之处均严格按现行规范及 GJBT—525 图集 99S304 规定施工及验收。

2. 图例

常用图例见表 1 - 15。

表 1 - 15　　　　　　　　　　　常用图例

图例	名　称	图例	名　称
—— J ——	生活给水管道	⋈	闸阀
JL—　JL—	生活给水立管	⋈	止回阀
—— W ——	污水管道	●	球阀
WL—　WL—	污水立管	⊣	水龙头
—— X ——	消火栓给水管道	÷	防火套管
XL—　XL—	消火栓给水立管	⊘ 　Y	地漏

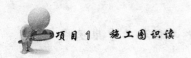

续表

图　例	名　称	图　例	名　称
——P——	喷淋给水管道		室内消火栓
PL- PL-	喷淋给水立管		室外消火栓
	带伸缩节检查口		消防水泵结合器
	伸缩节		浮球阀
	地上式清扫口		角阀
	延时自闭冲洗阀		自动排气阀
	通气帽		管堵
	小便器冲洗阀		末端试水阀
	湿式报警阀		自动喷洒头（闭式）

3. 给水排水平面图识读

给水排水平面图的识读一般从底层开始，逐层阅读。西单元西住户给排水平面图如图 1-21～图 1-23 所示。

4. 给水排水系统图识读

给水排水系统图如图 1-24 所示。

洞口	洞口尺寸 /mm	洞底标高 /m
洞1	240×240	−1.88
洞2	240×370	−1.90
洞3	370×370	−1.93

给排水干管穿基础预留洞

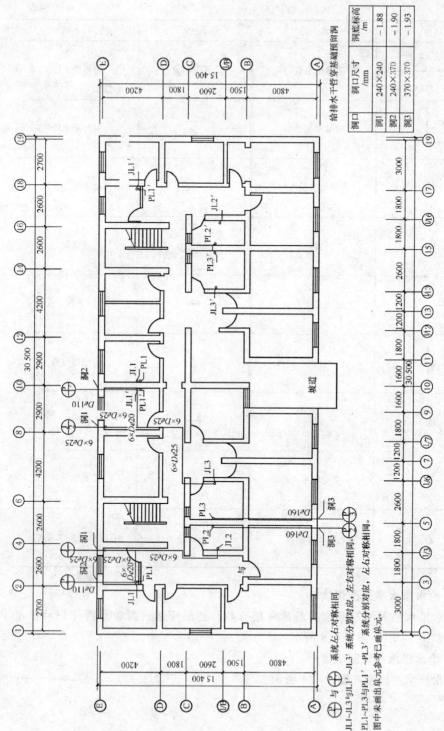

图 1-21　底层给水排水平面图

⊕ 与 ⊕　系统左右对称相同
JL1~JL3与JL1′~JL3′系统分别对应，左右对称相同。
PL1~PL3与PL1′~PL3′系统分别对应，左右对称相同。
图中未画出单元参考已画单元。

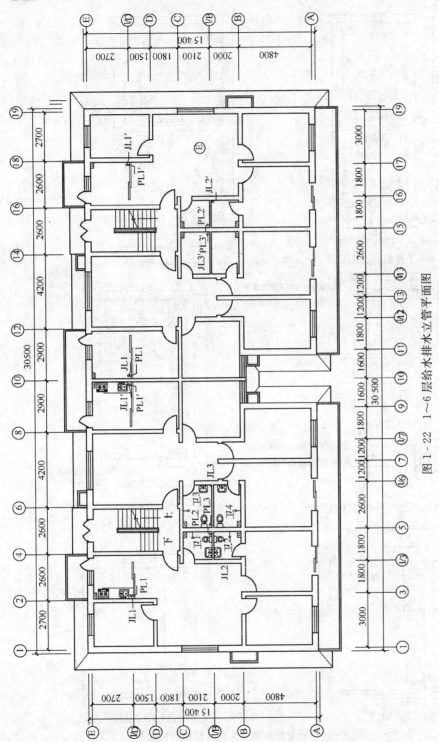

图 1-22 1~6层给水排水立管平面图

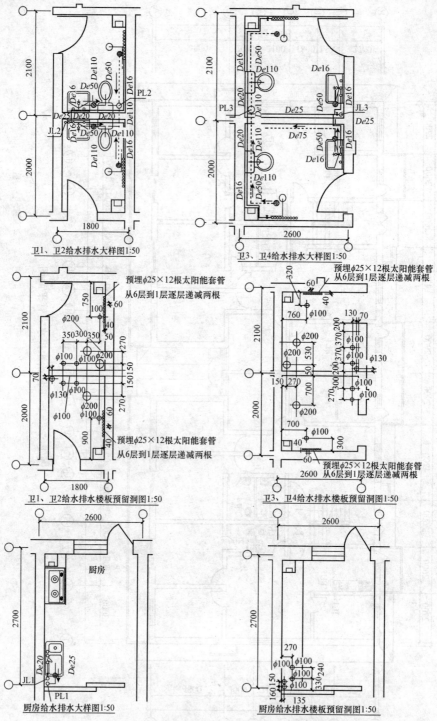

图 1-23 厨卫给水排水大样及楼板预留孔洞

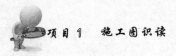

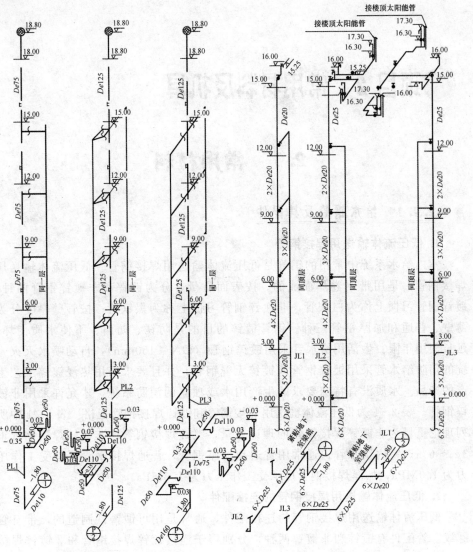

图 1-24　给水排水系统图

项目2 常用材料及机具

2.1 常用材料

2.1.1 给水钢管及其配件

1. 低压流体输送用焊接钢管

室内给水系统中常用的钢管是低压流体输送用焊接钢管。低压流体输送用焊接钢管，是用带钢卷焊而成的。按表面质量，分为镀锌和非镀锌钢管两种，镀锌钢管习惯上称为白铁管，非镀锌钢管习惯上称为黑铁管；按管壁厚度分为薄壁、普通和加厚钢管三种。钢管镀锌的目的是防锈、防腐、不使水质变坏，延长使用年限。生活用给水管采用镀锌钢管（$DN<150mm$），自动喷水灭火系统的消防给水管采用镀锌钢管或镀锌无缝钢管，并且要求采用热浸镀锌工艺生产的产品。水质没有特殊要求的生产用水或独立的消防系统，才允许采用非镀锌钢管。表2-1为低压流体输送用焊接钢管和镀锌焊接钢管规格。表2-1中所列理论重量为非镀锌焊接钢管的理论重量，镀锌焊接钢管比非镀锌焊接钢管重3%～6%。室内给水管道通常用普通和加厚钢管，普通焊接钢管可承受工作压力为1.0MPa，加厚焊接钢管可承受工作压力为1.6MPa。

2. 低压流体输送用焊接钢管的连接配件

低压流体输送用焊接钢管的连接配件，通常是用可锻铸铁制造的，带有管螺纹。管配件有镀锌和非镀锌两种，分别用于连接镀锌焊接钢管和非镀锌焊接钢管。

各种常用的管配件有管箍、弯头、三通、四通、异径管箍、活接头、内外螺纹管接头、外接头等，如图2-1所示。

现将它们的作用分述如下：

（1）管箍又称外接头，用于直线连接两根公称直径相同的管子。

（2）90°弯头又称正弯，用于连接两根公称直径相同的管子，使管路作90°转弯。

（3）45°弯头又称直弯，用于连接两根公称直径相同的管子，使管路作45°转弯。

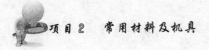

表 2 - 1　　　　　　　　　　　低压流体输送用焊接和镀锌钢管规格

公称直径		外径		普通钢管			加厚钢管		
		公称尺寸 /mm	允许偏差	壁厚		理论质量 /(kg/m)	壁厚		理论质量 /(kg/m)
				公称尺寸 /mm	允许偏差 (%)		公称尺寸 /mm	允许偏差 (%)	
6	1/8	10.0		2.00		0.39	2.50		0.46
8	1/4	13.5		2.25		0.62	2.75		0.73
10	3/8	17.0		2.25		0.82	2.75		0.97
15	1/2	21.3	±0.50mm	2.75		1.26	3.25		1.45
20	3/4	26.8		2.75		1.63	3.50		2.01
25	1	33.5		3.25		2.42	4.00		2.91
32	1°1/4	42.3		3.25	+12 -15	3.13	4.00	+12 -15	3.78
40	1°1/2	48.0		3.50		3.84	4.25		4.58
50	2	60.0		3.50		4.88	4.50		6.16
65	2°1/2	75.5		3.75		6.64	4.50		7.88
80	3	88.5	±1%	4.00		8.34	4.75		9.81
100	4	114.0		4.00		10.85	5.00		13.44
125	5	140.0		4.50		15.04	5.50		18.24
150	6	165.0		4.50		17.81	5.50		21.63

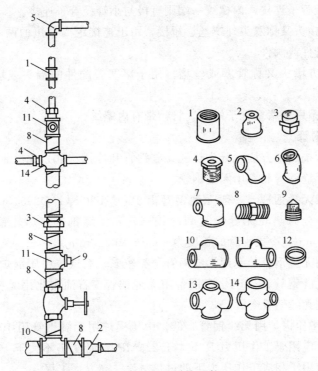

图 2 - 1　螺纹连接配件

1—管箍；2—异径管箍；3—活接头；4—补心；5—90°弯头；6—45°弯头；7—异径弯头；8—内管箍；
9—管塞；10—等径三通；11—异径三通；12—根母；13—等径四通；14—异径四通

（4）异径弯头又称大小弯，用于连接两根公称直径不同的管子并使管路作90°转弯。

（5）等径三通用于由直管中接出垂直支管，连接的三根管子公称直径相同。

（6）异径三通包括中小及中大三通，作用与等径三通相似。当支管的公称直径小于直管的管子公称直径时，用中小三通；如支管的公称直径大于直管的公称直径，用中大三通。

（7）等径四通是用来连接 4 根公称直径相同，并成垂直相交的管子。

（8）异径四通与等径四通相似，但管子的公称直径有两种，其中相对的两根管子公称直径是相同的。

（9）异径管箍又称异径管接头、大小头，用来连接两根公称直径不同的直线管子，使管路直径缩小或放大。

（10）活接头又称由任，作用与管箍相同，但比管箍装拆方便，用于需要经常装拆或两端已经固定的管路上。

（11）内外螺纹管接头又称补心，用于直线管路变径处。与异径管箍的不同点在于它的一端是外螺纹，另一端是内螺纹，外螺纹一端通过带有内螺纹的管配件与大管径管子连接，内螺纹一端则直接与小管径管子连接。

（12）外接头又称双头外螺丝、短接，用于连接距离很短的两个公称直径相同的内螺纹管件或阀件。

（13）外方堵头又称管塞或丝堵，用于堵塞管配件的端头或堵塞管道预留管口。

（14）管帽用于堵塞管子端头，管帽带有内螺纹。

3. 无缝钢管

无缝钢管按制造方法，分为热轧无缝钢管和冷拔（轧）无缝钢管；按用途，可分为一般无缝钢管和专用无缝钢管。

（1）一般无缝钢管。一般无缝钢管由 10 号、20 号、Q295、Q345 钢制造。按制造方法，分为热轧无缝钢管和冷拔（轧）无缝钢管。热轧钢管的长度为 3000～12 000mm，冷拔钢管的长度为 3000～10 500mm。

（2）专用无缝钢管。专用无缝钢管种类较多，有低、中压锅炉用无缝钢管、高压锅炉用无缝钢管、高压化肥设备用无缝钢管、石油裂化用无缝钢管、流体输送用不锈钢无缝钢管等。

1）低、中压锅炉用无缝钢管。低、中压锅炉用无缝钢管用 10 号、20 号优质碳钢制造，应用于工作压力 P 不大于 2.5MPa，温度 T 不大于 450℃的中低压锅炉，也可应用于相应工作压力下的过热蒸汽、高温水工程。

2）高压锅炉用无缝钢管。高压锅炉用无缝钢管用优质碳素结构钢、合金结构钢、不锈耐热钢等制造。应用于高压蒸气锅炉、过热蒸气管道等。

3）高压化肥设备用无缝钢管。高压化肥设备用无缝钢管 20 号钢和低合金结构钢制造，应用于高压化肥设备和管道，也可应用于其他化工设备。

4）石油裂化用无缝钢管。石油裂化用无缝钢管用 10 号、20 号优质碳钢，合金钢 12CrMo、15CrMo 制造，应用于石油精炼厂的炉管、热交换器和管道。

5）流体输送用无缝钢管。流体输送用无缝钢管用 0Cr18Ni9、00Cr19Ni10、0Cr23Ni13、0Cr25Ni20、0Cr18Ni10Ti、0Cr18Ni11Nb、0Cr17Ni12Mo2、00Cr17Ni14Mo2、0Cr13 等钢制造，主要用于输送腐蚀性介质或低温、高温介质，是管道工程中的优质材料。不锈钢无缝钢管的制造方法有热轧和冷拔两种。

无缝钢管常用规格见表 2-2。

表 2-2　　　　　　　　　　　　　无缝钢管常用规格

公称直径 /mm	外径 /mm	壁厚 /mm	质量 /(kg/m)	壁厚 /mm	质量 /(kg/m)	壁厚 /mm	质量 /(kg/m)	壁厚 /mm	质量 /(kg/m)	壁厚 /mm	质量 /(kg/m)
10	14 17	2	0.592 0.74	2.5	0.709 0.894	3	0.814 1.04	—	—	—	—
15	18 22	2.5	1.20 1.11	3	1.11 1.60	3.5	1.25 1.60	4	1.38 1.78	4	1.38 1.78
20	25 27	2.5	1.39 1.51	3	1.63 1.78	3.5	1.86 2.03	4	2.07 2.27		
25	32 34	2.5	1.82 1.94	3	2.15 2.29	3.5	2.46 2.63	4	2.76 2.96	5	3.33 3.58
32	38 42	3	2.69 2.89	3.5	2.98 3.32		3.35 3.75	4.5	3.76 4.16	5.5	4.41 4.95
40	45 48	3	3.11 3.33	3.5	3.58 3.84	4	4.04 4.34	5	4.93 5.30	6	5.77 6.21
50	57 60	3	4.00 4.22	3.5	4.62 4.88	4	5.23 5.52	5.5	6.99 7.39	7	8.63 9.15
65	76	3.5	6.26	4	7.10	4.5	7.93	7	11.91	8	13.84
80	89	3.5	7.38	4	8.38	5	10.36	7	14.16	10	19.48
100	108 114	4	10.26 10.35	4.5	11.41 12.15	6	15.09 15.98	9	21.97 23.30	12	28.41 30.18
125	133 140	4	12.73	4.5	14.26 15.04		15.78 16.65	7	21.75 22.96	10	30.33 32.06
150	159 168	4.5	17.15 20.10	5	18.97 20.10	7	26.24 27.79	8	29.79 31.57	10	36.74 38.96
200	219	6	31.4	8	41.63	10	51.54	12	61.62	15	75.46
250	273	7	45.92	8	53.59	12	77.24	15	95.43	18	113.19
300	325	8	62.54	11	85.18	14	107.37	17	129.12	21	157.43
350	377	9	89.69	12	108.10	15	133.9	20	176.07	24	208.92

4. 一般无缝钢管管件

（1）平焊钢法兰。无缝钢管除采用焊接连接外，均采用法兰连接。图 2-2 所示平焊钢法兰，是给水排水工程中最常用的一种法兰，适用于公称压力不超过 2.5MPa 的碳素钢管道连接。用于碳素钢管道连接的法兰一般用 Q235 或 20 号钢制造，常用规格的尺寸见表 2-3 和表 2-4。

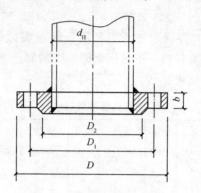

图 2-2 平焊钢法兰

表 2-3　　　　　　　光滑面平焊钢法兰（$PN=0.6$MPa）

公称直径 /mm	管子 /mm	法 兰					螺 栓	
		D/mm	D_1/mm	D_2/mm	b/mm	质量 /(kg/m)	数量/个	直径×长度 /mm
15	18	80	55	40	12	0.335	4	10×40
20	25	90	65	50	14	0.536	4	10×40
25	32	100	75	60	14	0.641	4	10×40
32	38	120	90	70	16	1.097	4	12×50
40	45	130	100	80	16	1.219	4	12×50
50	57	140	110	90	16	1.348	4	12×50
65	76	160	130	110	16	1.67	4	12×50
80	89	185	150	128	18	2.48	4	16×55
100	108	205	170	148	18	2.89	4	16×55
125	133	235	200	178	20	3.94	8	16×60
150	159	260	225	202	20	4.47	8	16×60
175	194	290	255	232	22	5.54	8	16×65
200	219	315	280	258	22	6.07	8	16×65
225	245	340	305	282	22	6.6	8	16×65
250	273	370	335	312	24	8.03	12	16×70
300	325	435	395	365	24	10.3	12	20×70
350	377	485	445	415	26	12.59	12	20×75

续表

公称直径 /mm	管子 /mm	法兰					螺栓	
		D/mm	D₁/mm	D₂/mm	b/mm	质量 /(kg/m)	数量/个	直径×长度 /mm
400	426	585	495	465	28	15.2	16	20×80
450	478	590	550	520	28	17.59	16	20×80
500	529	640	600	570	30	20.67	16	20×85
600	630	755	705	670	30	26.57	20	22×85

表 2-4　　　　　　　　　　砂型离心铸铁管各部尺寸　　　　　　　　（单位：mm）

公称直径 DN	各部尺寸			
	a	b	c	e
75～450	15	10	20	6
500 以上	18	12	25	7

（2）无缝冲压管件。有冲压焊接弯头、冲压无缝弯头、无缝异径管等，也可以用管子加工成焊接弯头、焊接三通等。

◈◈2.1.2　给水铸铁管及其配件

1. 砂型离心铸铁直管

砂型离心铸铁管的材质为灰铸铁，按其壁厚分为 P 和 G 两级，P 级适用输送工作压力不大于 0.75MPa 压力的流体；G 级适用输送工作压力不大于 1.0MPa 压力的流体。

砂型离心铸铁直管常用于埋地的给水及煤气等压力流体的输送，如图 2-3 所示，其规格见表 2-5，其直径、壁厚、质量见表 2-6。

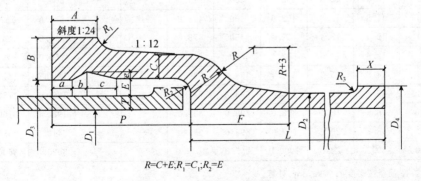

$$R=C+E; R_1=C_1; R_2=E$$

图 2-3　砂型离心铸铁直管

表 2 - 5 　　　　　　砂型离心铸铁直管规格 　　　　　（单位：mm）

公称直径 DN	各部尺寸											
	承口							插口				有效长度
	D_3	A	B	C	P	E	F	R	D_4	R_3	X	L
200	240.0	38	30	15	100	10	71	25	230.0	5	15	5000
250	293.6	38	32	15	105	11	73	26	281.6	5	20	5000
300	344.8	38	33	16	105	11	75	27	332.8	5	20	5000
350	396.0	40	34	17	110	11	77	28	384.0	5	20	5000
400	447.6	40	36	18	110	11	78	29	435.0	5	25	6000
450	498.8	40	37	19	115	11	80	30	486.8	5	25	6000
500	552.9	40	38	19	115	12	82	31	540.0	6	25	6000
600	654.8	42	41	20	120	12	84	32	642.8	6	25	6000
700	757.0	42	43	21	125	12	86	33	745.0	6	25	6000
800	860.0	45	46	23	130	12	89	35	848.0	6	25	6000
900	963.0	45	50	25	135	12	92	37	951.0	6	25	6000
1000	1067.0	50	54	27	140	13	98	40	1053.0	6	25	6000

表 2 - 6 　　　　砂型离心铸铁直管的直径、壁厚及质量

公称直径 DN/mm	壁厚 t/mm		内径 D_1/mm		外径 D_2/mm	质量/kg			
						有效长度 5000mm		有效长度 6000mm	
	P 级	G 级	P 级	G 级		P 级	G 级	P 级	G 级
200	8.8	10.0	202.4	200	220.0	227.0	254.0	—	—
250	9.5	10.8	252.6	250	271.6	303.0	340.0	—	—
300	10.0	11.4	302.8	300	322.8	381.0	428.0	452.0	509.0
350	10.8	12.0	352.4	350	374.0	—	—	566.0	623.0
400	11.5	12.8	402.6	400	425.6	—	—	687.0	757.0
450	12.0	13.4	452.4	450	476.8	—	—	806.0	892.0
500	12.8	14.0	502.4	500	528.0	—	—	950.0	1030.0
600	14.2	15.6	602.4	599.6	630.8	—	—	1260.0	1370.0
700	15.5	17.1	702.0	698.8	733.0	—	—	1600.0	1750.0
800	16.8	18.5	802.6	799.0	838.0	—	—	1980.0	2160.0
900	18.2	20.0	902.6	899.0	939.0	—	—	2410.0	2630.0
1000	20.5	22.6	1000.0	955.8	1041.0	—	—	3020.0	3300.0

注：1. 质量按密度 7.20kg/dm³ 计算。

　　2. 标记示例：公称直径 500mm，壁厚为 P 级，有效长度 6000mm 的砂型离心铸铁管。其标记

　　　为：离心管 P 级 500～600。

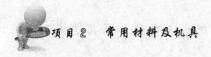

2. 连续铸铁管

连续铸铁管即连续铸造的灰铸铁管，其连接方式与砂型离心铸铁管相同，不同的是，连续铸铁管的直径范围较宽。连续铸铁管按其壁厚分为 LA、A 和 B 三级，LA 级适用于输送工作压力不大于 0.75MPa 压力的流体；A 级适用于输送工作压力不大于 1.0MPa 的流体；B 级适用于输送工作压力不大于 1.25MPa 的流体。常用于埋地的给水及煤气等低压流体的输送。

连续铸铁管与砂型离心铸铁管在外形上的区别是前者插口端没有凸缘，后者的插口有凸缘（外径为 $D4$、宽度为 x）。连续铸铁管形状如图 2-4 所示，连续铸铁管各部尺寸见表 2-7。连续铸铁管的水压试验与力学性能见表 2-8。

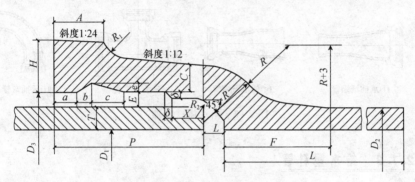

图 2-4　连续铸铁管

表 2-7　　　　　　　　　　连续铸铁管各部尺寸　　　　　　　　（单位：mm）

公称直径 DN/mm	各部尺寸（图 2-4 所示参数项目）			
	a	b	c	e
75~450	15	10	20	6
500~800	18	12	25	7
900~1200	20	14	30	8

表 2-8　　　　　　　　连续铸铁管的水压试验压力与力学性能

公称直径 DN/mm	水压试验压力/MPa			公称直径 DN/mm	力学性能
	LA	A	B		
≤150	2.0	2.5	3.0	≤300	≥3.4
≥500	1.5	2.0	2.5	350~700	≥2.8
—	—	—	—	≥800	≥2.4

3. 给水铸铁管件

给水铸铁管件材质为灰铸铁，接口形式分承插和法兰两种。常用的给水铸铁管件如图 2-5 所示。

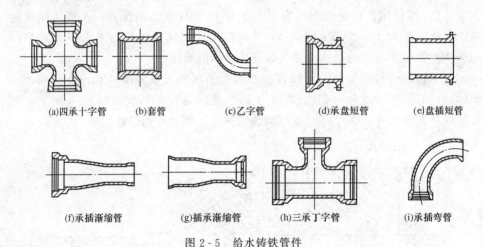

(a)四承十字管　　(b)套管　　　(c)乙字管　　　(d)承盘短管　　(e)盘插短管

(f)承插渐缩管　　(g)插承渐缩管　　(h)三承丁字管　　(i)承插弯管

图 2-5　给水铸铁管件

◆◆ 2.1.3　给水塑料管

由于钢管易锈蚀、腐化水质，随着人们生活水平越来越高，给水塑料管的应用日趋广泛。塑料管有优良的化学稳定性，耐腐蚀，不受酸、碱、盐、油类等物质的侵蚀；物理力学性能良好，不燃烧、无不良气味、质轻而坚，相对密度仅为钢的 1/5。塑料管管壁光滑，容易切割，并可制成各种颜色的，尤其是代替金属管材可节省金属。但强度低、耐久性差、耐温性差（使用温度为 $-5\sim +45℃$），因而使用受到一定限制。给水塑料管类型见表 2-9。

表 2-9　　　　　　　　　　　给水塑料管类型

系别	符号	化学名称	系别	符号	化学名称
氯乙烯系	UPVC	硬聚氯乙烯	聚烯烃系	PB	聚丁烯
	HIPVC			PP	聚丙烯
	HTPVC			—	丁二烯
聚烯烃系	HDPE	高密度聚乙烯	ABS系	—	ABS 丙烯氰
	LDPE	低密度聚乙烯		—	苯乙烯共聚树脂
	PEX	交联聚乙烯			

UPVC 管的全称是低塑性或不增塑聚氯乙烯管，是由聚氯乙烯树脂与稳定剂、润滑剂等配合后用热压法挤压成型的。硬聚氯乙烯给水管规格见表 2-10。

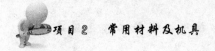

表 2 - 10　　　　　　　　　　**硬聚氯乙烯管 UPVC 管规格**　　　　　　　　（单位：mm）

公称外径 D_c		壁厚			
		公称压力 0.63MPa		公称压力 1.00MPa	
基本尺寸	允许偏差	基本尺寸	允许偏差	基本尺寸	允许偏差
20	+0.30	1.6	+0.40	1.9	+0.40
25	+0.30	1.6	+0.40	1.9	+0.40
32	+0.30	1.6	+0.40	1.9	+0.40
40	+0.30	1.6	+0.40	1.9	+0.40
50	+0.30	1.6	+0.40	2.4	+0.50
63	+0.30	2.0	+0.40	3.0	+0.50
75	+0.30	2.3	+0.50	3.6	+0.60
90	+0.30	2.8	+0.50	4.3	+0.70
110	+0.40	3.4	+0.60	5.3	+0.80
125	+0.40	3.9	+0.60	6.0	+0.80
140	+0.50	4.3	+0.70	6.7	+0.90
160	+0.50	4.9	+0.70	7.7	+1.00
180	+0.60	5.5	+0.80	8.6	+1.10
200	+0.60	6.2	+0.90	9.6	+1.20
223	+0.70	6.9	+0.90	10.8	+1.30
250	+0.80	7.7	+1.00	11.9	+1.40

注：1. 壁厚是以 20℃环向（诱导）应力为 10MPa 确定的。

2. 公称压力是管材在 20℃下输送水的工作压力。

UPVC 管抗腐蚀性强、技术成熟、易于粘合、价格低廉、质地坚硬，但由于有 UP-VC 单体和添加剂渗出，只适用于输送温度不超过 45℃的给水系统。

聚乙烯管（PE 管）耐腐蚀且韧性好，连接方法为熔接、机械式胶圈压紧接头。PE 管又分为 HDPE 管（高密度聚乙烯管）、LDPE 管（低密度聚乙烯管）和 PEX 管（交联聚乙烯管）。其中，HDPE 管有较好的抗疲劳强度和耐温度性能，可挠性和抗冲击性能也较好；PEX 管通过特殊工艺使材料分子结构由链状转成网状，提高了管材的强度和耐热性，可用于热水供应系统，但需用金属件连接。

聚丁烯管（PB 管）是一种半结晶热塑性树脂，耐腐蚀、抗老化、保温性能好，具有良好的抗拉、抗压强度，耐冲击，高韧性，可随意弯曲，使用年限在 50 年以上。PB 管的接口方式主要有挤压连接和热熔焊接。

聚丙烯管（PP 管），改性的聚丙烯管还有 PP-R、PP-C 管，耐热性能较好，低温时脆性大，宜用于热水系统。

ABS管是丙烯氰、丁二烯、苯乙烯的三元共聚物，具有良好的耐蚀性、韧性、强度，综合性能较高，可用于冷、热水系统中，多采用粘结，但粘结固化时间较长。

塑料管的连接可采用螺纹连接（配件为注塑制品）、焊接（热空气焊）、法兰连接、粘结等方法。

◆◆ 2.1.4　排水铸铁管及管件

1. 普通排水铸铁管

普通排水铸铁管是建筑内部排水系统的主要管材，有排水铸铁承插口直管、排水铸铁双承直管。其管件有曲管、管箍、弯头、三通、四通、存水弯、瓶口大小头（锥形大小头）、检查口等。

排水铸铁管比钢管耐腐蚀，但脆性重，常用于室内生活污水管道、雨水管道及工业厂房中振动不大的生产排水管道。

排水铸铁管直径为 50～200mm，壁厚 4～7mm，长度有 0.5m、1m、1.5m、2m 等多种，其管端形状只有承插式一种，接口形式为承插连接。排水铸铁管及其管件如图 2-6 所示。

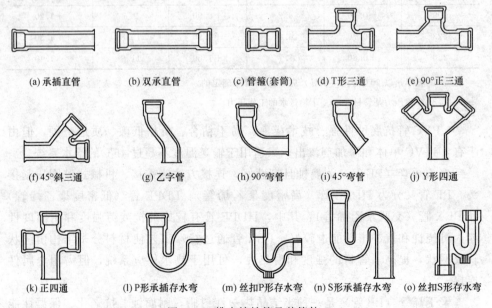

(a) 承插直管　(b) 双承直管　(c) 管箍（套筒）　(d) T形三通　(e) 90°正三通

(f) 45°斜三通　(g) 乙字管　(h) 90°弯管　(i) 45°弯管　(j) Y形四通

(k) 正四通　(l) P形承插存水弯　(m) 丝扣P形存水弯　(n) S形承插存水弯　(o) 丝扣S形存水弯

图 2-6　排水铸铁管及其管件

管箍（套筒）用于没有承口的排水铸铁短管的直线连接。

90°三通管用于水流呈 90°汇集处，其水力条件较 45°承插三通管差。

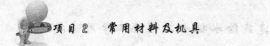

45°三通管用于水流呈 45°汇集处，可以和 45°弯管配合使用，水力条件比 90°三通管好。

90°弯管用于水流呈 90°急转弯处。

45°弯管用于水流呈 135°转弯处及加大回转半径时，用两个 45°弯管代替 90°弯管使用，如室内排水立管与排出管连接时采用两个 45°弯管。

Y 形承插四通管用于水流呈十字汇集处，其水力条件比正四通好。

P 形存水弯两端所接出的管道呈 90°。

S 形存水弯两端所接出的管道互相平行。

近几年来，随着城镇住宅建设发展，大模板住宅建筑的推广，为了适应工业化的施工，实行管道施工装配化，以减轻劳动强度、加快管道安装进度、提高施工效率。卫生间排水管道的新型排水异形管件日益增多，如二联三通、三联三通、角形四通、H 形透气管、Y 形三通和 WJD 变径弯头（后检查口），如图 2-7 所示。

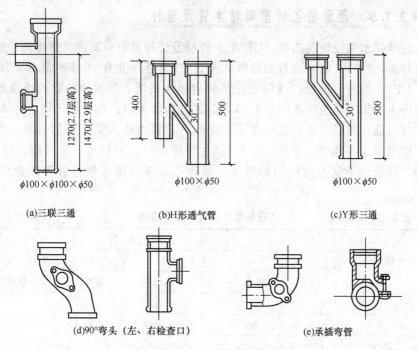

图 2-7　排水管件示例

2. 柔性接口排水铸铁管

高层建筑及地震区建筑排水铸铁管宜采用柔性接口，使其在内水压下具有良好的曲挠性和伸缩性，以适应建筑楼层间变位导致的轴向位移和横向曲挠变形，防止管道裂缝、折断。图 2-8 所示为 RK-1 型柔性接口图，接口采用法兰压盖和螺栓将橡胶密封圈压紧。柔性接口排水铸铁管件有立管检查口、三通、45°三通、45°弯头、90°弯头、45°和30°通气管、四通、P形存水弯和S形存水弯等。

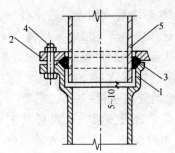

图 2-8　柔性接口

1—承口端；2—法兰压盖；3—密封橡胶圈；4—坚固螺栓；5—插口端

◆◆◆ *2.1.5　硬聚氯乙烯塑料排水管及管件*

建筑排水用硬聚氯乙烯（UPVC）管材及管件具有耐腐蚀、质量轻、施工方便等特点，UPVC排水直管的规格见表2-11，管件共有20多个品种，76个规格。UPVC管材目前已广泛用于建筑物内排水系统。排水塑料管的连接形式以粘结为主。用于建筑排水用的UPVC管件有粘结承口、弯头、三通（90°顺水三通、斜三通、瓶形三通）及四通（正四通、45°斜四通、直角四通）、异径管和管箍、伸缩节、存水弯（P形、S形）、立管检查口、清扫口、通气帽、排水栓、地漏，以及用于安装时使用的管卡、吊钩等。部分排水塑料管管件如图2-9所示。

表 2-11　　　　　　　　　硬聚氯乙烯排水直管规格　　　　　　　（单位：mm）

公称外径 D	平均外径极限偏差	直 管			
		壁厚 e		长度 L	
		基本尺寸	极限偏差	基本尺寸	极限偏差
40	+0.30	20	+0.40		
50	+0.30	20	+0.40		
75	+0.30	23	+0.40		
90	+0.30	32	+0.60	4000 或 6000	−10
110	+0.30	32	+0.60		
125	+0.40	32	+0.60		
160	+0.50	40	+0.60		

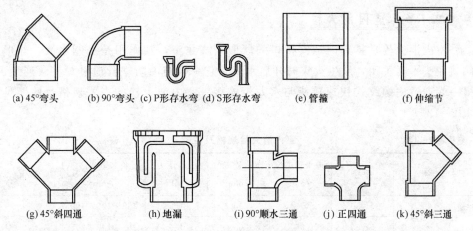

(a) 45°弯头 (b) 90°弯头 (c) P形存水弯 (d) S形存水弯 (e) 管箍 (f) 伸缩节

(g) 45°斜四通 (h) 地漏 (i) 90°顺水三通 (j) 正四通 (k) 45°斜三通

图 2-9 排水塑料管管件

UPVC 塑料管排水时噪声较大，图 2-10 所示为一种带有内螺旋的 UPVC 管，其特点是能使污水、废水沿管壁内螺旋纹道流动，以使排水时噪声减小。国内目前的连接形式有粘结、橡胶卷连接和螺纹连接三种。

使用 UPVC 排水管应注意以下几点：

（1）作为排水管，产生满流运动状态时，与铸铁管相比，流速比为 1∶3，流量的比亦为 1∶3。

（2）内壁光滑，没有较多的沉积物，阻力小，粗糙系数 $n=0.009$。

（3）适用于连接排放温度不大于 40℃ 的水，瞬时排放温度不大于 80℃ 的生活污水。耐酸、耐碱，埋在土壤中不被腐蚀，耐久性好，使用寿命长。

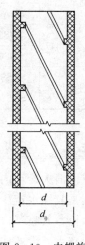

图 2-10 内螺旋
UPVC 管

（4）重要的是不可忽视伸缩问题，受环境温度变化而引起的伸缩长度，可按下式计算

$$\Delta L = L\alpha\Delta t$$

式中 L——管道长度，m；

ΔL——管道温升长度，m；

α——线胀系数，一般采用 $(6\sim8)\times10^{-5}$ m/(m·℃)；

Δt——温差，℃。

为了消除 UPVC 管道受温度影响产生的胀缩，通常采用设置伸缩节的方法。螺纹和胶圈连接的管道系统可以不设伸缩节。

◆◆ 2.1.6　室内消火栓

　　室内消火栓是具有内螺纹接口的球形阀式龙头，其作用是控制水流。球形阀式龙头平时关闭，发生火灾时开启水流。它一端与消防立管通过短支管连接，另一端通过内螺纹式快速接头与水龙带连接。室内消火栓的主要规格及性能见表 2 - 12。

表 2 - 12　　　　　　　　　　　　室内消火栓规格及性能

名称	型号	进水管 DN /mm	出水管 DN /mm	工作压力 /MPa	长×宽×高 /mm	质量/kg
直角单出口	SN50	50	50	1.6	168×120×190	4
	SN65	65	65	1.6	168×140×205	5
45°单阀单出口	SNA50	50	50	1.6	200×120×100	4.5
	SNA65	65	65	1.6	228×140×205	6.5
直角单阀双出口	SNS50	65	50	1.6	230×210×205	5.5
	SNS65	80	6	1.5	238×210×230	10.5
60°双闸双出口	SNSS50	65	50	1.6	176×276×228	8
	SNSS65	80	65	1.6	182×324×255	10

◆◆ 2.1.7　室内消火栓箱

　　室内消火栓箱内的水枪是用铝或塑料制成的，从进水口至出水口成渐缩状，其作用是收缩水流、增加流速，产生灭火需要的充实水柱。室内消防均采用直流式水枪，其喷嘴口径有 16mm 和 19mm。

　　消防水龙带的作用是用于连接消火栓和水枪，把具有一定压力的水流输送到灭火地点。消防水龙带的规格和性能见表 2 - 13。

表 2 - 13　　　　　　　　　　　消防水龙带规格及性能

品名	型号	管径 DN /mm	工作压力 /MPa	爆破压力 /MPa	适应温度 /℃	长度 /m	质量 /(kg/m)
芒麻水龙带	—	50	0.98	≥2.94	—	20	<300
		65					<370
		80					<450
		90					<570

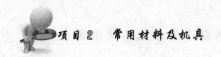

续表

品名	型号	管径 DN /mm	工作压力 /MPa	爆破压力 /MPa	适应温度 /℃	长度 /m	质量 /(kg/m)
衬胶水龙带	8	50 65	0.8	≥2.4	−30～50	20	260 330
	10	50 65 80	1.0	≥3.0		20	300 370 480
	13	50 65 80 90	1.3	≥3.9		20	340 430 560 660
环漏水龙带	—	40 50 65 80	1.3 1.6	4.0 5.0	—	15 20 30 40	200 230 320 380
涤纶聚氨酯衬里水龙带	8	50 65	0.8	2.55	−50～70	15、20、25	125 220
	10	50 65	1.0	3.2			150 220
	13	50 65	1.3	3.9			187 260

　　水枪、水龙带和消火栓合设于消火栓箱内，在同一建筑物内应采用同一规格的消火栓、水枪和水龙带，以便于维护保养和替换使用。

　　(1) 水枪。室内消火栓消防系统均采用直流水枪作为灭火的主要工具。它由枪筒和喷嘴组成，如图 2-11 所示。

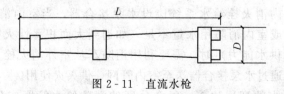

图 2-11　直流水枪

　　(2) 水龙带。室内消防水龙带一般为帆布或麻织的衬胶软管，其长度一般有 10m、15m、20m、25m 几种，常用口径为 50mm 和 65mm。

（3）消火栓。消火栓是具有内扣式接口的球形阀式龙头，其一端与水龙带连接，另一端与消防立管连接。常用的消火栓直径有 50mm 和 65mm 两种；当射流量小于 4L/s 时，采用直径 50mm 的；当射流量大于 4L/s，则采用直径 65mm 的。消火栓、水龙带、水枪之间均采用内扣式快速接头连接。消火栓外形如图 2-12 及图 2-13 所示。

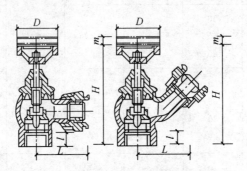

(a)SN型直角单出口式　(b)SNA45°型直角单出口式

图 2-12　室内单出口消火栓外形示意

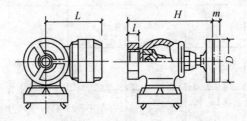

图 2-13　SNS 型直角双出口室内消火栓

◆◆2.1.8　消防水泵接合器

低层建筑室内消火栓给水系统，超过 4 层的厂房和库房，设有消防管网的住宅及超过 5 层的其他民用建筑，其室内消防管网应设消防水泵接合器。

高层建筑室内消火栓给水系统应设水泵接合器，当室内消防水泵因检修、停电、发生故障或室内消防用水量不足（如遇到大面积恶性火灾，火场用水量超过固定消防泵供水能力）时，需要利用消防车从室外消火栓、消防蓄水池或天然水源取水，通过水泵接合器送至室内管网，供灭火使用。

采取分区给水的高层建筑，每个分区的消防给水管网应分别设置水泵接合器。

水泵接合器有地上式、地下式和墙壁式三种，如图 2-14 所示，其型号及尺寸见表 2-14 和表 2-15。

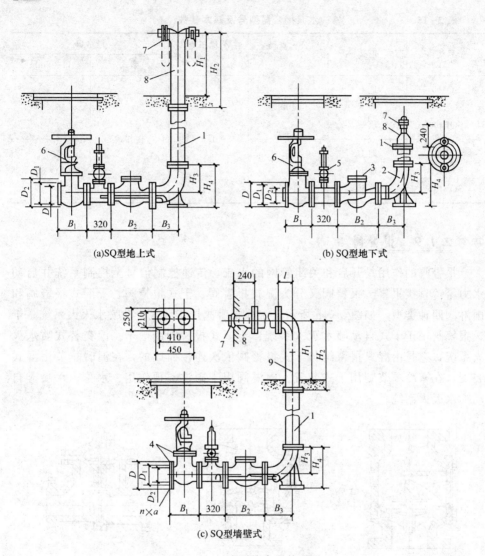

图 2 - 14　水泵接合器外形图

1—法兰接管；2—弯管；3—升降式单向阀；4—放水阀；5—安全阀；6—楔式闸阀；

7—进水用消防接口；8—本体；9—法兰弯管

表 2 - 14　　　　水泵接合器的基本尺寸　　　　（单位：mm）

公称直径	结构尺寸							法兰						消防接口
	B_1	B_2	B_3	H_1	H_2	H_3	H_4	L	D	D_1	D_2	d	n	
100	300	350	220	700	800	210	318	130	220	180	158	17.5	8	KWS65
150	350	480	310	700	800	325	465	160	285	240	212	22	8	KWS80

表 2 - 15　　　　　　　　　　水泵接合器型号及基本参数

型号规格	形式	公称直径/mm	公称压力/MPa	进水口	
				型式	口径/mm
SQ100 SQX100 SQB100	地上 地下 墙壁	100	1.6	内扣式	65×65
SQ150 SQX SQB150	地上 地下 墙壁	150			80×80

◆◆◆ 2.1.9　报警阀

报警阀的作用是开启和关闭管网的水流,传递控制信号至控制系统并启动水力警铃直接报警。报警阀又分为湿式报警阀、干式报警阀、干湿式报警阀和雨淋阀四种类型,如图 2 - 15 所示。湿式报警阀用于湿式自动喷水灭火系统;干式报警阀用于干式自动喷水灭火系统;干湿式报警阀用于干、湿交替式喷水灭火系统,它是由湿式报警阀与干式报警阀依次连接而成的,在温暖季节用湿式装置,在寒冷季节则用干式装置。雨淋阀用于雨淋、预作用、水幕、水喷雾自动喷水灭火系统。

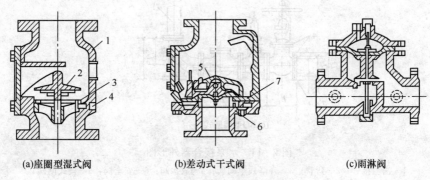

(a)座圈型湿式阀　　　　(b)差动式干式阀　　　　(c)雨淋阀

图 2 - 15　报警阀构造示意图

1—阀体;2、5—阀瓣;3—沟槽;4、6—水力警铃接口;7—弹性隔膜

报警阀宜设在明显地点,且便于操作,距地面高度宜为 1.2m,报警阀地面应有排水措施。

◆◆◆ 2.1.10　喷头

闭式喷头的喷口用热敏元件组成的释放机构封闭,当达到一定温度时能自动开启，如玻璃球爆炸、易熔合金脱离。其构造按溅水盘的形式和安装位置，有直立型、下垂型、边墙型、吊顶型、普通型和干式下垂型喷头之分，如图 2-16 所示，各种喷头的适用场所见表 2-16。

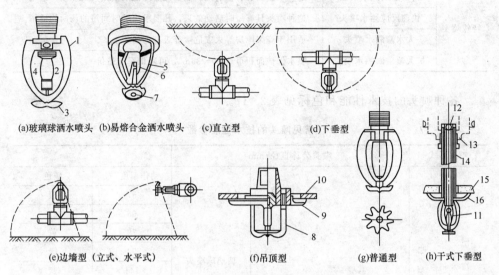

(a)玻璃球洒水喷头　(b)易熔合金洒水喷头　(c)直立型　　　　(d)下垂型

(e)边墙型（立式、水平式）　　　　(f)吊顶型　　　(g)普通型　(h)干式下垂型

图 2-16　闭式喷头构造示意图

1、5、8—支架；2—玻璃球；3、7—溅水盘；4—喷水口；6—合金锁片；9、16—装饰罩；
10、15—吊顶；11—热敏元件；12—钢球；13—铜球密封圈；14—套筒

表 2-16　　　　　　　　　　各种类型喷头的适用场所

喷头形式	喷头类别	适 用 场 所
闭式喷头	玻璃球洒水喷头	因具有外形美观、体积小、重量轻、耐腐蚀等特点，适用于宾馆等美观要求高和具有腐蚀性的场所
	易熔合金洒水喷头	适用于外观要求不高、腐蚀性不大的工厂、仓库和民用建筑
	直立型洒水喷头	适用安装在管路下经常有移动物体的场所及尘埃较多的场所
	下垂型洒水喷头	适用于各种保护场所
	边墙型洒水喷头	安装空间狭窄、通道状建筑适用此种喷头
	吊顶型喷头	属装饰型喷头，可安装于旅馆、客厅、餐厅、办公室等建筑
	普通型洒水喷头	可直立，下垂安装，适用于有可燃吊顶的房间
	干式下垂型洒水喷头	专用于干式喷水灭火系统的下垂型喷头
开式喷头	开式洒水喷头	适用于雨淋喷水灭火和其他开式系统
	水幕喷头	凡需保护的门、窗、洞、檐台口等应安装这类喷头
	喷雾喷头	用于保护石油化工装置、电力设备等

续表

喷头形式	喷头类别	适 用 场 所
特殊喷头	自动启闭洒水喷头	这种喷头具有自动启闭功能，凡需降低水渍损失的场所均适用
	快速反应洒水喷头	这种喷头具有短时启动效果，凡要求启动时间短的场所均适用
	大水滴洒水喷头	适用于高架库房等火灾危险等级高的场所
	扩大覆盖面洒水喷头	喷水保护面积可达 $30\sim36m^2$，可降低系统造价

各种喷头的技术性能和色标见表 2 - 17。

表 2 - 17　　　　　　　　常见喷头的技术性能参数

喷头形式	喷头公称直径/mm		动作温度/℃	颜色
闭式喷头	10、15、20	玻璃球喷头	57	橙
			68	红
			79	黄
			93	绿
			141	蓝
			182	紫红
			227	黑
			260	黑
			343	黑
		易熔元件喷头	57～77	本色
			80～107	白
			121～149	蓝
			163～191	红
			204～246	绿
			260～302	橙
			320～343	黑
开式喷头	10、15、20		—	
水幕喷头	6、8、10、12、7、16、19		—	

开式洒水喷头与闭式喷头的区别仅在于缺少有热敏元件组成的释放机构。它由本体、支架、溅水盘等组成。按安装形式，分为双臂下垂型、单臂下垂型、双臂直立型和双臂边墙型四种，如图 2 - 17 所示。

选择喷头时应严格按照环境温度来选用喷头温度。为了正确、有效地使喷头发挥喷水作用，在不同环境温度场所内设置喷头时，喷头的公称动作温度要比环境温度高 30℃ 左右。

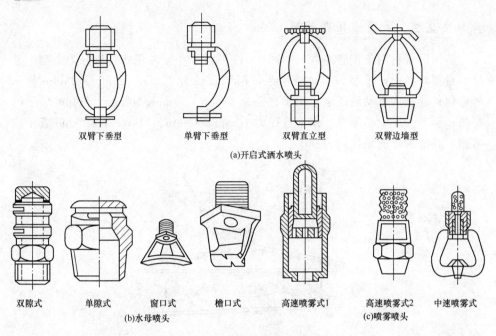

双臂下垂型　　单臂下垂型　　双臂直立型　　双臂边墙型

(a)开启式洒水喷头

双隙式　　单隙式　　窗口式　　檐口式　　高速喷雾式1　　高速喷雾式2　　中速喷雾式

(b)水母喷头　　　　　　　　　　　　　　　　　(c)喷雾喷头

图 2-17　开式喷头构造示意图

2.2　常用机具

◆◆ *2.2.1*　电动弯管机

电动弯管机用于钢管冷弯，如图 2-18 所示。其种类和型号很多，常用的有 WA 27Y—60、WB—27—108、WY27—159 三种型号。

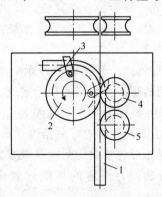

图 2-18　电动弯管机

1—管子；2—弯管模；3—U 形管卡；4—导向模；5—压紧模

◆◆2.2.2 手动液压弯管机

液压弯管机用于钢管冷弯，如图 2 - 19 所示。手动液压弯管机分为Ⅰ型、Ⅱ型、Ⅲ型，其中，Ⅰ型为手动液压泵，用于直径为 15mm、20mm、25mm 管子的弯曲；Ⅱ型为手动液压泵，用于直径为 25mm、32mm、40mm、50mm 管子的弯曲；Ⅲ型为电动活塞泵，用于直径为 78mm、89mm、114mm、127mm 管子的弯曲，其最大弯曲角度均为 90°。

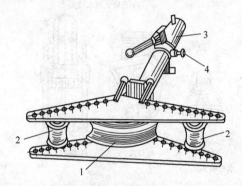

图 2 - 19 手动液压弯管机

1—顶胎；2—管托；3—液压缸；4—回液阀

（1）操作方法。

1）安装顶胎和管托。首先选取并安装与所弯管子直径一致的顶胎，根据弯曲半径将管托安放在合理的位置。

2）弯管。将待弯曲的管子放在顶胎与管托的弧形槽中，并使其弯曲部分的中心与顶胎的中点对齐。关闭回液阀，上下扳动手柄，直至将管子弯成所需要的角度。

3）卸管打开回液阀，此时顶胎会自动复位，取出弯好的管子并检查是否合适。若仍未达到所需要的角度时，可重新放入，继续按照上述方法进行撼弯。

（2）操作要领及注意事项。

1）安放管托时，要确保将两个管托置于对称位置；否则，会将托板拉偏或拉坏。最好调整两个管托间的距离至刚好使顶胎通过。

2）在扳动手柄的过程中要用力均匀，注意停顿。随时注意检查弯曲角度（可使用量角器），不得超过管子要求的弯曲角度，确保弯管质量。考虑到材料发生变形后会有一定的回弹，可将弯曲的角度略微增大一些。

3）在进行有缝钢管弯曲时，钢管的焊缝位置应置于不受拉伸或压缩的位置。

◆◆ **2.2.3　电动套丝切管机**

电动套丝切管机又名切管套丝机、套丝切管机、套丝机，如图 2-20 所示。电动套丝切管机采用电动方式进行金属管的切断、对管内孔倒角及螺纹加工，其规格见表 2-18。

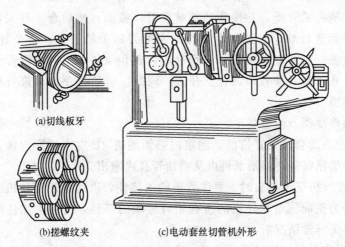

(a)切线板牙

(b)搓螺纹夹　　　　　(c)电动套丝切管机外形

图 2-20　电动套丝切管机

表 2-18　　　　　　　　　电动套丝切管机规格

型号	规格 /mm	套制圆锥管螺纹范围 /mm	电源电压 /V	电动机额定功率 /W	主轴额定转速 /(r/min)	质量 /kg
Z1T—50	50	15～50	220	≥600	≥16	71
Z3T—50			380			
Z1T—80	80	15～75	220	≥750	≥10	105
Z3T—80			380			
Z1T—100	100	15～100	220	≥750	≥8	153
Z3T—100			380			
Z1T—150	150	65～150	220	≥750	≥5	260
Z3T—150			380			

（1）使用方法。

1）固定管子。首先将套丝机进行安装并安放平稳，然后拉开支架板，将管子插入，同时旋动前后卡盘，即可将管子卡紧。

2）套螺纹。套螺纹时，据待套螺纹管子的管径选择合适的板牙头及板牙，并正确安装板牙（装板牙的方法与使用铰板时相同）。放下铰板和喷油管，并调整喷油管使其对准板牙喷油。然后，合上开关，同时用力移动进给把手，使板牙对准管口进行螺纹加工。待达到要求的套螺纹长度时，及时扳动板牙头上的手把，使板牙沿径向退离已加工的螺纹面，同时关闭电源，然后旋松前后卡盘，即可取出已加工好螺纹的管子。

3）切管。操作时首先掀起扩孔锥和板牙头，将切管器放下，通过移动进给把手调节切管器的位置，使管子压在切管器两滚轮中间固定，切管刀对准切割线，旋转手柄夹紧管子，并使喷油管对准切口喷油。然后合上开关，同时转动切管器的手柄进行切割。边切割边拧动割管刀的手柄进刀，直至管子被切断，同时关闭电源。对切割好的管子进行管内口倒角（扩口）时，将管子卡紧在卡盘中，使扩孔锥头对准管口，合上开关，同时压进给把手即可进行扩孔。扩好后，关闭电源。

（2）操作要领及注意事项。

1）使用电动套丝切管机前，油箱内必须灌进4L左右的润滑油，且一定要保证喷油管油路畅通，润滑油可以从喷油管孔内喷出。

2）若套丝机更换插头时，要注意正确的接线，以通电后套丝机主轴沿逆时针方向旋转为正确。对套丝机的所有相对运动的部件，应经常加注润滑油。在确定各部件无异常情况后，方可开机工作。

3）使用完套丝切管机后，应及时擦拭干净，并清除粘附在各部件上的金属屑，盖上滤网的盖子，放下切管器、板牙头。

◆◆2.2.4 砂轮切割机

砂轮切割机是一种高速切割机，如图2-21所示，适宜切割各类碳素钢管、型钢和铸铁管，切割效率高，是较为理想的切割机械，在给水排水管道安装工程中应用十分广泛，其规格见表2-19。

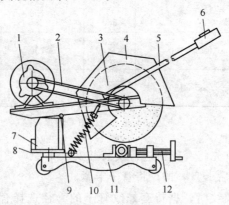

图2-21 砂轮切割机

1—电动机；2—V带；3—砂轮片；4—护罩；5—操纵杆；6—带开关的手柄；7—配电盒；
8—扭转轴；9—中心轴；10—弹簧；11—四轮底座；12—夹钳

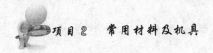

表 2 - 19 砂轮切割机的规格

型号	薄片砂轮外径/mm	额定输出功率/W	额定转矩/(N·m)	切割圆钢直径/mm
J1G—200	200	≥600	≥2.3	20
J1G—250	250	≥700	≥3.0	25
J1G—300	300	≥800	≥3.5	30
J1G—350	350	≥900	≥4.2	85
J1G—400	400	≥1100	≥5.5	50
J3G—400	400	≥2000	≥6.7	50

注：J1G 型电源电压为 220V；J3G 型电源电压为 380V；频率为 50Hz。

（1）使用方法。将所要切割的管子用夹钳夹紧，切割时握紧手柄，同时按住开关将电源接通，稍加用力压下砂轮片，即可进行磨割。管子割断后，松开手柄和开关，即可切断电源停止磨割，并使砂轮片通过弹簧复回原位。

（2）操作要领及注意事项。

1）砂轮片安装在转动轴上，安装时要尽可能使砂轮片与轴保持同心，并且使轴周围留有相同的间隙。开机时，砂轮片一定要正转，且一定要夹紧所要切割的管子。

2）操作人员的身体不可正对砂轮片，以防磨割中溅出的火花伤人。为安全考虑，不能随意拆除砂轮片上的保护罩；运行中若发现有不平稳或冲击振动现象，应立即停机并进行检查。砂轮片出现缺口时须及时废弃。

3）若切割后管径收缩较小，只需用三角刮刀修刮管口即可。

◆◆**2.2.5 开槽机**

开槽机适用于在混凝土、砖墙面上开出端正、清洁、均匀的沟槽，以埋设电器的暗配管。开槽机在 5min 内能开出 1m 的沟槽，操作比较方便，并具有独特的三片开槽锯片。开槽宽度、深度为 30～50mm，长度为 20～50m。当切口开启后，可进行简单的敲凿、修整和扩槽。开槽机的技术参数见表 2 - 20。

表 2 - 20 开槽机技术参数

型号	DTC - 50	D3L - 50
切割宽度/mm	30、40、50（调节自由）	30、40、50（调节自由）
切割深度/mm	20、30、40、50（调节自由）	20、30、40、50（调节自由）
电源电流	单箱 220V、14A	单箱 220V、14A
回转数/（r/min）	4000（无负荷时）	4000（无负荷时）
体积（L×W×H）/(mm×mm×mm)	350×250×300	350×250×300

型号	DTC - 50	D3L - 50
质量/kg	10	8
切割速度（$W \times L$）/(mm×mm)	50×1000	
混凝土 干切		5min 12s
混凝土 湿切		3min 15s
水泥 干切		3min 13s
水泥 湿切		2min 37s
碳渣石块 干切		1min 45s
碳渣石块 湿切		1min 22s
砖 干切		2min 31s
砖 湿切		1min 51s

◆◆ 2.2.6　冲击电钻

冲击电钻又名电动冲击钻、冲击钻，用于对金属、木材、塑料、陶瓷、砖等材料或工件的钻孔，如图 2-22 所示，其规格见表 2-21。

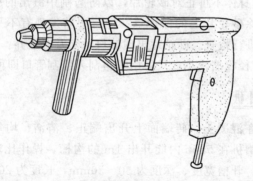

图 2-22　冲击电钻

表 2-21　　　　　　　　　　　冲击电钻规格

型号	Z1J—10	Z1J—12	Z1J—16	Z1J—20
规格/mm	10	12	16	20
额定输出功率/W	≥160	≥200	≥240	≥280
额定转矩/(N·m)	≥14	≥2.2	≥3.2	≥4.5
每分钟额定冲击次数	≥17 600	≥13 600	≥11 200	≥9600
质量/kg	1.6	1.7	2.6	5

使用时，可以通过工作头上的调节手柄实现钻头的只旋转无冲击或既旋转又冲击。将旋钮调至旋转的位置，装上麻花钻头，接通电源即可对金属、木材、塑料件进行钻孔；若将旋钮调至旋转待冲击位置时，装上镶硬质合金的冲击钻头，就可以适用于建筑、给水排水工程安装中对砖、轻质混凝土等脆性材料的钻孔。

需要注意的是，将钻头顶在工作物上时，方可掀动开关，待钻头运转正常后才能进行钻孔。若使用过程中发现转速变慢、火花过大、温升过高、响声不正常或有异常气味，应立即切断电源。在钢筋混凝土上进行冲击钻孔时，应避开钢筋的位置钻孔。更换或装卸钻头时，转动卡轴180°即可将钻头取下或装上。

◆◆2.2.7　手电钻

手电钻用于金属、塑料及其他类似材料或工件的钻孔，有手提式和手枪式两种，如图 2-23 所示，使用电压为 220V。按钻孔直径分，手电钻的规格有 4mm、6mm、8mm、10mm、13mm、16mm、19mm、23mm。

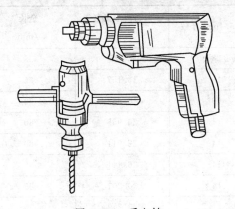

图 2-23　手电钻

使用方法及注意事项：检查电源电压与设备使用电压相符后，在空载情况下启动使用；为保证安全，操作人员应戴绝缘手套。

◆◆2.2.8　电锤

电锤兼有冲击和旋转两种功能，如图 2-24 所示，可用来在混凝土地面打孔，以膨胀螺栓代替地脚螺栓安装各种设备。

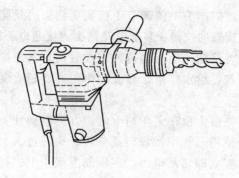

图 2 - 24 　电锤

◆◆**2.2.9 　螺纹丝锤**

（1）圆柱管螺纹（55°）丝锤的规格见表 2 - 22。

表 2 - 22 　　　　　　　　　圆柱管螺纹（55°）丝锤

螺纹尺寸代号 /m	每 25.4mm 牙数	丝锥螺纹外径 /mm	全长 /mm	螺纹长度 /mm
(1/8)[①]	28	9.725	55	25
1/4	19	13.157	65	30
3/8	19	16.662	70	30
1/2	14	20.955	80	35
(5/8)	14	22.911	80	35
3/4	14	26.441	85	35
(7/8)	14	30.201	85	35
1	11	33.249	95	40
$1\frac{1}{3}$	11	37.897	95	40
$1\frac{1}{4}$	11	41.910	100	40
$\left(1\frac{3}{8}\right)$11	40.823	100	100	
$1\frac{1}{2}$	11	47.803	105	40
$1\frac{3}{4}$	11	53.746	115	45
2	11	59.614	120	45

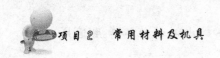

续表

螺纹尺寸代号 /m	每25.4mm 牙数	丝锥螺纹外径 /mm	全长 /mm	螺纹长度 /mm
$2\left(\dfrac{1}{4}\right)$	11	65.710	120	45
$2\dfrac{1}{2}$	11	75.184	130	50
$\left(2\dfrac{3}{4}\right)$	11	81.531	130	50
3	11	87.884	140	50

① 直径带括号的丝锥尽可能不采用。

（2）圆锥管螺纹（55°、60°）丝锥的规格见表2-23。

表2-23　　　　　圆锥管螺纹（55°、60°）丝锥

螺纹公称直径/in	总长 /mm	55°圆锥管螺纹				60°圆锥管螺纹			
		基面处外径 /mm	每英寸牙数	工作部分长度 /mm	基面到端部距离 /mm	基面处外径 /mm	每英寸牙数	工作部分长度 /mm	基面到端部距离 /mm
1/6	50	—				7.896	27	16	10
1/8	55	9.725	28	18	12	10.272	27	18	11
1/4	65	13.158	19	24	16	13.572	18	24	15
3/8	75	16.663	19	26	18	17.055	18	36	16
1/2	85	20.956	14	32	22	21.223	14	30	21
3/4	90	26.442	14	36	24	26.568	14	32	21
1	110	33.250	11	42	28	33.228	$11\dfrac{1}{2}$	40	26
$1\dfrac{3}{4}$	120	41.912	1	45	30	41.985	$11\dfrac{1}{2}$	42	27
$1\dfrac{1}{2}$	140	47.805	11	48	32	48.054	$11\dfrac{1}{2}$	42	27
2	140	59.616	11	50	34	60.092	$11\dfrac{1}{2}$	45	28

注：1in（英尺）=2.54cm。

◆◆ 2.2.10　千斤顶

千斤顶在给水排水工程安装中用于支撑、起升和下降较重的设备，如图2-25所示。

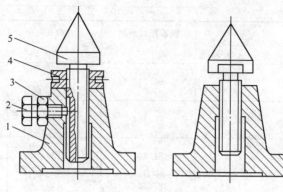

图 2-25　千斤顶

1—底座；2—螺钉；3—锁紧螺母；4—调整螺母；5—螺杆

使用方法及注意事项：千斤顶只适宜垂直使用，不可倾斜或倒置使用，也不可以在有酸性、碱性或腐蚀性气体的场所使用。

◈◈2.2.11　链式手拉葫芦

链式手拉葫芦又称倒链、链式起重机，由链条、链轮及差动齿轮（或蜗杆、蜗轮）等组成，如图 2-26 所示。起重量为 0.5～30t，在给水排水安装工程施工中，链式手拉葫芦主要用来起吊和安装直径较大的管子、阀门和设备。

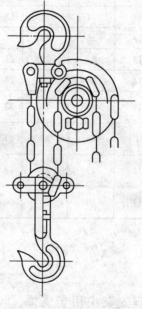

图 2-26　链式手拉葫芦

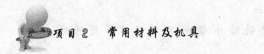

使用方法及注意事项：使用时，应先反拉细链，待粗链有足够的起重距离后即可进行吊装。应注意，不能使用链式手拉葫芦起吊超过其起重量的物体，若粗链达不到起重距离时，可借用有一定承受力的钢丝绳代替。平时要注意对链式手拉葫芦进行检查和维护，确保其使用的安全性。

◆◆**2.2.12 台虎钳**

台虎钳的规格见表2-24。

表2-24 　　　　　　　　　　 **台 虎 钳 规 格** 　　　　　　　　（单位：mm）

特点及应用范围	使用方法及说明						示意图		
安装在工作台上夹紧工件便于操作	全长	75	100	125	150	200			
	开口宽度	100	125	150	175	225	(a)固定式	(b)转盘式	

◆◆**2.2.13 试压泵**

试压泵有手动（图2-27）和电动（图2-28）两种，主要技术参数见表2-25和表2-26，主要用来进行压力试验。

图2-27 手动试压泵 　　　　　　　　　图2-28 电动试压泵

表 2 - 25   手动试压泵主要技术参数

型号	压力/MPa	流量/(mL/次)	型号	压力/MPa	流量/(mL/次)
SB—1.6	1.6	32	SB—10	10	38
SB—2.6	2.5	32	SB—16	16	46
SB—4.0	4.0	32	2SB—25	25	6（高）、40（低）
SB—6.3	6.2	45	2SB—40	40	6（高）、40（低）

表 2 - 26   电动试压泵主要技术参数

型号	工作压力/MPa	高压流量/(L/h)	电压/V	电动机功率/kW
4DSB—2.5	2.5	760	380	1.5
4DSB—4.0	4.0	610	380	1.5
4DSB—6.0	6.0	557	380	1.5
4DSB—10	10	507	380	1.5
4DSB—16	16	474	380	1.5
4DSB—25	25	449	380	1.5
4DSB—40	40	450	380	1.5
4DSB—60	60	440	380	1.5
4DSB—80	80	432	380	1.5

使用试压泵应注意下列事项：

（1）试压泵应放平稳，其连接管不宜过长。

（2）试压用水应洁净，吸水管端部应装带网的底阀；加压时，要待被试压的管道或容器灌满水后再进行。

（3）在试压泵出口管上接压力表时，压力表下应有缓冲管。

（4）用手动泵试压时，手揿速度要均匀，不得猛揿。如装有高低压活塞，用低压活塞打压费力时，应换高压活塞进行加压。

（5）当被试压的管道或容器的压力达到要求时，应关闭与泵相连的阀门，试验完毕后应排尽试压泵中的水。

（6）搬运试压泵时，应将压力表和易损件暂时卸下，运到目的地后重新安装好。

◈◈ 2.2.14 手动试压泵

手动试压泵用于进行给水排水管道的水压试验时加压，如图 2 - 29 所示。手动试压泵以手揿动手柄向管道系统内泵水，升压稳定，且易于控制，常用于室内给水管道的试压，手动试压泵的规格见表 2 - 27。

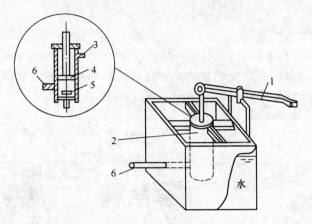

图2-29　手动试压泵
1—摇柄；2—唧筒；3—空气管；4—活塞；5—逆止阀；6—出水口

表2-27　　　　　　　　　　　手动试压泵规格

型号	最大工作压力 /MPa	排水量 /(L/次)	柱塞直径 /mm	柱塞行程 /mm	手柄最大施力 /N	泵外形尺寸 （长×宽×高/mm）
立式 SB—60	6	0.03	24	65	36	410×288×250
立式 SB—100	10	0.019	—	—	35	410×288×250
卧式高压	20	0.175	50	90±5	45	960×140×1190
卧式低压	0.5	0.015	16	90±5	40	960×140×1190

（1）使用方法。首先将试压泵装入管道系统的末端，在泵的出水端安装止回阀和压力表，压力表应装有缓冲管。连接管段不宜过长，试压泵要放置平稳。确认管道系统充满水且管内空气完全被排除后，往复摇动手柄，使管道系统内产生压力。适时调节压力表阀，观察达到试验压力的数值时，即可停止打压，并关闭与泵连接的阀门。

（2）使用要领及注意事项。

1）摇动试压泵手柄时，幅度要均匀适当，开始可以稍微快些，即将达到试验压力时，应放慢节奏。试验中若发现不上水，应立即停泵检查活塞环是否密封不严，止回阀是否失灵，发现问题应及时处理。

2）搬运试压泵时，可将易损部件和压力表拆下，待运至试压地点后再重新安装。水压试验结束后，应将试压泵内的水泄尽，并用棉纱擦拭干净。

3）适时向活动部位或注油孔内注入润滑油。若长期不用时，应进行清洗除油处理后再妥善存放。

🔷🔷 2. 2. 15 割锯

割锯又名割枪，常用的是射吸式割锯，如图 2 - 30 所示。割锯可以使可燃气体（乙炔气）与氧混合产生燃烧火焰，且在火焰的中心喷射切割氧气流来进行气割操作，用于切断直径大于 100mm 的普通钢管。

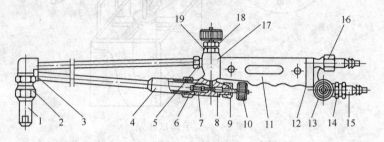

图 2 - 30 射吸式割锯的构造图

1—割嘴；2—割嘴螺母；3—割嘴接头；4—射吸管；5—切割氧管螺母；6—射吸管螺母；

7—喷嘴；8—氧气阀针；9—密封螺母；10—氧气手轮；11—手柄；12—后部主体；

13—乙炔手轮；14—燃气螺母；15—软管接头；16—氧气螺母；17—中部主体；

18—阀杆；19—防松螺母

🔷🔷 2. 2. 16 滚刀

滚刀的规格见表 2 - 28，共四种，根据管径选择滚刀，安装好滚刀待用。

表 2 - 28 滚 刀 规 格

序号	1	2	3	4
割管范围/mm	15～25	15～50	25～80	50～100

1—刀片；2—托滚

应用部分

项目 3 建筑给水管道施工

3.1 给水管道预制加工

◆◆3.1.1 管子切断

在管路安装前，需要根据安装的长度和形状将管子切断。常见的切断方法有锯削、刀割、磨割、气割、凿切、等离子切割等。

1. 锯削

用手锯断管，应将管材固定在工作台的压力钳内，将锯条对准画线，双手推锯，锯条要保持与管的轴线垂直，推拉锯用力要均匀，锯口要锯到底，不许扭断或折断，以防管口断面变形。手工钢锯架如图 3-1 所示。

(a)固定锯架   (b)可调锯架

图 3-1 手工钢锯架

2. 刀割

刀割是指用管子割刀切断管子，一般用于切割直径 50mm 以下的管子，具有操作简便、速度快、切口断面平整的优点，如图 3-2 所示。

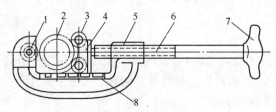

图 3-2 管子割刀

1—滚刀；2—被割管子；3—压紧滚轮；4—滑动支座；

5—螺母；6—螺杆；7—把手；8—滑道

使用管子割刀切割管子时，应将割刀的刀片对准切割线平稳切割，不得偏斜，每次进刀量不可过大，以免管口受挤压使管径变形，并应对切口处加油。管子切断后，应用铰刀铰去缩小部分。

3. 磨割

用砂轮锯断管，应将管材放在砂轮锯卡钳上，对准画线卡牢，进行断管。断管时压手柄用力要均匀，不要用力过猛，断管后要将管口断面的铁膜、毛刺清除干净。砂轮切割机和切断坡口机如图 3-3 和图 3-4 所示。

图 3-3 砂轮切割机 图 3-4 切断坡口机

4. 气割

利用可燃气体同氧混合燃烧所产生的火焰分离材料的热切割，又称氧气切割或火焰切割。气割时，火焰在起割点将材料预热到燃点，然后喷射氧气流，使金属材料剧烈氧化燃烧，生成的氧化物熔渣被气流吹除，形成切口。气割用的氧纯度应大于 99%；可燃气体一般用乙炔气，也可用石油气、天然气或煤气。用乙炔气的切割效率最高，质量较好，但成本较高。气割设备主要是割炬和气源。割炬是产生气体火焰、传递和调节切割热能的工具，如图 3-5 所示。其结构影响气割速度和质量。采用快速割嘴可提高切割速度，使切口平直，表面光洁。

（1）操作前的检查。

1）乙炔发生器（乙炔气瓶）、氧气瓶、胶管接头、阀门的紧固件应紧固牢靠，不准有松动、破烂和漏气。氧气及其附件、胶管、工具上禁止粘油。

2）氧气瓶、乙炔管有漏气、老化、龟裂等，不得使用。管内应保持清洁，不得有杂物。

（2）操作步骤。使用乙炔气瓶气焊（割）的操作步骤如下：

1）将乙炔减压器与乙炔瓶阀，氧气减压器与氧气气瓶阀，氧气软管与氧气减压器，乙炔软管与乙炔减压器，氧气、乙炔软管与焊（割）炬均可靠连接。

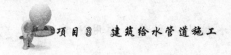

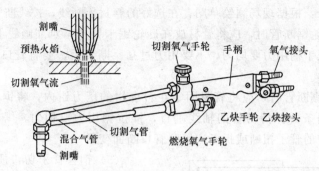

图 3-5　气割割炬

2）分别开启乙炔瓶阀和氧气瓶阀。

3）对焊（割）炬点火，即可工作。

4）工作完毕后，依次关闭焊（割）乙炔阀、氧气阀，再关闭乙炔瓶阀、氧气瓶阀，然后拆下氧气、乙炔软管并检查清理场地，灭绝火种，方可离开。

（3）操作注意事项。

1）焊接场地禁止存放易燃易爆物品，应备有消防器材，有足够的照明和良好的通风。

2）乙炔发生器（乙炔瓶）、氧气瓶周围 10m 范围内禁止烟火。乙炔发生器与氧气瓶之间的距离不得小于 7m。

3）检查设备，附件及管路漏气可用肥皂水试验，周围不准有明火或吸烟。

4）氧气瓶必须用手或扳手旋取瓶帽，禁止用铁锤等铁器敲击。

5）旋开氧气瓶、乙炔瓶阀门不要太快，防止压力气流激增，造成瓶阀冲出等事故。

6）氧气瓶嘴不得沾染油脂。冬季使用，如瓶嘴冻结时，不能用火烤，只能用热水或蒸汽加热。

5. 其他切割方法

（1）凿切。凿切主要用于铸铁管及陶土管切断。铸铁管硬而脆，切割的方法与钢管有所不同。目前，通常采用凿切，有时也采用锯割和磨割。

（2）塑料管材切断。PPR 管和铝塑复合管的切断可用专用的切管刀。

6. 管子切割要求

（1）管道截断根据不同的材质采用不同的工具。

（2）碳素钢管宜采用机械方法切割。当采用氧乙炔火焰切割时，必须保证尺寸正确和表面平整。

（3）不锈钢管宜采用机械方法或等离子方法切割。不锈钢管用砂轮切割或修磨时，应使用专用砂轮片。

（4）断管：根据现场测绘草图，在选好的管材上画线，按线断管。

1）用砂轮锯断管时，应将管材放在砂轮锯卡钳上，对准画线卡牢，进行断管。断管时压手柄用力要均匀，不要用力过猛。断管后，要将管口断面的铁膜、毛刺清除干净。

2）用手锯断管时，应将管材固定在台虎钳的压力钳内，将锯条对准画线，双手推锯，锯条要保持与管的轴线垂直，推拉锯用力要均匀，锯口要锯到底，不准将未切完的管子扭断或折断，以防管口断面变形。

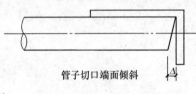

管子切口端面倾斜

图 3 - 6　切口断面示意图

（5）钢管管子切口质量应符合下列规定：切口表面应平整，无裂纹、重皮、毛刺、凸凹、缩口、熔渣、氧化物、铁屑等；切口端面倾斜偏差 Δ （图 3 - 6）不应大于管子外径的 1%，且不超过 3mm。

（6）钢塑复合管截管宜采用锯床，不得采用砂轮切割。当采用盘锯切割时，其转速不得大于 800r/min；当采用手工锯截管时，其锯面应垂直于管轴心。铝塑复合管管道：公称外径 D_e 不大于 32mm 的管道，安装时应先将管卷展开、调直。截断管道应使用专用管剪或管子剖刀。

（7）超薄壁不锈钢塑料复合管管道在安装前发现管材有纵向弯曲的管段时，应采用手工方法进行校直，不得锤击划伤。管道在施工中不得抛、摔、踏、踩。超薄壁不锈钢塑料复合管 $DN \leqslant 50mm$ 的管材宜使用专用割刀手工断料，或专用机械切割机断料；$DN > 50mm$ 的管材宜使用专用机械切割机断料。手工割刀应有良好的同圆性。

（8）铜管切割：铜及铜合金管的切割可采用钢锯、砂轮锯，但不得采用氧－乙炔焰切割。铜及铜合金管坡口加工采用锉刀或坡口机，但不得采用氧－乙炔焰来切割加工。夹持铜管的台虎钳钳口两侧应垫以木板衬垫，以防夹伤管子。

◆◆◆ 3.1.2　管子调直

管子在搬运和堆放过程中，常因碰撞而弯曲，加工和安装时也有可能使管子变形，但管道施工要求管子必须横平竖直，否则将影响管道的外形美观和管道的使用。因此，施工中要注意管子在切断前和加工后是否笔直，如有弯曲要进行调直。

管子调直一般采用冷调和热调两种方法。冷调直指在常温下直接调直，适用于公称直径 50mm 以下弯曲不大的钢管；热调直是将钢管加热到一定温度，在热态下调直，一般在钢管弯曲较大或直径较大时采用。

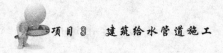

1. 冷调直

管道在安装以前的冷调直的方法有两种：

（1）用两把手锤，一把顶在管子弯曲处的短端作支点，另一把敲打背部。两把手锤不能对着打，应有一定的间距，敲击的力量要适度，直到管子平直为止，如图 3-7 所示。

（2）采用调直器。将管子的弯曲部位放在调直器丝杠两边的凹槽中，使管子突

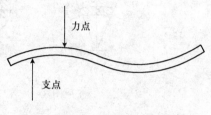

图 3-7　钢管冷调直

出部位朝上，固定后用力旋转丝杠，使丝杠下的压块迫使管子突出部位变直，调直器调直弯管质量较好，并可减轻劳动强度。

2. 热调直

公称直径在 50～100mm 的弯曲钢管及弯曲度大于 20°的小管径钢管一般用热调直的方法。热调直时，先将钢管弯曲部分加热到 600～800℃后，放在由 4 根以上管子组成的滚动平台上反复滚动，利用重力及钢材的塑性变形达到调直的目的。弯度大的管子加热后可将弯背向下使两头翘起，轻轻向下压直后再滚动，应边滚动边冷却，以保证管子不再弯曲。为加速冷却，可边滚动边在加热部位均匀地涂些废润滑油。

由于塑料管、纯铜管、铝管等材质较软，对管径较小的管子，可用手工直接调直或用橡皮锤、木板轻敲调直；对管径较大的塑料管，可用热风加热后调直；对管径较大的纯铜管和铝管，应用喷枪或气焊炬加热后调直。

铜及铜合金管道的调直应先将管内充砂，然后用调直器进行调直；也可将充砂管放在平板或工作台上，并在其上铺放木垫板，再用橡皮锤、木槌或方木沿管身轻轻敲击，逐段调直。调直过程中注意用力不能过大，不得使管子表面产生锤痕、凹坑、划痕或粗糙的痕迹。调直后，应将管内的残砂等清理干净。

◆◆**3.1.3　管子弯曲**

1. 弯管的分类及形式

弯管按其制作方法不同，可分为揻制弯管、冲压弯管和焊接弯管。揻制弯管又分冷揻和热揻两种。管子弯曲的横断面变形如图 3-8 所示。按弯管形成的方式，其详细划分如图 3-9 所示。

揻制弯管具有伸缩弹性较好、耐压高、阻力小等优点。按单弯管的形状分类可分为六种，如图 3-10 所示。维修施工中经常遇到的主要加工弯管形式有弯头、U 形管、来回弯（或称乙字弯）和弧形弯管等，如图 3-11 所示。

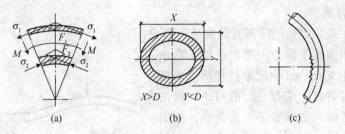

(a)　　　　　　　(b)　　　　　　　(c)

图 3-8　管子弯曲的横断面变形

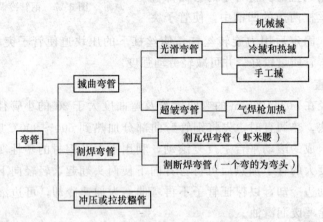

图 3-9　弯管按形成方式分类

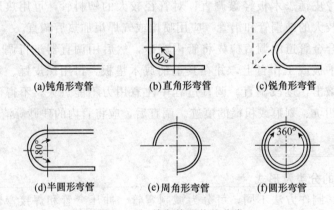

(a)钝角形弯管　　　(b)直角形弯管　　　(c)锐角形弯管

(d)半圆形弯管　　　(e)周角形弯管　　　(f)圆形弯管

图 3-10　单弯管形状的分类

2. 弯管的弯曲要求

　　弯管尺寸由管径、弯曲角度和弯曲半径三者确定。弯管的弯曲半径用 R 表示，R 较大时，管子的弯曲部分就较大，弯管就比较平滑；R 较小时，管子的弯曲部分就较小，弯得就较急。弯曲的角度则根据图纸和现场实际情况确定，然

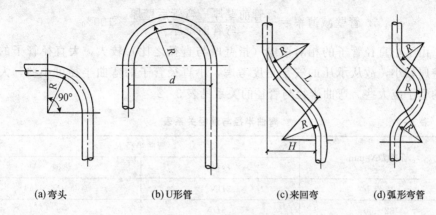

(a)弯头   (b)U形管   (c)来回弯   (d)弧形弯管

图 3-11 弯管的主要形式

后制出样板，并按样板检查掫制管件弯曲角度是否合适。样板可用圆钢掫制，圆钢直径一般为 $\phi10\sim\phi14$ 即可。弯管的弯曲半径应按设计图纸及有关规定选定，既不能过大，也不应太小。一般为：热掫为 $3.5D_w$（D_w 为管外径）；冷掫为 $4D_w$；焊制弯管为 $1.5D_w$；冲压弯头为 $R\geqslant D_w$。具体规定见表 3-1。

表 3-1 弯管最小弯曲半径

管子类别	弯管制作方式		最小弯曲半径
中、低压钢管	热弯		$3.5D_w$
	冷弯		$4.5D_w$
	褶皱弯		$2.5D_w$
	压制		$1.0D_w$
	热推弯		$1.5D_w$
	焊制	$DN\leqslant250$	$1.0D_w$
		$DN>250$	$0.75D_w$
高压钢管	冷、热弯		$5.0D_w$
	压制		$1.5D_w$
有色金属管	冷、热弯		$3.5D_w$

注：DN 为公称直径，D_w 为外径。

（1）管子弯曲时，弯头里侧的金属被压缩，管壁变厚，弯头背面的金属被拉伸，管壁变薄。为了使管子变曲后管壁减薄不致对原有的工作性能有过大的改变，一般规定管子弯曲后，中、低压管的前壁减薄率不得超过 15%，高压管的前壁减薄率不得超过 10%，且不得小于设计计算壁厚。管壁减薄率可按下式进行计算：

$$管壁减薄率=\frac{弯管前壁厚-弯管后壁厚}{弯管前壁厚}\times100\%$$

由于小直径管子的相对壁厚（指壁厚与直径之比）较大，大直径管子的相对壁厚较小，故从承压的安全角度考虑，小直径管子的弯曲半径可小些，大直径的管子应大些。弯曲半径与管径的关系见表 3 - 2。

表 3 - 2   **弯曲半径与管径关系表**

管径 DN/mm	弯曲半径 R	
	冷揻	热揻
25 以下	3DN	—
32～50	3.5DN	—
65～80	4DN	3.5DN
100 以上	(4～4.5) DN	4DN

注：机械揻弯弯曲半径可适当减小。

（2）管子弯曲时，由于管子内外侧管壁厚度的变化，还使得弯曲段截面由原来的圆形变成了椭圆形。为使过流断面不致过小，一般规定弯管的椭圆率应符合表 3 - 3 的要求。

表 3 - 3   **弯管椭圆率的规定**

管材名称	椭圆率
高压管	≤5%
中、低压管	≤8%
铜、铝管	≤9%
铜合金、铝合金管	≤8%
铅管	≤10%

椭圆率计算公式为

$$椭圆率=\frac{最大外径-最小外径}{最大外径}\times100\%$$

用各种纵向焊缝管揻制弯管时，其纵焊缝应置于图 3 - 12 所示的两个 45°阴影区域之内。

（3）管道弯曲角度 α 的偏差值 Δ 如图 3 - 13 所示。对于中、低压管，当用机械弯管时，Δ 值不得超过 ±3mm/m；当直管长度大于 3m 时，总偏差最大不得超过 ±10mm；当用地炉弯管时，不得超过 ±5mm/m；当直管长度大于 3m 时，其总偏差最大值不得超过 ±15mm；高压弯管弯曲角度的偏差值不得超过 ±1.5mm/m，最大不得超过 ±5mm。

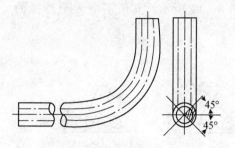

图 3-12 纵向焊缝布置区域

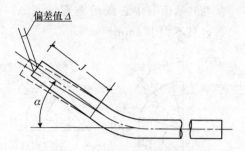

图 3-13 弯曲角度及管端轴线偏差

（4）撖制弯管应光滑、圆整，不应有皱褶、分层、过烧和拔背。对于中、低压弯管，如果在管子内侧有个别起伏不平的地方，应符合表 3-4 的要求，且其波距 t 应不小于 $4H$，如图 3-14 所示。

表 3-4 管子弯曲部分波浪度 H 的允许值 （单位：mm）

管道外径 管道种类	≤108	133	159	219	273	325	377	≥426
钢管	4	5	6			7		8
有色金属	2	3	4	5		6		

由于管道工艺的限制，撖制褶皱弯头时，弯管的波纹分布应均匀、平整、不歪斜。弯成后波的高度为壁厚的 5～6 倍，波的截面弧长约为 $5/6D_w$，弯曲半径 R 约为 $2.5D_w$。褶皱弯管外形如图 3-15 所示。

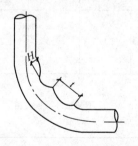

图 3-14 弯曲部分波浪度

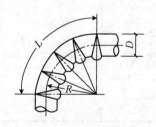

图 3-15 褶皱弯管

（5）焊制弯管是由管节焊制而成，焊制弯管的组成形式如图 3-16 所示。对于公称直径大于 400mm 的弯管，可增加中节数量，但其内侧的最小宽度不得小于 50mm。焊制弯管的主要尺寸偏差应符合下列规定：

1）周长偏差：$DN>1000mm$ 时，不超过 $\pm6mm$；$DN\leq1000mm$ 时，不超过 $\pm4mm$。

2）端面与中心线的垂直偏差 Δ，如图 3-17 所示。其值不应大于外径的 1%，且不大于 3mm。

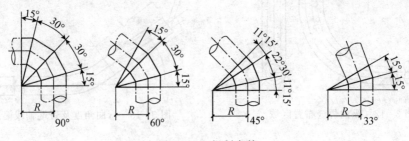

图 3-16 焊制弯管

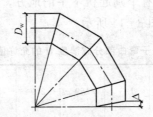

图 3-17 焊制弯管端面与中心线的垂直偏差

（6）压制及热推弯管的加工主要尺寸允许偏差见表 3-5。

表 3-5 压制及热推弯管加工主要尺寸允许偏差 （单位：mm）

管件名称	管件形式	公称直径 检查项目	25～70	80～100	125～200	250～400	
						无缝	有缝
弯头		外径偏差	±1.1	±1.5	±2	±2.5	±2.5
		外径椭圆	不超过外径偏差值				

3. 钢管的冷揻加工

冷揻弯管是指在常温下依靠机具对管子进行揻弯。优点是不需要加热设备，管内也不充砂，操作简便。常用的冷揻弯管设备有手动弯管机、电动弯管机和液压弯管机等。

（1）冷揻弯管的一般要求。

1）目前冷揻弯管机一般只能用来揻制公称直径不大于 250mm 的管子，当

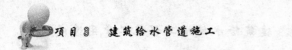

弯制大管径及厚壁管时，宜采用中频弯管机或其他热减法。

2）采用冷摵弯管设备弯管时，弯头的弯曲半径一般应为管子公称直径的4倍。当用中频弯管机弯管时，弯头弯曲半径可为管子公称直径的1.5倍。

3）金属钢管具有一定弹性，在冷弯过程中，当施加在管子上的外力撤除后，弯头会弹回一个角度。弹回角度的大小与管子的材质、管壁厚度及弯曲半径的大小有关，因此在控制弯曲角度时，应考虑增加这一弹回角度。

4）对一般碳素钢管，冷摵后不需作任何热处理。

（2）冷摵后的热处理。管子冷摵后，对于一般碳素钢管，可不进行热处理。对于厚壁碳钢管、合金钢管有热处理要求时，则需进行处理。对有应力腐蚀的弯管，不论壁厚大小均应做消除应力的热处理。常用钢管冷摵后的热处理可按表 3 - 6 的要求进行。

表 3 - 6　　　　　　　常用钢管冷摵后热处理条件

钢种或钢号	壁厚/mm	弯曲半径	热处理要求
10、20	≥36	任意	600～650℃
	19～36	≤5D_0	
	<19	任意	680～700℃
12CrMo 15CrMo	>20	任意	
	13～20	≤3.5D_0	
	<13	任意	720～760℃
12Cr1Mo	>20	任意	
	13～20	≤3.5D_0	
	<13	任意	
1Cr18Ni9 Cr18Ni12 Mo2Ti Cr25Ni20	任意	任意	按设计文件要求

4. 碳素钢管灌砂热摵加工

灌砂后将管子加热来摵制弯管的方法叫做"摵弯"，是一种较原始的弯管制作方法。这种方法灵活性大，但效率低，能源浪费大，成本高。因此，目前在碳素钢管摵弯中已很少采用，但它确实有着普遍意义。直至目前，在一些有色金属管、塑料管的摵弯中仍有其明显的优越性。这种方法主要分为灌砂、加热、弯制和清砂四道工序。

（1）弯管的准备工作。

1）选择的管子应质量好、无锈蚀及裂痕。对于高、中压用的摵弯管子，应选择壁厚为正偏差的管子。

2）弯管用的砂子应根据管材、管径对砂子的粒度、耐热度进行选用。碳素钢管用的砂粒度应按表 3-7 选用，为使充砂密实，充砂时不应只用一种粒径的砂子，而应按表 3-8 进行级配。砂子耐热度要在 1000℃以上。其他材质的管子一律用细砂，耐热度要适当高于管子加热的最高温度。

表 3-7　　　　　　　　　钢管充填砂的粒度　　　　　　（单位：mm）

管子公称直径	＜80	80～150	＞150
砂子粒度	1～2	3～4	5～6

表 3-8　　　　　　　　　　　　粒径配合比（％）

公称直径/mm ＼ 粒径/mm	$\phi1\sim\phi2$	$\phi2\sim\phi3$	$\phi4\sim\phi5$	$\phi5\sim\phi10$	$\phi10\sim\phi15$	$\phi15\sim\phi20$	$\phi20\sim\phi25$
25～32	70	—	30	—	—	—	—
40～50	—	70	30	—	—	—	—
80～150	—	—	20	60	20	—	—
200～300	—	—	—	40	30	30	—
350～100	—	—	—	30	20	20	30

注：不锈钢管、铝管及铜管弯管时，不论管径大小，其填充用砂均采用细砂。

3）充砂平台的高度应小于撼制最长管子的长度 1m 左右，以便于装砂。由地面算起，每隔 1.8～2m 分一层，该间距主要考虑操作者能站在平台上方便地操作。顶部设一平台，供装砂用。充砂平台一般用脚手架杆搭成。如果撼制大管径的弯管，在充砂平台上层需装设挂有滑轮组的吊杆，以便吊运砂子和管子，如图 3-18 所示。

4）地炉位置应尽量靠近弯管平台，地炉为长方形，其长度应大于管子加热长度 100～200mm，宽度应以同时加热管子根数乘以管外径，再加 2～3 根管子外径所得的尺寸为宜。炉坑深度可为 300～500mm。地炉内层用耐火砖砌筑，外层可用烧结普通砖砌筑，如图 3-19 所示。鼓风机的功率应根据加热管径的大小选用，管径在 100mm 以下为 1kW；$DN100\sim DN200$mm 为 1.8kW；$DN＞200$mm 以上的为 2.5kW，管径很大者应适当加大鼓风机功率。为了便于调节风量，鼓风机出口应设插板；为使风量分布均匀，鼓风管可做成丁字形花管，花眼孔径为 10～15mm，要均布在管的上部，如图 3-20 所示。

5）撼管平台一般用混凝土浇筑而成，平台要光滑、平整，如图 3-21 所示。在浇筑平台时，应根据承制的最大管径，铅垂预埋两排 $DN60\sim DN80$mm 的钢管，作为挡管桩孔用，管口应经常用木塞堵住，防止混凝土或其他杂物掉入管内，影响今后使用。

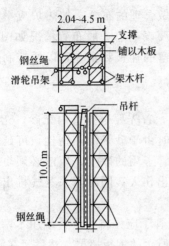

图 3-18 充砂平台

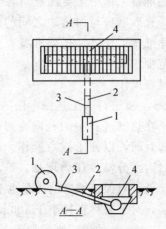

图 3-19 地炉示意图

1—鼓风机；2—鼓风管；3—插板；

4—炉箅子

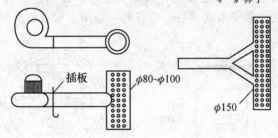

(a)丁字形花管　　　　　(b)Y形花管

图 3-20 鼓风管

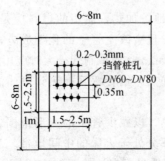

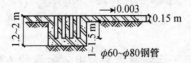

图 3-21 撼管平台

在现场准备工作中，要注意对各工序做合理的布置。加热炉应平行地靠近撼管平台，充砂平台与加热炉之间的道路要畅通，一般布置情况如图 3 - 22 所示。除上述准备工作外，还要准备有关撼弯的样板和水壶，以便控制热撼的角度和加热范围。

（2）撼弯操作。

1）充砂。要进行人工热撼弯曲的管子，首先要进行管内充砂，充砂的目的是减少管子在热撼过程中的径向变形，同时由于砂子的热惰性，可延长管子出炉后的冷却时间，以便于撼弯操作。填充管子用的砂子，填前必须烘干，以免管子加热时因水分蒸发压力增加，管堵冲出伤人；同时，水蒸气排出后，砂子的密实度降低，对保证撼弯的质量也不利。

充砂前，对于公称直径小于 100mm 的管子应先将管子一端用木塞堵塞，对于直径大于 100mm 的管子则用如图 3 - 23 所示的钢板堵严，然后竖在灌砂台旁。在把符合要求的砂子灌入管子的同时，用手锤或用其他机械不断地振动管子，使管内砂子逐层振实。手锤敲击应自下而上进行，锤面注意放开，减少在管壁上的锤痕。管子在用砂子灌密实后，应将另一端用木塞或钢板封堵密实。

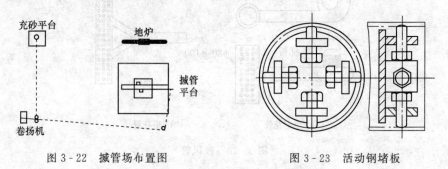

图 3 - 22　撼管场布置图　　　　　　　　图 3 - 23　活动钢堵板

2）加热。施工现场一般用地炉加热，使用的燃料应是焦炭，而不是烟煤，因烟煤含硫，不但腐蚀管子，而且会改变管子的化学成分，以致降低管子的机械强度。焦炭的粒径应为 50～70mm，当撼制管径大时应用大块。地炉要经常清理，以防结焦而影响管子均匀加热。钢管弯管加热到弯曲温度所需的时间和燃料即可（根据具体情况而定）。

管子不弯曲的部分不应加热，以减少管子的变形范围。因此，管子在地炉中加热时，要使管子应加热的部分处于火床的中间地带。为防止加热过程中因管子变软，自然弯曲而影响弯管质量，在地炉两端应把管子垫平。加热过程中，火床上要盖一块钢板，以减少热量损失，使管子迅速加热，管子要在加热时经常转动，使之加热均匀。

3）撼管。把加热好的管子运到撼管平台上。运管的方法：对于直径不大于 100mm 的管子，可用如图 3 - 24 所示的抬管夹钳人工抬运；对于直径大于

100mm 的较大管子，因砂已充满，抬运时很费力，同时管子也易于变形，尽量选用起重运输设备搬运。如果管子在搬运过程中产生变形，则应调直后再进行撖管。

管子运到平台上后，一端夹在插于撖管平台挡管桩孔中的两根插杆之间，并在管子下垫两根扁钢，使管子与平台之间保持一定距离，以免在管子"火口"外侧浇水时加热长度范围内的管段与平台接触部分被冷却。用绳索系住另一端，撖前用冷水冷却不应加热的管段，然后进行撖弯。通常，公称直径小于100mm 的管子用人工直接撖制；管径大于100mm 的管子用一般卷扬机牵引撖制。卷扬机弯管示意图如图 3-25 所示。在撖制过程中，管子的所有支撑点及牵引管子的绳索，应在同一个平面上移动，否则容易产生"翘"或"瓢"的现象。在撖制时，牵引管子的绳索应与活动端管子轴线保持近似垂直，以防管子在插桩间滑动，影响弯管质量。

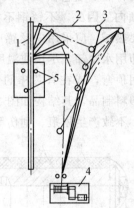

图 3-24　抬管夹钳　　图 3-25　卷扬机弯管示意图

1—管子；2—绳索；3—开口滑轮；

4—卷扬机；5—插管

管子在撖制过程中，如局部出现鼓包或起皱时，可在鼓出的部位用水适当浇一下，以减少不均匀变形。弯管接近要求角度时，要用角度样板进行比量，在角度稍稍超过样板 3°～5°时即可停止弯制，让弯管在自然冷却后回弹到要求的角度。

如操作不慎，弯制的角度与要求偏差较大，可根据材料热胀冷缩的原理，沿弯管的内侧或外侧均匀浇水冷却，使弯管形成的角度减小或扩大，但这只限于不产生冷脆裂纹材质的管子，热撖高、中压合金钢管时不得浇水，低合金钢不宜浇水。

管子弯制结束的温度不应低于 700℃；如不能在 700℃以上弯成，应再次加热后继续弯制。

正确　　　　　不正确

图 3-26　弯管弯制方向示意图

在一根管子上要弯制几个单独的弯管（几个弯管间没有关系，要分割开来使用），为了操作方便，可以从管子的两端向中间进行，同时注意弯制的方向，以便再次加热时便于管子翻转，如图 3-26 所示。

弯制成形后，在加热的表面要涂一层机油，防止继续锈蚀。

4）清砂。管子冷却后，即可将管内的砂子清除，砂子倒完后，再用钢丝刷和压缩空气将管内壁黏附的砂粒清掉。

弯好的弯管应进行质量检查，主要检查弯管的弯曲半径、椭圆度和不平度是否合乎要求。对合金钢弯管热处理后仍需检查其硬度。

5. 不锈钢管的揻弯

（1）不锈钢的特点是当它在 500～850℃ 的温度范围内长期加热时，有析碳产生晶间腐蚀的倾向。因此，不锈钢不推荐采用热揻的方法，尽量采用冷揻的方法。若一定需要热揻，应采用中频感应弯管机在 1100～1200℃ 的条件下进行揻制，成形后立即用水冷却，尽快使温度降低到 400℃ 以下。

冷弯可以采用顶弯，或在有芯棒的弯管机上进行。为避免不锈钢和碳钢接触，芯棒应采用塑料制品，其结构如图 3-27 所示。使用这种塑料芯棒，可以保障管内壁的质量，不致产生划痕、刮伤等缺陷。酚醛塑料芯棒的尺寸见表 3-9。

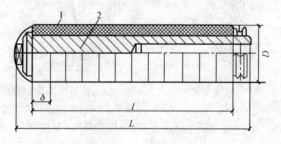

图 3-27　酚醛塑料芯棒

1—酚醛塑料圈；2—金属棒

表 3-9　　　　　　　　　　酚醛塑料芯棒尺寸　　　　　　　　（单位：mm）

管子外径×壁厚（$D_w \times S$）	D	l	L
30×2.5	24	125	200
32×2.5	26	140	215
38×3	31	160	240
45×2.5	39	205	300

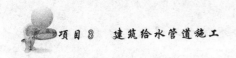

续表

管子外径×壁厚（$D_w×S$）	D	l	L
57×3.5	49	405	
76×3	68.5	300	355
89×4.5	78.5	360	
108×5	96.5		
114×7	98.5	400	500
133×5	121.5		
194×8	176	500	615
245×12	218	625	

注：每个夹布酚醛塑料圈的厚度 $δ=15～25$mm。

当夹持器和扇形轮为碳钢时，不锈钢管外应包以薄橡胶板进行保护，避免碳钢和不锈钢接触，造成晶间腐蚀。

（2）弯曲厚壁管不使用芯棒时，为防止弯瘪和产生椭圆度，管内可装填粒径 0.075～0.25mm 的细砂，弯曲成形后应用不锈钢丝刷彻底清砂。

（3）符合于外径：壁厚不大于 8mm 的不锈钢管弯管时可以不用芯棒和填砂。

（4）不锈钢采用中频电热弯管机弯管时，各项参数见表 3-10。

表 3-10　　　　　　　　　　不锈钢管弯管参数

$D_w×S$/(mm)	耗用功率①/kW	纵向顶进速度/(mm/s)	加热温度/℃
89×4.5	30～40	1.8～2	1100～1150
108×5.5	10～30	1.2～1.4	1100～1150
133×6	40～50	1～1.2	1100～1150
133×6	50～60	0.8～1	1100～1150
68×13	70～80	0.8～1	1130～1180
102×17	80～90	0.6～0.8	1130～1180

① 指加热的功率消耗。

（5）为了避免管子加热时烧损，可使用如图 3-28 所示的保护装置，充入氮气或氩气进行保护。

（6）当由于条件限制，需要用焦炭加热不锈钢管时，为避免炭土和不锈钢接触产生渗碳现象，不锈钢管的加热部位要套上钢管，加热温度要控制在 900～1000℃ 的范围内，尽量缩短 450～850℃ 敏感温度范围内的时间。当撤制不含稳定剂（钛或铌）的不锈钢管时，在清砂后还要按要求进行热处理，以消除晶间腐蚀倾向。

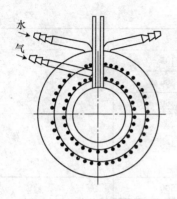

图 3-28　将惰性气体送到加热区的保护装置

6. 有色金属管的揻弯

（1）铜管的揻弯。铜及铜合金管揻弯时尽量不用热熔，因热揻后管内填充物（如河砂、松香等）不易清除。一般，管径在 100mm 以下者采用冷揻，弯管机及操作方法与不锈钢的冷弯基本相同。管径在 100mm 以上者采用压制弯头或焊接弯头。

铜弯管的直边长度不应小于管径，且不少于 30mm。

弯管的加工还应根据材质、管径和设计要求等条件来决定。

1）热揻。

①先将管内充入无杂质的干细砂，并锤打敲实，然后用木塞堵住两端管口，再在管壁上画出加热长度的记号，应使弯管的直边长度不小于其管径，且不小于 30mm。

②用木炭对管身的加热段进行加热，如采用焦炭加热，应在关闭炭炉吹风机的条件下进行，并不断转动管子，使加热均匀。

③当加热至 400～500℃时，迅速取出管子放在胎具上弯制，在弯制过程中不得在管身上浇水冷却。

④热揻后，管内不易清除的河沙可用浓度 15％～20％的氢氟酸在管内存留 3h，使其溶蚀，再用 10％～15％的碱中和，以干净的热水冲洗，再在 120～150℃温度下经 3～4h 烘干。

2）冷揻。冷揻一般用于纯铜管。操作工序的前两道同热揻弯。随后，当加热至 540℃时立即取出管子，并对其加热部分浇水，待其冷却后再放到胎具上弯制。

（2）铝管的揻弯。铝管弯制时也应装入与铜管要求相同的细砂，灌砂时用木锤或橡皮锤敲击。放在以焦炭做底层的木炭火上加热，为便于控制温度，加热时应停止鼓风，加热温度控制在 300～400℃之间（当加热处用红铅笔画的痕迹变成白色时，温度约 350℃）。弯制的方法和碳素钢管相同。

（3）铅管的揻弯。铅管的特点之一是质软且熔点低，为避免充填物嵌入管壁，一般采用无充填物的以氧－乙炔焰加热的热揻弯管法。每段加热的宽度为 20～30mm 或更宽些，加热区长度约为管周长的 3/5，加热的温度为 100～150℃，为避免弯制时弯管内侧出现凹陷的现象，在加热前应把铅管的弯曲段拍打成卵圆形，如图 3-29 所示。

加热后弯制时用力要均匀，每一段弯好后，先用样板进行校核，使之完全

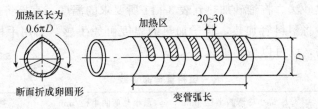

图 3-29 铅管的空心弯制

吻合，随后用湿布擦拭冷却，防止在弯制下段时发生变动。如此逐段进行，直至全部弯制成形。若发现某一段弯制得不够准确，可重新加热进行调整。在弯制过程中，加热区有时会出现鼓包，可用木板轻轻拍打。

弯制铅板卷管或某些弯曲半径小而弯曲角度大的弯管时，还可以采用如图 3-30 所示的剖割弯制法。

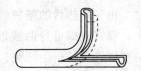

弯制前先把管子割成对称的两半，然后分别弯制。先把作为弯管内侧的一半加热弯曲，以样板比量校核无误后，再弯制作为弯管外侧的另一半。因切口部分管材的刚度较大，后一半加热时要偏重于割口部分。边加热边弯曲，使之与校核过的内侧逐段合拢。每合拢一段后，随即把合拢部分焊好，直至合拢焊完。

图 3-30 铅管的剖割弯制

铅管剖割弯制，中心线长度不变，但割开后弯制时割口线已不再是弯制部分的中心线，作为内侧的一半要伸长，于是当割口合拢后，就会出现错口现象，错口的长度在弯制 90°弯头时大约等于弯制的管径。弯制完成后，应把错口部分锯掉。

铅管剖开后分别弯制时，每一半各自的刚度都比整个圆管要差，因此在弯制内侧一半时可能会出现凹陷现象，应随时用木锤或橡胶锤在内壁整修。在弯制过程中，还应随时用湿布擦拭非加热区，防止变形。

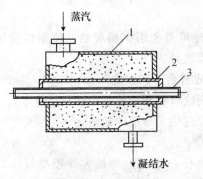

图 3-31 蒸汽加热烘箱示意图
1—烘箱外壳；2—套管；
3—硬聚氯乙烯塑料管

7. 塑料管的揻弯

弯曲塑料管的方法主要是热揻，加热的方法通常采用的是灌冷砂法与灌热砂法。

(1) 灌冷砂法。将细的河砂晾干后，灌入塑料管内，然后用电烘箱或如图 3-31 所示的蒸汽烘箱加热。为了缩短加热时间，也可在塑料管的待弯曲部位灌入温度约 80℃的热砂，其他部位灌入冷砂。加热时要使管子受热均匀，应经常将管子转动。若管子较长，从烘箱两侧转动管子时动作要协调，防止将已加热部分的管段扭伤。

（2）灌热砂法。将细砂加热到表3-11所要求的温度，直接将热砂灌入塑料管内，用热砂将塑料管加热，管子加热的温度可凭手感，当用手按在管壁上有柔软的感觉时，就可以撖制了。

表3-11　　　　　　　　　　　　塑料管弯曲参数

管材材料		最小冷弯曲半径/mm	最小热弯曲半径/mm	热弯温度/℃
聚乙烯	低密度	管径×12	管径×5（管径＜DN50）	95～105
			管径×10（管径＞DN50）	
	高密度	管径×20	管径×10（管径＞DN50）	140～160
撖增塑聚氯乙烯		—	管径×（3～6）	120～130

由于加热后的塑料管较柔软，内部又灌有细砂，将其放在图3-32所示模具上，靠自重即可弯曲成形。这种弯制方法只有管子的内侧受压，对于口径较大的塑料管极易产生凹瘪，为此，可采用如图3-33所示三面受限的木模进行弯制。由于受力较均匀，撖管的质量较好，操作也比较方便。对于需批量加工的弯头，也可用图3-34所示的模压法弯制。

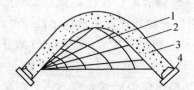

图3-32　塑料管弯制

1—木胎架；2—塑料管；3—充填物；

4—管封头

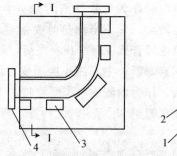
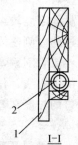

图3-33　弯管木模

1—木模底板；2—塑料管；3—定位木块；

4—封盖

撖制塑料管的模具一般用硬木制作，这样可避免因钢模吸热，使塑料管局部骤冷而影响弯管质量。

8. 弯管质量应符合下列规定

（1）不得有裂纹（目测或依据设计文件规定）。

（2）不得存在过烧、分层等缺陷。

（3）不宜有皱纹。

（4）测量弯管任一截面上的最大外径与最小外径差，应符合表3-12的规定。

图3-34　模压法弯管

（5）各类金属管道的弯管，管端中心偏差值△不得超过3mm/m；当直管长度L大于3m时，其偏差不得超过10mm。

π形弯管的平面度允许偏差 Δ 应符合表 3-13 规定。

表 3-12　　　　　　　　　弯管最大外径与最小外径之差

管子类别	最大外径与最小外径之差	管子类别	最大外径与最小外径之差
钢管	为制作弯管前管子外径的 8%	铜合金管	为制作弯管前管子外径的 8%
铜管	为制作弯管前管子外径的 9%	—	—

表 3-13　　　　　　　π形弯管的平面度允许偏差 Δ　　　　　（单位：mm）

长度 L	≤500	500～1000	>1000～1500	>1500
平面度 Δ	≤3	≤4	≤6	≤10

◆◆*3.1.4　钢管套丝*

管道中螺纹连接所用的螺纹称为管螺纹。管螺纹的加工习惯上称为套丝，是管道安装中最基本的、应用最多的操作技术之一。

钢管螺纹连接一般均采用圆锥螺纹与圆柱内螺纹连接，简称锥接柱。钢管套丝就是指对钢管末段进行外螺纹加工。加工方法有手工套丝和机械套丝两种。

1. 管螺纹

管螺纹有圆柱形螺纹和圆锥形螺纹两种。

一般情况下，管子和管子附件的外螺纹（外丝）用圆锥状螺纹，管子配件及设备接口的内螺纹（内丝）用圆柱状螺纹。圆锥状螺纹和圆柱状螺纹齿形和尺寸相同，但和圆柱状螺纹锥度为零。圆锥状螺纹锥度角 φ 为 $1°47'724''$。常用管螺纹尺寸见表 3-14。

表 3-14　　　　　　　　　管子螺纹长度尺寸表

项次	公称直径		普通丝头		长丝（连接设备用）		短丝（连接设备用）	
	mm	in	长度/mm	螺纹数	长度/mm	螺纹数	长度/mm	螺纹数
1	15	1/2	14	8	50	28	12.0	6.5
2	20	3/4	16	9	55	30	13.5	7.5
3	25	1	18	8	60	26	15.0	6.5
4	32	$1\frac{1}{4}$	20	9	65	28	17.0	7.5
5	40	$1\frac{1}{2}$	22	10	70	30	19.0	8
6	50	2	24	11	75	33	21.0	9
7	70	$2\frac{1}{2}$	27	12	85	37	23.5	10.0
8	80	3	30	13	100	44	26	11.0

注：1. 螺纹长度均包括螺尾在内。

　　2. 管螺纹加工。

（1）手工套丝。手动套丝板如图3-35所示。用手工套丝板套丝，先松开固定板机，把套丝板板盘退到零度，按顺序号上好板牙，把板盘对准所需刻度，拧紧固定板机，将管材放在压力案压力钳内，留出适当长度卡紧，将套丝板轻轻套入管材，使其松紧适度，而后两手推套丝板，带上2～3扣，再站到侧面扳转套丝板，用力要均匀，待丝扣即将套成时，轻轻松开板机，开机退板，保持丝扣应有的锥度。

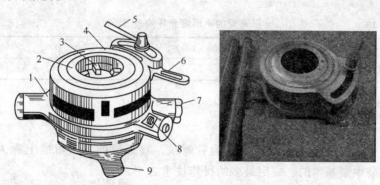

图3-35　手动套丝板

1—铰板本体；2—固定盒；3—板牙；4—活动标盘；5—标盘固定把手；

6—板牙松紧把手；7—手柄；8—棘轮子；9—后卡爪手柄

（2）机械套丝。机械套丝是指用套丝机加工管螺纹。目前，在安装现场已普遍使用套丝机来加工管螺纹。

图3-36　电动套丝机

套丝机按结构形式分为两类：一类是板牙架旋转，用卡具夹持管子纵向滑动，送入板牙内加工管螺纹；另一类是用卡具夹持管子旋转，纵向滑动板牙架加工管螺纹。目前，使用第二种的套丝机较多。这种套丝机由电动机、卡盘、割管刀、板牙架和润滑油系统等组成。电动机、减速箱、空心主轴、冷却循环泵均安装在同一箱体内，板牙架、割管刀、铣刀都装在托架上，电动套丝机如图3-36所示。

套丝机的使用步骤：

1）在板牙架上装好板牙。

2）将管子从后卡盘孔穿入到前卡盘，留出合适的套丝长度后卡紧。

3）放下板牙架，加机油后按开启按钮使机器运转，扳动进给把手，用板牙对准管子端部，稍加一点压力，于是套丝机就开始工作。

4）板牙对管子很快就套出一段标准螺纹，然后关闭开关，松开板牙头，退出把手，拆下管子。

5）用管子割刀切断的管子套丝后，应用铣刀铣去管内径缩口边缘部分。

2. 管螺纹的质量要求

管螺纹的加工质量，是决定螺纹连接严密与否的关键环节。按质量要求加工的管螺纹，既是不加填料，也能保证连接的严密性；质量差的管螺纹，及时加较多的填料，也难保证连接的严密。为此，管螺纹应达到以下质量标准：

（1）螺纹表面应光洁、无裂缝，可微有毛刺。

（2）螺纹断缺总长度，不得超过表 3 - 14 中规定长度的 10%，各断缺处不得纵向连贯。

（3）螺纹高度减低量，不得超过 15%。

（4）螺纹工作长度可允许短 15%，但不应超长。

（5）螺纹不得有偏丝、细丝、乱丝等缺陷。

3.2　给水管道连接

◆◆■3.2.1　管道螺纹连接

螺纹连接也称丝扣连接，适用于焊接钢管 150mm 以下管径及带螺纹的阀类和设备接管的连接，适宜于工作压力在 1.6MPa 内的给水、热水、低压蒸汽、燃气等介质。

1. 管螺纹的连接方式

管螺纹的连接方式有如下三种。

（1）圆柱形接圆柱形螺纹。管端外螺纹和管件内螺纹都是圆柱形螺纹的连接，如图 3 - 37 所示。这种连接在内外螺纹之间存在平行而均匀的间隙，这一间隙是靠填料和管螺纹尾部 1～2 扣拔有梢度的螺纹压紧而严密的。

（2）圆锥形接圆柱形螺纹。管端为圆锥形外螺纹，管件为圆柱形内螺纹的连接，如图 3 - 38 所示。由于管外螺纹具有 1/16 的锥度，而管件的内螺纹工作长度和高度都是相等的，故这种连接能使内外螺纹在连接长度的 2/3 部分有较好的严密性，整个螺纹的连接间隙明显偏大，尤应注意以填料充填方可得到要求的严密度。

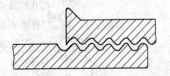

图 3 - 37　圆柱形接圆柱形螺纹

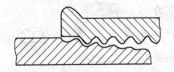

图 3 - 38　圆锥形接圆柱形螺纹

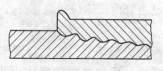

图 3-39　圆锥形接圆锥形螺纹

（3）圆锥形接圆锥形螺纹。管子和管件的螺纹都是圆锥形螺纹的连接，如图 3-39 所示。这种连接内外螺纹面能密合接触，连接的严密性最高，甚至可不加填料，只需要在管螺纹上涂上铅油等润滑油即可拧紧。

2. 螺纹尺寸

加工螺纹前，必须将管子与其所连接的管件螺纹测量准确，螺纹加工长度既不可过长，也不能缺扣，应使管子与管件连接后露出螺尾 2～3 扣为宜。管子与管件的螺纹连接构造，如图 3-40 所示。常见的螺纹管件及其用法如图 3-41 和图 3-42 所示。

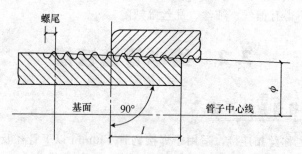

图 3-40　管子与管件的螺纹连接构造

图 3-41　钢管螺纹连接管件图

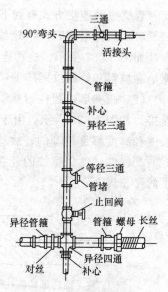

图 3-42　螺纹管件的组合

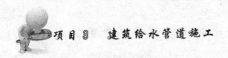
3. 螺纹连接步骤

(1) 断管。根据现场测绘草图，在选好的管材上画线，按线断管。

(2) 套丝。将断好的管材按管径尺寸分次套制丝扣，一般以管径 15~32mm 者套两次，40~50mm 者套三次，70mm 以上者套 3~4 次为宜。

(3) 配装管件。根据现场测绘草图，将已套好丝扣的管材配装管件。

1) 配装管件时应将所需管件带入管丝扣，试试松紧度（一般用手带入 3 扣为宜）。在丝扣处涂铅油、缠麻后带入管件，然后用管钳将管件拧紧，使丝扣外露 2~3 扣，去掉麻头，擦净铅油，编号放到适当位置等待调直。

2) 根据配装管件的管径的大小选用适当的管钳（见表 3-15）。管钳的外形如图 3-43 所示。

表 3-15   管钳适用范围表

名称	规格 /(")	适用范围	
		公称直径/mm	英制对照/(°)
管钳	12	15~20	1/2~3/4
	14	20~25	3/4~1
	18	32~50	$1\frac{1}{4}$~2
	24	50~80	2~3
	36	80~100	3~4

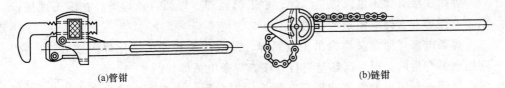

(a)管钳   (b)链钳

图 3-43   管钳的外形

首先，将要连接的两管接头丝头用麻丝按顺螺纹方向缠上少许，再涂抹白铅油，涂抹要均匀，如用聚四氟乙烯胶带更为方便；然后，将一个管子用管钳夹紧，在丝头处安上活节，拧进 1/2 活节长。此时，再把另一支管子用第二把管钳子夹紧，固定住第一把钳子，拧动第二把管钳子，将管拧进活节另 1/2，对突出的油麻，用麻绳往复磨断清扫干净。对于介质温度超过 115℃ 的管路接口，可采用黑铅油和石棉绳。

3) 管段调直。将已装好管件的管段，在安装前调直。

① 在装好管件的管段丝扣处涂铅油，连接两段或数段，连接时不能只顾预留口方向而要照顾到管材的弯曲度，相互找正后再将预留口方向转到合适部位并保持正直。

②管段连接后，调直前必须按设计图样核对其管径、预留口方向、变径部位是否正确。

③管段调直要放在调管架上或调管平台上，一般两人操作为宜，一人在管段端头目测；一人在弯曲处用手锤敲打，边敲打边观测，直至调直管段无弯曲为止，并在两管段连接点处标明印记，卸下一段或数段，再接上另一段或数段直至调完为止。

④对于管件连接点处的弯曲过死或直径较大的管道可采用烘炉或气焊加热到 600~800℃（火红色）时，放在管架上将管道不停地转动，利用管道自重使其平直，或用木板垫在加热处用锤轻击调直，调直后在冷却前要不停地转动，等温度降到适当时在加热处涂抹机油。

凡是经过加热调直的丝扣必须标好印记，卸下来重新涂铅油缠麻，再将管段对准印记拧紧。

⑤配装好阀门的管段，调直时应先将阀门盖卸下来，将阀门处垫实再敲打，以防振裂阀体。

⑥镀锌碳素钢管不允许用加热法调直。

⑦管段调直时不允许损坏管材。

◆◆ 3.2.2　焊接连接

1. 焊接方法

焊接连接有焊条电弧焊、气焊、手工氩弧焊、埋弧自动焊等。在施工现场，手工电弧焊和气焊应用最为普遍。

焊条电弧焊通常又称为手工电弧焊，是应用最普遍的熔化焊焊接方法，它利用电弧产生的高温、高热量进行焊接。焊条电弧焊如图 3-44 所示。

气焊是利用可燃气体和氧气在焊枪中混合后，由焊嘴中喷出点火燃烧，燃烧产生热量来熔化焊件接头处和焊丝，形成牢固的接头，如图 3-45 所示。气焊主要应用于薄钢板、有色金属、铸铁件、刀具的焊接及硬质合金等材料的堆焊和磨损件的补焊。气焊所用的可燃气体主要有乙炔气、液化石油气、天然气及氢气等，目前常用的是乙炔气，因为乙炔在纯氧中燃烧时所放出的有效热量最多。

2. 焊接方法的选择

手工电弧焊的优点是电弧温度高，穿透能力比气焊大，接口容易焊透，适用厚壁焊件。因此，电焊适合于焊接 4mm 以上的焊件，气焊适合于焊接 4mm 以下的薄焊件，在同样条件下电焊的焊缝强度高于气焊。

气焊的加热面积较大，加热时间较长，热影响区域大，焊件因此局部加热极易引起变形。而电弧焊加热面积狭小，焊件变形比气焊小得多。

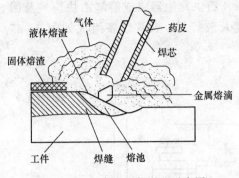

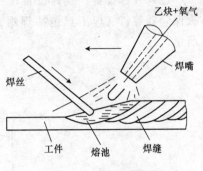

图 3-44　焊条电弧焊过程示意图　　　　　图 3-45　气焊示意图

气焊不但可以焊接，而且还可以进行切割、开孔、加热等多种作业，便于在管道施工过程中的焊接和加热。对于狭窄地方接口，气焊可用弯曲焊条的方法较方便地进行焊接作业。

在同等条件下，气焊消耗氧气、乙炔气、气焊条，电焊消耗电能和电焊条，相比之下气焊的成本高于气焊。

因此，就焊接而言，电焊优于气焊，故应优先选用电焊。具体采用哪种焊接方法，应根据管道焊接工作的条件、焊接结构特点、焊缝所处空间及焊接设备和材料来选择使用。在一般情况下，气焊用于公称直径小于 50mm、管壁厚度小于 3.5mm 的管道连接，电焊用于公称直径等于或大于 50mm 的管道连接。

3. 焊接设备

（1）手工电弧焊使用的机具是：焊机（直流电焊机、交流电焊机、整流式直流弧焊机等，以直流电焊机在工地上使用较多）、焊钳、面罩、连接导线、手把软线等，如图 3-46 所示。

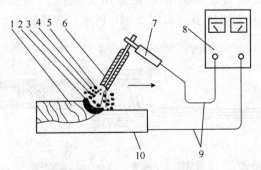

图 3-46　手工电弧焊设备组成

1—焊缝；2—熔池；3—保护气体；4—电弧；5—熔滴；6—焊条；
7—焊钳；8—焊机；9—焊接电缆；10—焊件

（2）气焊设备。气焊设备包括氧气瓶、乙炔发生器（或溶解乙炔瓶）及回火保险器等；气焊工具包括焊炬、减压器及胶管等。气焊设备组成如图 3 - 47 所示。

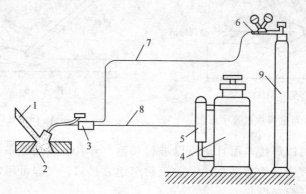

图 3 - 47　气焊设备组成

1—焊丝；2—焊件；3—焊炬；4—乙炔发生器；5—回火防止器；6—氧气减压器；

7—氧气橡皮管；8—乙炔橡皮管；9—氧气瓶

　　氧气瓶是储存高压氧气的容器；乙炔瓶是储存乙炔的容器；减压器是将高压气体降为低压气体的调节装置。回火保护器是防止火焰进入喷嘴内延乙炔管道回烧（即回火）的安全装置。焊炬是用于控制氧气与乙炔的混合比例，调节气体流量及火焰并进行焊接的工具。

　　焊炬按气体的混合方式，分为射吸式焊炬和等压式焊炬两类；按火焰的数目，分为单焰和多焰两类；按可燃气体的种类，分为乙炔用、氢用和汽油用等；按使用方法，分为手工和机械两类。

　　射吸式焊炬也称为低压焊炬，它适用于低压及中压乙炔气（0.001～0.1MPa），目前国内应用较多，如图 3 - 48 所示。等压式焊炬仅适用于中压乙炔气。

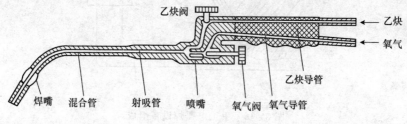

图 3 - 48　射吸式焊炬

4. 焊接材料

(1) 焊条的种类。焊条分电焊条与气焊条两种：用于电焊的接口材料是电焊条，用于气焊的接口材料是气焊条（称为焊丝）。正确选用焊条，对焊接的质量和速度都十分重要。

手工电弧焊的电焊条种类很多。管道焊接常用结构钢电焊条 J422，是以 2～6mm 碳素钢芯，外涂钛钙药皮材料制成的，其规格见表 3-16。管道焊接常采用 3.2mm 的焊条。

表 3-16　　　　　　　　　　电焊条规格　　　　　　　　　（单位：mm）

焊芯直径	2	2.5	3.2	4	5	6
焊芯长度	250	300	350	350	400	450

常用的气焊条为低碳钢制成，直径 2～4mm，长度有 0.6m 和 1m 两种，使用时应根据工艺要求选用焊丝、焊剂，焊丝不允许有油污和铁锈。对无要求的，可根据焊件的材质和板厚选用，使管材和气焊材质相同或接近相同，这对气焊的强度是十分重要的。焊丝直径可参考表 3-17。

表 3-17　　　　　　　　焊丝直径与焊件厚度的关系　　　　　　　（单位：mm）

焊件厚度	1.0～2.0	2.0～3.0	3.0～4.0	5.0～10	10～20
焊件直径	1.0～2.0 或不加焊丝	2.0～3.0	3.0～4.0	3.0～4.0	5.0～6.0

(2) 焊条的选择。

1) 焊缝金属与母材等强，化学成分接近，低碳钢一般用钛钙型结 422、结 502。

2) 塑性、韧性、抗裂性能较高重要结构选低氢型结 427、结 507 焊条。

3) 焊缝表面要美观、光滑的薄板构件最好选钛型结 421 焊条（结 422 也可）。

4) 焊条使用前烘干管理：碱性低氢焊条在使用前需烘干，一般采用 250～3500℃，烘 1～2h，不可将焊条往高温箱炉中突然放入，以免药皮开裂，应该徐徐加热，逐渐减温。酸性焊条要根据受潮的具体情况在 70～1500℃烘箱中烘干 1h。过期与变质焊条使用前应进行工艺性能试验。药皮无成块脱落，碱性焊条没有出现气孔，方可以使用。

5) 焊条的直径及使用电流见表 3-18 和表 3-19。

表 3-18 　　　　　　　　　　　焊条直径的选择 　　　　　　　　　　（单位：mm）

焊件厚度	焊条直径
≥4	不超过焊件厚度
4~12	3.0~4.0
>12	≥5.0

表 3-19 　　　　　　　　　　各种直径电焊条使用电流

焊件直径/mm	焊件直电流/A	焊件直径/mm	焊件直电流/A
1.6	25~40	4	160~210
2.0	40~65	5	200~270
2.5	50~80	5.8	260~300
3.2	100~130	—	—

5. 焊接连接的操作步骤

焊接工艺流程：钢管坡口→对口→点焊定位→施焊（电焊、气焊）→焊口清理→探伤→试压。

（1）坡口加工。

1）坡口种类。常用的坡口形式有 I 形坡口、Y 形坡口、带钝边 U 形坡口、双 Y 形坡口、带钝边单边 V 形坡口等，如图 3-49 所示。

(a)I形坡口　　(b)Y形坡口　　(c)带钝边U形坡口　　(d)双Y形坡口　　(e)带钝边单边V形坡口

图 3-49　常用的坡口形式

2）焊接坡口的加工。

①刨边：用刨边机对直边可加工任何形式的坡口。

②车削：无法移动的管子应采用可移式坡口机或手动砂轮加工坡口。

③铲削：用风铲铲坡口。

④氧气切割：是应用较广的焊件边缘坡口加工方法，有手工切割、半自动切割和自动切割三种。

⑤碳弧气刨：利用碳弧气刨枪加工坡口。

对加工好的坡口边缘尚须进行清洁工作，要把坡口上的油、锈、水垢等脏物清除干净，有利获得质量合格的焊缝。清理时根据脏物种类及现场条件，可选用钢丝刷、气焊火焰、铲刀、锉刀及除油剂清洗。

（2）对口。用焊接方法连接的接头称为焊接接头（简称为接头）。它由焊缝、熔合区、热影响区及其邻近的母材组成。在焊接结构中焊接接头起两方面的作用，第一是连接作用，即把两焊件连接成一个整体；第二是传力作用，即传递焊件所承受的载荷。

焊件对口时执行表 3-20 和表 3-21 中技术标准，并保证对口的平直度。

表 3-20   手工电弧焊对口形式及组对要求

接头名称	对口形式	接头尺寸				备注
		壁厚/mm	间隙/mm	钝边/mm	坡口角度/(°)	
		T	C	P	α	
管子对接 V 形坡口		5～8	1.5～2.5	1～1.5	60～70	$\delta \leqslant 1mm$ 管子对接如能保证焊透可不开坡口
		8～12	2～3	1～1.5	60～65	

表 3-21   氧—乙炔焊对口形式及相对要求

接头名称	对口形式	厚度/mm	间隙/mm	钝边/mm	坡口角度/(°)
		S	C	P	α
对接 不开坡口		<3	1～2	—	—
对接 V 形坡口		3～6	2～3	0.5～1.5	70～90

水平固定管对口时，管子轴线必须对正，不得出现中心线偏斜，由于先焊管子下部，为了补偿这部分焊接所造成的收缩，除了按技术标准留出对口间隙外，还应将上部间隙稍放大 0.5～2.0mm（对于小管径可取下限，对于大管径可选上限）。

为了保证根部第一层单面焊双面成型良好，对于薄壁小管无坡口的管子，对口间隙可为母材厚度的一半。带坡口的管子采用酸性焊条时，对口的间隙以等于焊芯直径为宜。采用碱性焊条"不灭弧"焊法时，对口间隙以等于焊芯直径的一半为宜。

（3）定位。对工件施焊前先定位，根据工件纵横向焊缝收缩引起的变形，应事先选用夹紧工具、拉紧工具、压紧工具等进行固定。不同管径所选择定位焊的数目、位置也不相同，如图 3-50 所示。

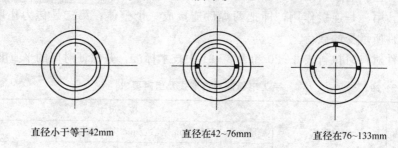

直径小于等于42mm　　　直径在42~76mm　　　直径在76~133mm

图 3-50　水平固定管定位焊数目及位置

由于定位焊点容易产生缺陷，对于直径较大的管子尽量不在坡口根部定位焊，可利用钢筋焊到管子外壁起定位作用，临时固定管子对口。定位焊缝的参考尺寸见表 3-22。

表 3-22　　　　　　　　　定位焊缝的参考尺寸　　　　　　　（单位：mm）

焊件厚度	焊缝高度	焊缝长度	间距
≤4	<4	5~10	50~100
4~12	3~6	10~20	100~200
>12	~6	15~30	100~300

（4）施焊。

1）电焊工艺。

①焊接中必须把握好引弧、运条、结尾三要素。无论何种位置的焊缝，在结尾操作时均以维持正常熔池温度，做无直线移动的横点焊动作，逐渐填满熔池，而后将电弧拉向一侧提起灭弧。

②水平固定管子分半运条角度。为保证接头质量，在焊前半圈时，应在水平最高点过去 5~15mm 处熄弧，见后半圈的焊接，由于起焊时容易产生塌腰、未焊透、夹渣、气孔等缺陷，对于仰焊处接头，可将先焊的焊缝端头用电弧割去一部分（大于 10mm），这样既可除去可能存在的缺陷，又可以形成缓坡形割槽。水平管单面焊双面成型转动焊接技术如图 3-51 所示。

焊接位置　　　　　　　　　焊接位置

管子转向　　　　　　　　　管子转向

图 3-51　管子转动焊

　　注意事项：根部及表面焊时，运条与固定管焊接相同，但焊条无向前运条的动作，而是管子向后运动；每层焊缝必须细致清理，以免造成层间夹渣、气孔等缺陷；焊接时，各段焊缝的接头应搭接好并相互错开，尤其是根部一层焊缝的起头和收尾更应注意；焊接时两侧慢、中间快使两侧坡口充分熔合；运条速度不宜过快，保证焊道层间熔合良好，对厚壁管子尤为重要。

　　2）气焊工艺。

　　①定位焊。工件及管子的点焊固定见图 3-52 及表 3-23、表 3-24。

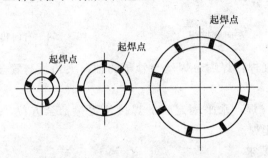

(a)直径小于70 mm　　　(b)直径在100～300 mm　　(c)直径在300～500 mm
　点固焊两处　　　　　　固焊3～5处　　　　　　点固焊5～7处

图 3-52　不同管径的点焊及起焊点示意图

表 3-23　　　　　　　　工件厚度与焊丝直径的关系　　　　　（单位：mm）

工件厚度	1.0～2.0	2.0～3.0	3.0～5.0	5.0～10	10～15
焊丝直径	1.0～2.0	2.0～3.0	3.0～4.0	2.0～5.0	4.0～6.0

表 3-24　　　　　　　　工件厚度与焊嘴倾角的关系

工件厚度/mm	≤1	1.0～3.0	3.0～5.0	5.0～7.0	7.0～15	10～15	≥15
焊嘴倾角/(°)	20	30	40	50	60	70	80

　　②气焊操作。气焊操作分左焊法和右焊法两种。左焊法简单方便，容易掌握，适用焊接较薄和熔点较低的工件，是应用最普遍的气焊方法。右焊法较难掌握，焊接过程火焰始终笼罩着已焊的焊缝金属，使熔池冷却缓慢，有助于改善焊缝金属组织，减少气孔夹渣的产生。

　　③管子的几种气焊形式。可转动管的气焊：分为左向爬坡焊和右向爬坡焊，其焊接方向和管子转动方向都是相对而运行，如图 3-53 和图 3-54 所示。

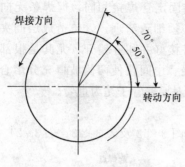

图 3-53　左向爬坡焊

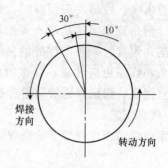

图 3-54　右向爬坡焊

垂直固定管的气焊：焊嘴、焊丝与管子的轴向夹角，与管子切线方向的夹角应保持不变。

水平固定管的气焊：水平固定管的焊接位置包括全方位，有平焊、立焊、仰焊、上爬焊及仰爬焊。

6. 焊接连接的要求

（1）根据设计要求，工作压力在 0.1MPa 以上的蒸汽管道、一般管径在 32mm 以上自采暖管道及高层建筑消防管道可采用电、气焊连接。

（2）管道焊接时应有防风、雨雪措施，焊区环境温度低于 −20℃，焊口应预热，预热温度为 100～200℃，预热长度为 200～250mm。

（3）焊接前要将两管轴线对中，先将两管端部点焊牢，管径在 100mm 以下可点焊三个点，管径在 150mm 以上以点焊四个点为宜。

（4）管材壁厚在 5mm 以上者应对管端焊口部位铲坡口，如用气焊加工管道坡口，必须除去坡口表面的氧化皮，并将影响焊接质量的凹凸不平处打磨平整。

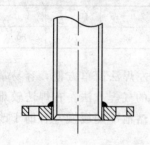

图 3-55　管子与法兰焊接

（5）管材与法兰盘焊接，应先将管材插入法兰盘内，先点焊 2～3 点，再用角尺找正找平后方可焊接，法兰盘应两面焊接，其内侧焊缝不得凸出法兰盘密封面，如图 3-55 所示。

7. 焊缝的外观缺陷及检验

在焊接过程中，焊接接头区域有时会产生不符合设计或工艺文件要求的各种焊接缺陷。焊接缺陷的存在，不但降低承载能力，更严重的是导致脆性断裂，影响焊接结构的使用安全。所以，焊接时应尽量避免焊接缺陷的产生，或将焊接缺陷控制在允许范围内。常见焊接缺陷如图 3-56 所示。

（1）咬边。即在焊缝边缘的母材上出现被电弧烧熔的凹槽。产生的原因主要是电流过大、电弧过长及焊条角度不当。

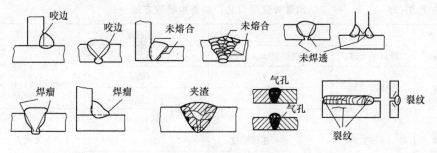

图 3-56 常见焊接缺陷

（2）未熔合。即焊条与母材之间没有熔合在一起，或焊层间未熔合在一起。产生的原因主要是电流过小，焊接速度过快，热量不够或焊条偏于坡口一侧，或母材破口处及底层表面有锈、氧化铁、熔渣等未清除干净。

（3）未焊透。主要是由于焊接电流小，运条速度快，对口不正确（坡口钝边厚，对口间隙小），电弧偏吹及运条角度不当造成的。

（4）焊瘤。即在焊缝范围以外多余的焊条熔化金属。产生焊瘤的主要原因是熔池温度过高，液态金属凝固减慢，从而因自重下坠。管道焊接的焊瘤多存于管内，对介质的流动产生较明显的影响。

（5）夹渣。即熔池中的熔渣未浮出而存于焊缝中的缺陷。产生夹渣的主要原因是焊层间清理不净，焊接电流过小，运条方式不当使铁水和熔渣分离不清。

（6）气孔。即焊接熔池中的气体来不及逸出，而停留在焊缝中的孔眼。低碳钢焊缝中的气孔主要是氢或一氧化碳。产生气孔的主要原因是熔化金属冷却太快，焊条药皮太薄或受潮，电弧长度不当或焊缝污物清理不净。

（7）裂纹。裂纹是焊缝最严重的缺陷。可能发生在焊缝的不同部位，具有不同的裂纹形状和宽度，甚至细微到难以发现。产生裂纹的主要原因有焊条的化学成分与母材材质不符，熔化金属冷却过快，焊接次序不合理，焊缝交叉过多内应力过大等。

焊缝应表面平整，宽度和高度均匀一致，并无明显缺陷，这些都可以用肉眼作外观检查。焊缝的检验方法还有水压、气压、渗油等密封性试验，以及射线探伤、超声波探伤或抗拉、抗弯曲、压扁试验等机械检验方法，可依工程的不同情况做具体的要求。本专业的管道安装工程常以外观检查及水压试验的方法，对管道焊缝进行检验。

管道焊接完毕必须进行外观检查，必要时辅助以放大镜仔细检查，允许偏差和检验方法见表 3-25。

表 3 - 25　　　　　　　　钢管管道焊口允许偏差和检验方法

项次	项目		允许偏差	检验方法
1	焊口平直度	管壁厚 10mm 以内	管壁厚的 1/4	焊接检验尺和游标卡尺检查
2	焊缝加强面	高度	+1mm	
		宽度	—	
3	咬边	深度	小于 0.5mm	直尺检查
	长度	连续长度	25mm	
		总长度（两侧）	小于焊缝长度的 10%	

外观缺陷超过规定标准的，应按表 3 - 26 的规定进行修整。

表 3 - 26　　　　　　　管道焊缝缺陷允许程度及修整方法

缺陷种类	允许程度	修整方法
焊缝尺寸不符合规定	不允许	加强高度不足应补焊 加强高度过高过宽作修整
焊瘤	严重的不允许	铲除
咬边	深度不大于 0.5mm 连续长度不大于 25mm	清理后补焊
焊缝热影响区表面裂纹	不允许	铲除焊口重新焊接
焊缝表面弧坑夹渣、气孔	不允许	铲除焊口后补焊
管子中心线错开或弯折	超过规定的不允许	修整

◈◈3.2.3　法兰连接

法兰是管道之间、管道与设备之间的一种连接装置。在管道工程中，凡需要经常检修或定期清理的阀门、管路附属设备与管子的连接一般采用法兰连接。法兰包括上下法兰片、垫片和螺栓螺母三部分。管道法兰连接如图 3 - 57 所示。

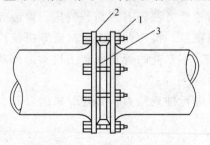

图 3 - 57　管道法兰连接

1—螺栓螺母；2—法兰片；3—垫片

1. 法兰的种类

管道法兰按与管子的连接方式可分为五种基本类型：平焊法兰、对焊法兰、螺纹法兰、承插焊法兰、松套法兰。法兰结构如图 3-58 所示。

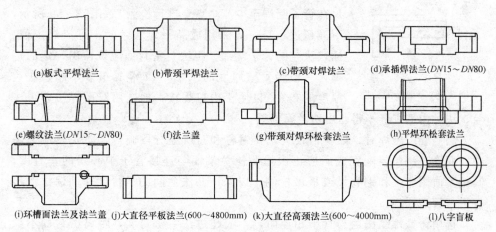

(a)板式平焊法兰　　(b)带颈平焊法兰　　　(c)带颈对焊法兰　　(d)承插焊法兰($DN15\sim DN80$)

(e)螺纹法兰($DN15\sim DN80$)　　(f)法兰盖　　(g)带颈对焊环松套法兰　　(h)平焊环松套法兰

(i)环槽面法兰及法兰盖 (j)大直径平板法兰(600~4800mm) (k)大直径高颈法兰(600~4000mm) (l)八字盲板

图 3-58　法兰结构

法兰的密封面型式有多种，一般常用有凸面、凹面、凹凸面、榫槽面、全平面、环连接面。

（1）平焊钢法兰。适用于公称压力不超过 2.5MPa 的碳素钢管道连接。平焊法兰的密封面可以制成光滑式、凹凸式和榫槽式三种。光滑式平焊法兰的应用量最大，多用于介质条件比较缓和的情况下，如低压非净化压缩空气、低压循环水，它的优点是价格比较便宜。

对焊钢法兰用于法兰与管子的对口焊接，其结构合理，强度与刚度较大，经得起高温高压及反复弯曲和温度波动，密封性可靠，公称压力为 0.25~2.5MPa 的对焊法兰采用凹凸式密封面。

（2）承插焊法兰。常用于 $PN\leqslant10.0$MPa，$DN\leqslant40$ 的管道中。

（3）松套法兰。松套法兰俗称活套法兰、分焊环活套法兰、翻边活套法兰和对焊活套法兰，常用于介质温度和压力都不高而介质腐蚀性较强的情况。当介质腐蚀性较强时，法兰接触介质的部分（翻边短节）为耐腐蚀的高等级材料如不锈钢等材料，而外部则利用低等级材料如碳钢材料的法兰环夹紧它以实现密封。

（4）整体法兰。常常是将法兰与设备、管子、管件、阀门等做成一体，这种型式在设备和阀门上常用。

2. 选用

法兰可采用成品，选购后进入现场。也可根据施工图加工制作。法兰螺栓孔加工时要求光滑等距，法兰接触面平整，保证密闭性，止水沟线的几何尺寸准确。

3. 装配

法兰装配时，应使管子与法兰端面相互垂直，可用钢卷尺和法兰弯尺或拐

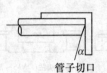

管子切口

图 3-59　偏差的检测

尺在管子圆周至少三个点上进行检测，如图 3-59 所示，不准超过 ±1mm，采用成品平焊法兰时，可点焊定位。插入法兰的管子端部、距法兰密封面应该留出一定的距离，一般为管壁厚度的 1.3～1.5 倍，最多不超过法兰厚度的 2/3，以便于内口焊接，如选用双面焊接管道法兰，法兰内侧焊缝不得凸出法兰密封面。

法兰装配施焊时，如管径较大，要对称和对应地分段施焊，防止热应力集中而变形。法兰装配完成后应再次检测法兰端面与连接管子中心线的垂直度，其偏差值用角尺和钢卷尺或板尺检测。以保证两法兰间的平行度并确保法兰连接后与管道同心。

选用铸铁螺纹法兰与管子相连时，不应超过法兰密封面，距离密封面不少于 5mm。

4. 衬垫

法兰衬垫根据管道输送介质选定（各工艺中均已明确包括）。制垫时，将法兰放平，光滑密封面朝上，将垫片原材盖在密封面上，用水锤轻轻敲打，刻出轮廓印，用剪刀或凿刀裁制成形，注意留下安装把柄，如图 3-60 所示。加垫前，须将两片法兰的密封面刮干净，凡是高出密封面的焊料须用凿子除掉后铧平。法兰面要始终保持垂直于管道的中心线，以保证螺栓自由穿入。加工后的软垫片，周边应整齐，垫片尺寸应与法兰密封面一致。

加垫时应放正，不使垫圈穿入管内，其外圆至法兰螺孔为宜，不妨碍螺栓穿入。禁止加双垫、偏垫、斜垫。当大口径的垫片需要拼接时，应采用斜口搭接或迷宫形式，不允许平口对接，如图 3-61 所示，且按衬垫材质及介质选定在其两侧涂抹的铅油、石墨粉、二硫化钼油脂、石墨机油等涂料。

　　　　　　　　　　　　　(a)斜口搭接　　　(b)迷宫形式

图 3-60　法兰垫片　　　　　图 3-61　大口径垫片平接形式

5. 法兰连接方法

法兰连接的过程一般分三步进行，首先将法兰装配或焊接在管端，然后将

垫片置于法兰之间，最后用螺栓连接两个法兰并拧紧，使之达到连接和密封管路的目的。

法兰连接时，无论使用哪种方法，都必须在法兰盘与法兰盘之间垫适应输送介质的垫圈，而达到密封的目的。法兰垫圈应符合要求，不允许使用斜垫圈或双层垫圈。连接时，要注意两片法兰的螺栓孔对准，连接法兰的螺栓应使用同一规格，全部螺母应位于法兰的一侧。紧固螺栓时应按照图3-62所示次序进行，大口径法兰最好两人在对称位置同时进行。紧固法兰螺栓次序如图3-62所示。

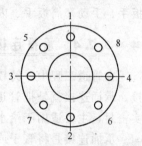

图3-62 紧固法兰螺栓次序

（1）凡管段与管段采用法兰盘连接或管道与法兰阀门连接者，必须按照设计要求和工作压力选用标准法兰盘。

（2）法兰盘的连接螺栓直径、长度应符合规范要求，紧固法兰盘螺栓时要对称拧紧，紧固好的螺栓外露丝扣应为2~3扣，不宜大于螺栓直径的1/2。

（3）法兰盘连接衬垫，一般给水管（冷水）采用厚度为3mm的橡胶垫，供热、蒸汽、生活热水管道应采用厚度为3mm的石棉橡胶垫。垫片要与管径同心，不得放偏。

（4）法兰装配：采用成品平焊法兰时，必须使管与法兰端面垂直，可用法兰弯尺或拐尺在管子圆周上最少3个点处检测垂直度，不允许超过±1mm，然后点焊定位，插入法兰的管子端部距法兰密封面应为管壁厚度的1.3~1.5倍，如选用双面焊接管道法兰，法兰内侧的焊缝不得突出法兰密封面。

法兰装配施焊时，如管径较大，要对应分段施焊，防止热应力集中而变形。法兰装配完应再次检测接管垂直度，以确保两法兰的平行度。连接法兰前应将其密封面刮净，焊肉高出密封面应锉平，法兰应垂直于管子中心线，外沿平齐，其表面应互相平行。

（5）紧固螺栓。

1）螺栓使用前先刷好润滑油，螺栓应以同一规格的螺栓同一方向穿入法兰，穿入后随手带上螺母，直至用手拧不动为止。然后用活扳手加力，必须对称十字交叉进行，且分2~3次逐渐拧紧，使法兰均匀受力。最后螺杆露出长度不宜超过螺栓直径的1/2。活扳手的规格见表3-27。

表3-27　　　　　　　　　　活扳手的规格　　　　　　　　　（单位：mm）

长度	100	150	200	250	300	375	450	600
最大开口宽度	14	19	24	30	36	46	55	65

2）高温或低温管道法兰连接螺栓，一般通过试运进行热紧或冷紧。热紧或冷紧在保持工作温度 2h 后再进行。紧固螺栓时，管内最大内压按设计压力而定，当设计压力小于 6MPa 时，热紧的最大内压为 0.3MPa；如设计压力大于 6MPa 时，热紧最大压力为 0.5MPa，冷紧在卸压后再进行。

3）法兰盘或螺栓处在狭窄空间，特别位置及回旋空间极小时，可采用梅花扳手、手动套筒扳手、内六角扳手、增力扳手、棘轮扳手等。

◈◈ 3.2.4 承插连接

在管道工程中，铸铁管、陶瓷管、混凝土管、塑料管等管材常采用承插连接。承插连接就是把管道的插口插入承口内，然后在四周的间隙内加满填料打实密封，主要适用于给水、排水、化工、燃气等工程。

承插连接是将管子或管件的插口（俗称小头）插入承口（俗称喇叭口），并在其插接的环形间隙内填入接口材料的连接。按接口材料不同，承插连接分为石棉水泥接口、水泥接口，自应力水泥砂浆接口、三合一水泥接口、青铅接口等。

承插接口的填料分两层：内层用油麻丝或胶圈，其作用是使承插口的间隙均匀，并使下一步的外层填料不致落入管腔，有一定的密封作用；外层填料主要起密封和增强的作用，可根据不同要求选择接口材料。

1. 铸铁管承插连接接口材料

（1）水泥捻口。一般用于室内、外铸铁排水管道的承插口连接，如图 3-63 所示。

1）为了减少捻固定灰口，对部分管材与管件可预先捻好灰口，捻灰口前应检查管材管件有无裂纹、砂眼等缺陷，并将管材与管件进行预排，校对尺寸有无差错，承插口的灰口环形缝隙是否合格。

2）一管材与管件连接时可在临时固定架上，管与管件按图样要求将承口朝上，插口向下的方向插好，捻灰口。

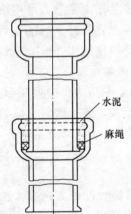

水泥

麻绳

图 3-63　水泥捻口

3）捻灰口时，先用麻钎将拧紧的比承插口环形缝隙稍粗一些的青麻或扎绑绳打进承口内，一般打两圈为宜（约为承口深度的 1/3），青麻搭接处应大于 30mm 的长度，而后将麻打实，边打边找正、找直并将麻须捣平。

4）将麻打好后，即可把捻口灰（水与水泥重量比为 1∶9）分层填入承口环形缝隙内，先用薄捻凿，一手填灰，一手用捻凿捣实，然后分层用手锤、捻凿打实，直到将灰口填满，用厚薄与承口环形缝隙大小相适应的捻凿将灰口打实打平，直至捻凿打在灰口上有回弹的感觉即为合格。

5）拌和捻口灰，应随拌和随用，拌好的灰应控制在 1.5h 内用完为宜，同时要根据气候情况适当调整用水量。

6）预制加工两节管或两个以上管件时，应将先捻好灰口的管或管件排列在上部，再捻下部灰口，以减轻其振动。捻完最后一个灰口应检查其余灰口有无松动，如有松动应及时处理。

7）预制加工好的管段与管件应码放在平坦的场所，放平垫实，用湿麻绳缠好灰口，浇水养护，保持湿润，一般常温 48h 后方可移动运到现场安装。

8）冬季严寒季节捻灰口应采取有效的防冻措施，拌灰用水可加适量盐水，捻好的灰口严禁受冻，存放环境温度应保持在 5℃ 以上，有条件亦可采取蒸汽养护。

（2）石棉水泥接口。一般室内、外铸铁给水管道敷设均采用石棉水泥捻口，即在水泥内掺适量的石棉绒拌和。

（3）铅接口。一般用于工业厂房室内铸铁给水管敷设，设计有特殊要求或室外铸铁给水管紧急抢修，管道碰头急于通水的情况可采用铅接口。

（4）橡胶圈接口。一般用于室外铸铁给水管铺设、安装的管与管接口。管与管件仍需采用石棉水泥捻口，橡胶圈安装示意如图 3-64 所示。

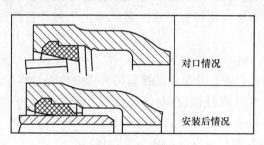

图 3-64　橡胶圈安装示意图

1）胶圈应形体完整，表面光滑，粗细均匀，无气泡，无重皮。用手扭曲、拉、折表面和断面不得有裂纹、凹凸及海绵状等缺陷，尺寸偏差应小于 1mm，将承口工作面清理干净。

2）安放胶圈，胶圈擦拭干净，扭曲，然后放入承口内的圈槽里，使胶圈均匀严整地紧贴承口内壁，如有隆起或扭曲现象，必须调平。

3）画安装线：对于装入的合格管，清除内部及插口工作面的黏附物，根据要插入的深度，沿管子插口外表面画出安装线，安装面应与管轴相垂直。

4）涂润滑剂：向管子插口工作面和胶圈内表面刷水擦上肥皂。

5）将被安装的管子插口端锥面插入胶圈内，稍微顶紧后，找正将管子垫稳。

6）安装安管器：一般采用钢箍或钢丝绳，先捆住管子，安管器有电动、液压汽动，出力在 50kN 以下，最大不超过 100kN。

7）插入：管子经调整对正后，缓慢启动安管器，使管子沿圆周均匀地进入并随时检查胶圈不得被卷入，直至承口端与插口端的安装线齐平为止。

8）橡胶圈接口的管道，每个接口的最大偏转角不得超过如下规定：$DN \leqslant 200mm$ 时，允许偏转角度最大为 5°；$200mm < DN \leqslant 350mm$ 时，允许偏转角度最大为 4°；$DN = 400mm$，允许偏转角度最大为 3°。

9）检查接口：插入深度、胶圈位置（不得离位或扭曲），如有问题时，必须拔出重新安装。

10）采用橡胶圈接口的埋地给水管道，在土壤或地下水对橡胶有腐蚀的地段，在回填土前应用沥青胶泥、沥青麻丝或沥青锯末等材料封闭橡胶圈接口。

11）推进、压紧：根据管子规格和施工现场条件选择施工方法。小管可用撬棍直接撬入，也可用千斤顶顶入，用锤敲入（锤击时必须垫好管子防止砸坏）。中、大管一般通过钢丝绳用倒链拉入，或使用卷扬机、绞磨、吊车、推土机、挖沟机等拉人。

2. 铸铁管承插连接的操作方法

（1）管材检查及管口清理。铸铁管及管件在连接前必须进行检查，一是检查是否有砂眼；二是检查是否有裂纹。裂纹是由于铸铁管性脆，在运输及装卸中碰撞而形成的。

（2）管子对口。将承插管的插口插入承口内，使插口端部与承口内部底端保留 2～3mm 的对口间隙，并尽量使接口的环形缝隙保持均匀。

（3）填麻、打麻（或打橡胶圈）。将麻线拧成粗度大于接口环开缝隙的线股，用捻凿打入接口缝隙，打麻的深度一般应为承口深度的 1/3。当管径大于 300mm 时，可用橡胶圈代替麻绳，称为柔性接口。

（4）填接口材料，打灰口。麻打实后，将接口材料分层填入接口，并分层用捻凿和手捶加力打实至捶打时有回弹力。打实后，填料应与承口平齐。

（5）接口养护。在接口处绕上草绳或盖上草帘，在上面洒水对水泥材料的填料进行潮润性养护，养护时间一般不少于 48h。

◆◆3.2.5　管道粘结连接

粘结连接是在需要连接的两管端结合处，涂以合适的胶粘剂，使其依靠胶粘剂的粘结力牢固而紧密地结合在一起的连接方法。粘结连接施工简便，价格低廉、自重轻以及兼有耐腐蚀、密封等优点，一般适用于塑料管、玻璃管等非金属管道上。

粘结连接方法有冷态粘结和热态粘结两种。

（1）管道粘结不宜在湿度很大的环境中进行，操作场所应远离火源，防止撞击，在－20℃以下的环境中不得操作。

（2）管子和管件在粘结前应采用清洁棉纱或干布将承插口的内侧和插口外侧擦拭干净，并保持粘结面洁净。若表面沾有油污，应采用棉纱蘸丙酮等清洁剂擦净。

（3）用油刷涂抹胶粘剂时，应先涂承口内侧，后涂插口外侧。涂抹承口时应顺轴向由里向外涂抹均匀、适量，不得漏涂或涂抹过厚。

（4）承插口涂刷胶粘剂后，宜在20s内对准轴线一次连续用力插入。管端插入承口深度应根据实测承口深度，在插入管端表面作出标记，插入后将管旋转90°。

（5）插接完毕，应即刻将接头外部挤出的胶粘剂擦揩干净。应避免受力，静置至接口固化为止，待接头牢固后方可继续安装。

（6）粘结接头不宜在环境温度0℃以下操作，应防止胶粘剂结冻。不得采用明火或电炉等设施加热胶粘剂。UPVC管粘结管端插入深度见表3-28。

表 3-28　　　　　　　　UPVC管粘结管端插入深度　　　　　（单位：mm）

代号	管子外径	管端插入深度	代号	管子外径	管端插入深度
1	40	25	4	110	50
2	50	25	5	160	60
3	75	40	—	—	—

◈◈ 3.2.6　管道的热熔连接

热熔连接是由相同热塑性塑料制作的管材与管件互相连接时，采用专用热熔机具将连接部位表面加热，连接接触面处的本体材料互相熔合，冷却后连接成为一个整体。热熔连接有对接式热熔连接、承插式热熔连接和电熔连接。管道热熔连接示意如图3-65所示。

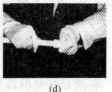

（a）　　　　　　　（b）　　　　　　　（c）　　　　　　　（d）

图 3-65　管道热熔连接示意图

电熔连接是由相同的热塑性塑料管道连接时，插入特制的电熔管件，由电熔连接机具对电熔管件通电，依靠电熔管件内部预先埋设的电阻丝产生所需要的热量进行熔接，冷却后管道与电熔管件连接成为一个整体。

热熔连接多用于室内生活给水 PP-R 管、PB 管的安装。热熔连接后，管材与管件形成一个整体，连接部位强度高、可靠性强，施工速度快。热熔连接技术要求见表 3 - 29。

表 3 - 29　　　　　　　　　　热熔连接技术要求

公称直径/mm	热熔深度/mm	加热时间/s	加工时间/s	冷却时间/mm
20	14	5	4	5
25	16	7	4	3
32	20	8	4	4
40	21	12	5	4
50	22.5	18	6	5
63	24	24	6	6
75	26	30	10	8
90	32	40	10	8
110	38.5	50	15	10

注：1. 当操作环境温度低于 5℃，加热时间延长 50%。

　　2. 在表中规定的加工时间内，刚熔接好的接头还可校正，但严禁旋转。

1. 切割管材

切割管材必须使端面垂直管轴线。管材切割一般使用管子剪或管道切割机，必要时可使用锋利的钢锯，但切割后管材断面应去除毛边和毛刺。管材与管件连接端面必须清洁、干燥、无油污。

2. 测量

用专用标尺和适合的笔在管端测量并绘出熔接深度。熔接弯头或三通时，按设计图样要求，应注意方向，在管件和管材的直线方向上，用辅助标志标出其位置。

3. 加热管材、管件

当热熔焊接器加热到 260℃（指示灯亮以后）时，将管材和管件同时推进熔接器模头内，加热时间不可少于 5s。

4. 连接

将已加热的管材与管件同时取下，迅速无旋转地直插到所标深度，使接头处形成均匀凸缘直至冷却，形成牢固而完美的结合。管材插入不能太浅或太深，否则会造成缩径或不牢固。

5. 检验与验收

管道安装结束后，必须进行水压试验，以确认其熔接状态是否良好，否则严禁进行管道隐蔽安装。步骤如下：

（1）将试压管道末端封堵，缓慢注水，同时将管道内气体排出。充满水后，进行水密封检查。

（2）加压宜采用手动泵缓慢升压，升压时间不得小于 10min。

（3）升至规定试验压力（一般为 1.0MPa 以上）后，停止加压。稳定 1h，观察接头部位是否有漏水现象。

（4）稳压后，补压至规定的试验压力值，15min 内的压力下降不超过 0.05MPa 为合格。

3.3 给水管道支吊架安装

◈◈ 3.3.1 支架的形式

管道支架按材料分，可分为钢支架和混凝土支架等。按形状分，可分为悬臂支架、三角支架、门形支架、弹簧支架、独柱支架等。按支架的力学特点，可分为刚性支架和柔性支架。

选择管道支架，应考虑管道的强度、刚度；输送介质的温度、工作压力；管材的线性膨胀系数；管道运行后的受力状态及管道安装的实际位置情况等。同时还应考虑制作和安装的实际成本。

（1）在管道上不允许有任何位移的地方，应设置固定支托架。其一般做法如图 3-66 所示。

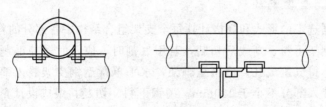

图 3-66 固定支托架一般做法

（2）允许管道沿轴线方向自由移动时设置活动支架。有托架和吊架两种形式。托架活动支架有简易式，U 形卡只固定一个螺帽。管道在卡内可自由伸缩，如图 3-67 所示。支托架示意图如图 3-68 所示。

（3）托钩与管卡：托钩一般用于室内横支管、支管等的固定。立管卡用来固定立管，一

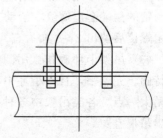

图 3-67 滑动管卡一般做法

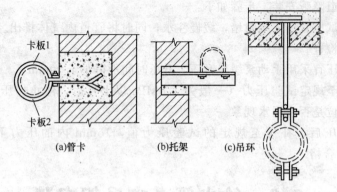

卡板1
卡板2

(a)管卡   (b)托架   (c)吊环

图 3-68 支托架

般多采用成品，如图 3-69 所示。

(a)托钩   (b)单立管卡   (c)双立管卡

图 3-69 托钩与管卡

◆◆◆**3.3.2 支架制作**

首先根据选定的形式和规格计算每个支架组合结构中各部分的料长。

（1）型钢架下料、划线后切断，若用气割时，应及时凿掉毛刺以便进行螺栓孔钻眼，不得气割成孔。型钢三脚架，水平单臂型钢支架栽入部分应用气割形成劈叉，栽入部分不小于 120mm，型钢下料、切断，煨成设计角度后用电焊焊接。

（2）U 形卡用圆钢制作。将圆钢调直、量尺、下料后切断，用圆扳压扳手将圆钢的两端套出螺纹，活动支架上的 U 形卡可套一头丝，螺纹的长度应套上固定螺栓后留出 2～3 扣为宜。

（3）吊架卡环制作：用圆钢或扁钢制作卡环时，穿螺栓棍的两个小圆环应保持圆、光、平，且两小环中心相对，并与大圆环相垂直。小环比所穿螺栓外圆稍大一点。各类吊架中各种吊环的内圆必须适合钢管的外圆，其对口部分应留出吊棍空隙。

（4）吊架中吊杆的长度按实际决定。上螺杆加工成右螺纹，下螺杆加工成左螺纹，都和松紧螺栓相连接。

3.3.3　支架安装

1. 支架安装位置的确定

支架的安装位置要依据管道的安装位置确定，首先根据设计要求定出固定支架和补偿器的位置，然后确定活动支架的位置。

（1）固定支架位置的确定。固定支架的安装位置由设计人员在施工图样上给定，其位置确定时主要是考虑管道热补偿的需要。利用在管路中的合适位置布置固定点的方法，把管路划分成不同的区段，使两个固定点间的弯曲管段满足自然补偿，直线管段可利用设置补偿器进行补偿，则整个管路的补偿问题就可以解决了。

由于固定支架承受很大的推力，故必须有坚固的结构和基础，因而它是管道中造价较大的构件。为了节省投资，应尽可能加大固定支架的间距，减少固定支架的数量，但其间距必须满足以下要求。

1）管段的热变形量不得超过补偿器的热补偿值的总和。

2）管段因固定支架所产生的推力不得超过支架所承受的允许推力值。

3）不应使管道产生横向弯曲。

根据以上要求并结合运行的实际经验，固定支架的最大间距按表 3 - 30 选取，仅供设计时参考，必要时根据具体情况，通过分析计算确定。

表 3 - 30　　　　　　　　固定支架的最大间距

公称直径/mm		15	20	25	32	40	50	65	80	100	125	150	200	250	300
方形补偿器/mm		—	—	30	35	45	50	55	60	65	70	80	90	100	115
套筒补偿器/mm		—	—	—	—	—	—	—	—	45	50	55	60	70	80
L形补偿器	长臂最大长度/m	—	—	15	18	20	24	34	30	30	30	30			
	短臂最小长度/m			2.0	2.5	3.0	3.5	4.0	5.0	5.5	6.0	6.0			

（2）活动支架位置的确定。活动支架的安装在图样上不予给定，必须在施工现场根据实际情况并参照表的支架间距值具体确定。

有坡度的管道可根据水平管道两端点间的距离及设计坡度计算出两点间的（高差），在墙上按标高确定此两点位置。根据各种管材对支架间距的要求拉线画出每一个支架的具体位置。若土建施工时已预留孔洞、预埋铁件也应拉线放坡检查其标高、位置及数量是否符合要求。钢管管道支架的最大间距规定见表 3 - 31。塑料管及复合管管道支架的最大间距见表 3 - 32。

表 3-31		钢管管道支架的最大间距												
公称直径/mm		15	20	25	32	40	50	70	80	100	125	150	200	250	300
支架的最大间距/m	保温管	2	2.5	2.5	2.5	3	3	4	4	4.5	6	7	7	8	8.5
	不保温管	2.5	3	3.5	4	4.5	5	6	6	6.5	7	8	9.5	11	12

表 3-32			塑料管及复合管管道支架的最大间距											
公称直径/mm			12	14	16	18	20	25	32	40	50	63	75	90	110
支架的最大间距/m	立管		0.5	0.6	0.7	0.8	0.9	1.0	1.1	1.3	1.6	1.8	2.0	2.2	2.4
	水平管	冷水管	0.4	0.4	0.5	0.5	0.6	0.7	0.7	0.8	0.9	1.0	1.1	1.2	1.35	1.55
		热水管	0.2	0.2	0.25	0.3	0.3	0.35	0.4	0.5	0.6	0.7	0.8	—	—

实际安装时，活动支架的确定方法如下：

1) 依据施工图要求的管道走向、位置和标高，测出同一水平直管段两端管道中心位置，标定在墙或构件表面上。如施工图只给出了管段一端的标高，可根据管段长度 L 和坡度 i 求出两端的高差 $h=iL$，再确定另一端的标高。但对于变径处，应根据变径型式及坡向来确定变径前后两点的标高关系。如图 3-70 所示，变径前后 A、B 两点的标高差 $h=iL+(D-d)$。

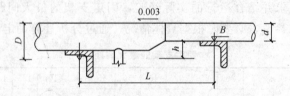

图 3-70 支架安装标高计算图

2) 在管中心下方，分别量取管道中心至支架横梁表面的高差，标定在墙上，并用粉线根据管径在墙上逐段画出支架标高线。

3) 按设计要求的固定支架位置和"墙不作架、托稳转交、中间等分、不超最大"的原则，在支架标高线上画出每个活动支架的安装位置，即可进行安装。

2. 管道支架安装方法

支架的安装方法主要是指支架的横梁在墙体或构件上的固定方法，俗称支架生根。现场安装以托架安装工序较为复杂。结合实际情况可用栽埋法、膨胀螺栓法、射钉法、预埋焊接法、抱柱法安装。

(1) 栽埋法。适用于墙上直形横梁的安装，安装步骤和方法：在已有的安装坡度线上，画出支架定位的十字线和打洞的方块线，即可打洞、浇水（用水壶嘴往洞顶上沿浇水，直至水从洞下沿流出）、填实砂浆直至抹平洞口，插栽支架横梁。栽埋横梁必须拉线（即将坡度线向外引出），使横梁端部 U 形螺栓孔中心对准安装中心线，即对准挂线后，填塞碎石挤实洞口，在横梁找平找正后，抹平洞口处灰浆，如图 3-71 所示。

（2）膨胀螺栓法。适用于角形横梁在墙上的安装。做法是按坡度线上支架定位十字线向下量尺，画出上下两膨胀螺栓安装位置十字线后，用电钻钻孔。孔径等于套管外径，孔深为套管长度加 15mm 并与墙面垂直。清除孔内灰渣，套上锥形螺栓拧上螺母，打入墙孔直至螺母与墙平齐，用扳手拧紧螺母直至胀开套管后，打横梁穿入螺栓，并用螺母紧固在墙上，如图 3-72 所示。

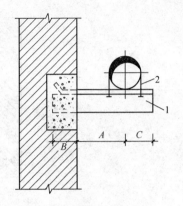

图 3-71 单管栽埋法安装支架
1—支架横梁；2—U 形管卡

（3）射钉法。多用于角形横梁在混凝土结构上的安装。做法是按膨胀螺栓法定出射钉位置十字线，用射钉枪射入为 8~12mm 的射钉，用螺纹射钉紧固角形横梁，如图 3-72 所示。

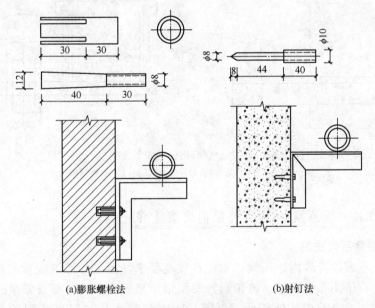

(a)膨胀螺栓法   (b)射钉法

图 3-72 膨胀螺栓及射钉法安装支架

（4）预埋焊接法。在预埋的钢板上，弹上安装坡度线，作为焊接横梁的端面安装标高控制线，将横梁垂直焊在预埋钢板上，并使横梁端面与坡度线对齐，先电焊校正后焊牢，如图 3-73 所示。

（5）抱柱法。管道沿柱子安装时，可用抱柱法安装支架。做法是把柱上的

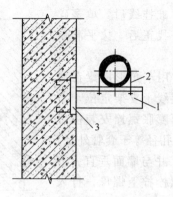

图 3-73　预埋焊接法安装支架

1—钢板；2—管子；3—预埋钢板

安装坡度线，用水平尺引至柱子侧面，弹出水平线作为抱柱托架端面的安装标高线，用两条双头螺栓把托架紧固于柱子上，托架安装一定要保持水平，螺母应紧固，如图 3-74 所示。

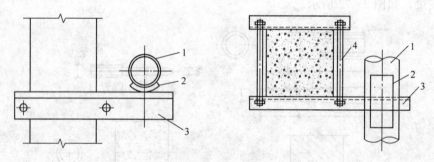

图 3-74　单管抱柱法安装支架

1—管子；2—弧形滑板；3—支架横梁；4—拉紧螺栓

◈◈*3.3.4　管道支、吊、托架的安装工序*

1. 型钢吊架安装

（1）在直段管沟内，按设计图样和规范要求，测定好吊卡位置和标高，找好坡度，将吊架孔洞剔好，将预制好的型钢吊架放在洞内，复查好吊孔距沟边尺寸，用水冲净洞内砖渣灰面，再用 C20 细石混凝土或 M20 水泥砂浆填入洞内，塞紧抹平。

（2）用 22 号铅丝或小线在型钢下表面吊孔中心位置拉直绷紧，把中间型钢吊架依次栽好。

（3）按设计要求的管道标高、坡度结合吊卡间距、管径大小、吊卡中心计算每根吊棍长度并进行预制加工，待安装管道时使用。

2. 型钢托架安装

(1) 安装托架前，按设计标高计算出两端的管底高度，在墙上或沟壁上放出坡线，或按土建施工的水平线，上下量出需要的高度，按间距画出托架位置标记，剔凿全部墙洞。

(2) 用水冲净两端孔洞，将C20细石混凝土或M20水泥砂浆填入洞深的一半，再将预制好的型钢托架插入洞内，用碎石塞住，校正卡孔的距离尺寸和托架高度，将托架栽平，用水泥砂浆将孔洞填实抹平，然后在卡孔中心位置拉线，依次把中间托架栽好。

(3) U形活动卡架一头套丝，在型钢托架上下各安一个螺母，而U形固定卡架两头套丝，各安一个螺母，靠紧型钢在管道上焊两块止动钢板。

3. 双立管卡安装

采暖、给水及热水供应系统的金属管道立管管卡安装应符合下列规定：楼层高度不大于5m时，每层必须安装1个；楼层高度大于5m时，每层不得少于2个；管卡安装高度距地面应为1.5～1.89m，2个以上管卡应匀称安装，同一单位工程中管卡宜安装在同一高度上；同一房间内管卡应安装在同一高度上。

(1) 在双立管位置中心的墙上画好卡位印记，其高度是层高3m及以下者为1.4m，层高3m以上者为1.8m，层高4.5m以上者平分三段栽两个管卡。

(2) 按印记剔直径60mm左右，深度不小于80mm的洞，用水冲净洞内杂物，将M50水泥砂浆填入洞深的一半，将预制好ϕ10mm×170mm带燕尾的单头丝棍插入洞内，用碎石卡牢找正，上好管卡后再用水泥砂浆填塞抹平。

4. 立支单管卡安装

先将位置找好，在墙上画好印记，剔直径60mm左右，深度100～120mm的洞，卡子距地高度和安装工艺与双立管卡相同。

管道安装完毕后，必须及时用不低于结构标号的混凝土或水泥砂浆把孔洞堵严、抹平，为了不致因堵洞而将管道移位，造成立管不垂直，应派专人配合土建堵孔洞。堵楼板孔洞宜用定型模具或用木板支搭牢固后，往洞内浇点水再用C20以上的细石混凝土或M50水泥砂浆填平捣实，不许向洞内填塞砖头、杂物。

◈◈ 3.3.5 管道支架的安装要求

(1) 管道支架必须按照支架图进行制作、安装。

(2) 管道支架上的开孔，应用台钻钻孔，禁止直接用气焊进行开孔。

(3) 管道的支（吊）架、托架、耳轴等在预制场成批制作，并按要求将支架的编号标上。所有管道支架的固定形式均采用螺栓固定。

(4) 无热位移的管道，其吊架（包括弹簧吊架）应垂直安装。有热位移的管道，吊点应设在位移的相反方向，如图 3-75 所示，位移值按设计图样确定。两根热位移相反或位移值不等的管道，不得使用同一吊杆。

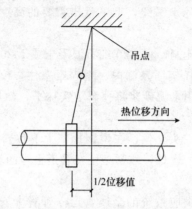

图 3-75　有热位移管道吊架安装位置示意图

（5）导向支架或滑动支架的滑动面应洁净平整，不得有歪斜和卡涩现象。其安装位置应从支撑面中心向位移反方向偏移，如图 3-76 所示，偏移量为位移值的 1/2（位移值由设计定）。

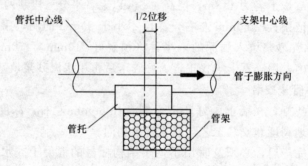

图 3-76　滑动支架安装位置示意图

（6）弹簧支吊架的弹簧高度应按设计文件规定和厂家说明书进行安装。弹簧的临时固定件，待系统安装、试压、绝热完毕后方可拆除。

（7）管道安装原则上不宜使用临时支、吊架。如使用临时支吊架，不得与正式支吊架位置冲突，并应有明显标记；在管道安装完毕后临时支架应予拆除并且必须将不锈钢与碳钢进行隔离。

（8）管道安装完毕，应按设计图样逐个核对支、吊架的形式和位置。

（9）有热位移的管道，在热负荷运行时，应及时对支、吊架进行下列检查与调整：

1）活动支架的位移方向、位移值及导向性能应符合设计要求。

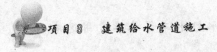

2）管托按要求焊接，不得脱落。

3）固定支架应安装牢固可靠。

4）弹簧支吊架的安装标高与弹簧工作载荷应符合设计规定。

5）可调支架的位置应调整合适。

3.4 给水管道安装

3.4.1 室内给水管道安装

1. 施工前的准备工作

管道安装应按图施工，因此施工前要熟悉施工图，领会设计意图，根据施工方案决定的施工方法和技术交底的具体措施做好准备工作。同时，参看有关专业设备图和建筑施工图，核对各种管道的位置、标高、管道排列所用空间是否合理。如发现设计不合理或需要修改的地方，与设计人员协商后进行修改。

根据施工图准备材料和设备等，并在施工前按设计要求检验规格、型号、和质量，符合要求，方可使用。

给水管道必须采用与管材相适用的管件。生活给水系统材料必须达到饮用水卫生标准。室内给水管材及连接方式见表 3-33。

表 3-33　　　　　室内给水管材及连接方式

用途	管材类别	管材种类	连接方式
生活给水	塑料管	三型聚丙烯 PP-R	热（电）熔连接、螺纹连接、法兰连接
		聚乙烯 PE	热（电）熔连接、卡套（环）连接、压力连接
		ABS 管	粘结连接
		硬聚氯乙烯 UPVC	粘结、橡胶圈连接
	复合管	铝塑复合管 PAP	专用管件螺纹连接、压力连接
		钢塑复合管	螺纹连、卡箍连接、法兰连接
		钢塑不锈钢复合管	螺纹连、卡箍连接
		铜管	螺纹连、压力连接、焊接
生产或消防给水	金属管	镀锌钢管	螺纹连接、法兰连接
		非镀锌钢管	螺纹连接、法兰连接、焊接
		给水铸铁管	承插连接（水泥捻口、橡胶圈接口）

管道的预制加工就是按设计图样画出管道分支、变径、管径、预留管口、阀门位置等的施工草图，在实际安装的结构位置上做上标记，按标记分段量出实际安装的准确尺寸，记录在施工草图上，然后按草图测得的尺寸预制加工

（断管、套丝、上零件，调直、校对），并按管段分组编号。

通过详细地阅读施工图，了解给排水管与室外管道的连接情况、穿越建筑物的位置及做法，了解室内给排水管的安装位置及要求等，以便管道穿越基础、墙壁和楼板时，配合土建留洞和预埋件等，预留尺寸如设计无要求时应按表 3-34 的规定执行。在土建浇筑混凝土过程中，安装单位要有专人监护，以防预埋件移位或损坏。

表 3-34　　　　　　　　　　预留孔洞尺寸　　　　　　　　　　（单位：mm）

项次	管道名称		明管	暗管
			留孔尺寸（长×宽）	墙槽尺寸（宽度×深度）
1	采暖或给水立管	管径≤25	100×100	130×130
		管径 32～50	150×150	150×130
		管径 70～100	200×200	200×200
2	一根排水立管	管径≤50	150×150	200×130
		管径 70～100	200×200	250×200
3	二根采暖或给水立管	管径≤32	150×150	200×130
4	一根给水立管和一根排水立管在一起	管径≤50	200×150	200×130
		管径 70～100	250×200	250×200
5	二根给水立管和一根排水立管在一起	管径≤50	200×150	250×130
		管径 70～100	350×200	380×200
6	给水支管或散热器支管	管径≤25	100×100	65×60
		管径 32～40	150×130	150×100
7	排水管	管径≤80	250×200	—
		管径≤100	300×250	
8	采暖或排水主干管	管径≤80	300×250	—
		管径≤100～125	350×300	
9	给水引入管	管径≤100	300×200	—
10	排水排出管穿基础	管径≤80	300×300	—
		管径≤100～150	（管径＋300）×（管径＋200）	

注：1. 给水引入管，管顶上部净空一般不小于 100mm。
　　2. 排水排出管，管顶上部净空一般不小于 150mm。

在准备工作就绪，正式安装前，总体上还应具备以下几个条件：

（1）地下管道必须在房心土回填夯实或挖到管底标高时敷设，且沿管线敷设位置应清理干净。

（2）管道穿墙时已预留的管洞或安装好的套管，其洞口尺寸和套管规格符合要求，位置、标高应正确。

（3）安装管道应在地沟未盖盖或吊顶未封闭前进行安装，其型钢支架均应安装完毕并符合要求。

（4）明装干管必须在安装层的楼板完成后进行，将沿管线安装位置的模板及杂物清理干净，托、吊架均应安装牢固，位置正确。

（5）立管安装应在主体结构完成后进行，支管安装应在墙体砌筑完毕，墙壁未装修前进行。

2. 引入管安装

（1）给水引入管与排出管的水平净距不小于1.0m；室内给水管与排水管平行敷设时，管间最小水平净距为0.5m，交叉时垂直净距为0.15m。给水管应敷设在排水管的上方。当地下管较多，敷设有困难时，可在给水管上加钢套管，其长度不应小于排水管径的3倍，且其净距不得小于0.15m。

（2）引入管穿过承重墙或基础时，应配合土建预留孔洞。留洞尺寸见表3-35，给水管道穿基础做法如图3-77所示。

表3-35	给水引入管穿过基础预留孔洞尺寸规格		（单位：mm）
管径	50以下	50～100	125～150
留洞尺寸	200×200	300×300	400×400

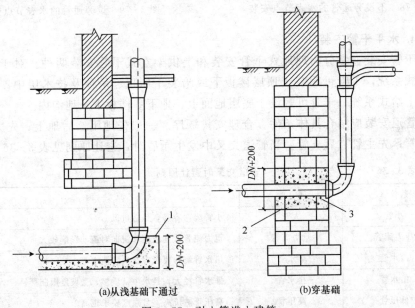

(a)从浅基础下通过　　　　(b)穿基础

图3-77 引入管进入建筑

1—混凝土支座；2—黏土；3—水泥砂浆封口

（3）引入管及其他管道穿越地下构筑物外墙时应采取防水措施，加设防水套管。

（4）引入管应有不小于 0.003 的坡度坡向室外给水管网，并在每条引入管上装设阀门，必要时还应装设泄水装置。

3. 水表节点安装

水表节点是安装在引入管的水表前后设置的阀门和泄水管的总称。

水表节点的形式，有不设旁通管和设旁通管两种，分别如图 3 - 78 和图 3 - 79 所示。水表用以计量该幢建筑物的用水量。安装水表时，在水表前后应有阀门及放水阀。阀门的作用是关闭管段，以便修理或拆换水表。放水阀主要用于检修室内管路时，将系统内的水放空与检验水表的灵敏度。设置管道过滤器的目的是保证水表正常工作及其量测精度。水表与管道的连接方式，有螺纹连接和法兰连接两种。

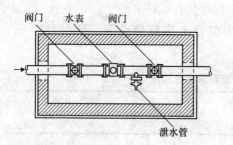

图 3 - 78　不设旁通管的水表节点安装

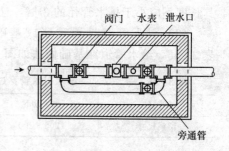

图 3 - 79　设旁通管的水表节点安装

4. 水平干管安装

干管安装通常分为埋地式干管安装和上供架空式干管安装两种。对于上行下给式系统，干管可明装于顶层楼板下或暗装于屋顶、吊顶及技术层中；对于下行上给式系统，干管可敷设于底层地面上、地下室楼板下及地沟内。

管道安装应结合具体条件，合理安排顺序。一般先地下、后地上；先大管、后小管；先主管、后支管。当管道交叉中发生矛盾时，避让原则见表 3 - 36。

表 3 - 36　　　　　　　　　　　管道交叉时避让原则

避让管	不让管	原　　因
小管	大管	小管绕弯容易，且造价低
压力流管	重力流管	重力流管改变坡度和流向对流动影响较大
冷水管	热水管	热水管绕弯要考虑排气、泄水等
给水管	排水管	排水管径大，且水中杂质多，受坡度限制严格
低压管	高压管	高压造价高，且强度要求也高

避让管	不让管	原　因
气体管	水管	水流动的动力消耗大
阀件少的管	阀件多的管	考虑安装操作与维护等多种因素
金属管	非金属管	金属管易弯曲、切割和连接
一般管道	通风管	通风管体积大、绕弯困难

水平干管应敷设在支架上，安装时先装支架，然后安装干管。

（1）支架安装。给水管道支架形式有钩钉、管卡、吊架、托架，管径不大于 32mm 的管子多用管卡或钩钉，管径大于 32mm 的管子采用吊架或托架。支架安装首先根据干管的标高、位置、坡度、管径，确定支架的形式、安装位置及数量，按尺寸打洞埋好支架。安装支架的孔洞不宜过大，且深度不宜小于120mm。也可以采用膨胀螺栓或射钉枪固定支架。

支架安装应牢固可靠，成排支架的安装应保证其支架台面处在同一直线上，且垂直于墙面。

1）管道支架的放线定位。首先根据设计要求定出固定支架和补偿器的位置；根据管道设计标高，把同一水平面直管段的两端支架位置画在墙上或柱上。根据两点间的距离和坡度大小，算出两点间的高度差，标在末端支架位置上；在两高差点拉一根直线，按照支架的间距在墙上或柱上标出每个支架位置。如果土建施工时，在墙上以预留有支架孔洞或在钢筋混凝土构件上预埋了焊接支架的钢板，应采用上述方法进行拉线校正，然后标出支架实际安装位置。

2）支吊架安装的一般要求。支架横梁应牢固地固定在墙、柱或其他结构物上，横梁长度方向应水平。顶面应与管中心线平行；固定支架必须严格地安装在设计规定位置，并使管子牢固地固定在支架上。在无补偿器，有位移的直管段上，不得安装一个以上的固定支架；活动支架不应妨碍管道由于热膨胀所引起的移动，其安装位置应从支承面中心向位移反向偏移，偏移值应为位移之半；无热位移的管道吊架的吊杆应垂直安装，吊杆的长度应能调节；有热位移的管道吊杆应斜向位移相反的方向，按位移值之半倾斜安装。补偿器两侧应安装 1～2 个多向支架，使管道在支架上伸缩时不至偏移中心线。管道支架上管道离墙、柱及管子与管子中间的距离应按设计图样要求敷设。铸铁管道上的阀门应使用专用支架，不得让管道承重。在墙上预留孔洞埋设支架时，埋设前应检查校正孔洞标高位置是否正确，深度是否符合设计和有关标准图的规定要求，无误后，清除孔洞内的杂物及灰尘，并用水将洞周围浇湿，将支架埋入填实，用 1:3 水泥砂浆填充饱满。在钢筋混凝土构件预埋钢板上焊接支架时，先校正支架焊接的标高位置，消除预埋钢板上的杂物，校正后施焊。焊缝必须满焊，焊缝高度不得少于焊接件最小厚度。

（2）干管安装。待支架安装完毕后，即可进行干管安装。

给水干管安装前应先画出各给水立管的安装位置十字线。其做法是，先在主干管中心线上定出各分支干管的位置，标出主干管的中心线，然后将各管段长度测量记录并在地面进行预制和预组装，预制的同一方向的干管管头应保证在同一直线上，且管道的变径应在分出支管之后进行，组装好的管子，应在地面上进行检查，若有歪斜扭曲，则应进行调直。上管时，应将管道滚落在支架上，随即用预先准备好的U形管卡将管子固定，防止管道滚落。采用螺纹连接的管子，则吊上后即可上紧。

给水干管的安装坡度不宜小于0.003，以有利于管道冲洗及放空。给水干管的中部应设固定支架，以保证管道系统的整体稳定性。

干管安装后，还应进行最后的校正调直，保证整根管子水平和垂直面都在同一直线上并最后固定。并用水平尺在管段上复核，防止局部管段出现"塌腰"或"拱起"的现象。

当给水管道穿越建筑物的沉降缝时，有可能在墙体沉陷时折剪管道而发生漏水或断裂等，此时给水管道需做防剪切破坏处理。

原则上管道应尽量避免通过沉降缝，当必须通过时，有以下几种处理方法。

1）丝扣弯头法。在管道穿越沉降缝时，利用丝扣弯头把管道做成门形管，利用丝扣弯头的可移动性缓解墙体沉降不均的剪切力。这样，在建筑物沉降过程中，两边的沉降差就可用由丝扣弯头的旋转来补偿。这种方法用于小管径的管道，如图3-80所示。

2）橡胶软管法。用橡胶软管连接沉降缝两端的管道，这种做法只适用于冷水管道（$t \leqslant 20℃$），如图3-81所示。

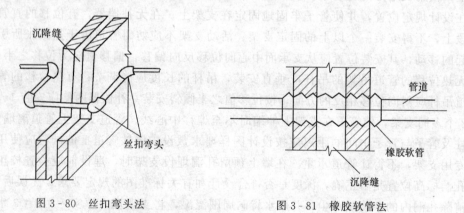

图3-80　丝扣弯头法　　　　　图3-81　橡胶软管法

3）活动支架法。把沉降缝两侧的支架做成使管道能垂直位移而不能水平横向位移，如图 3-82 所示。

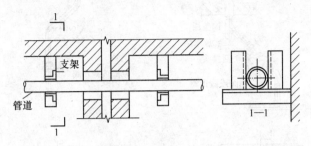

图 3-82　活动支架法

5. 立管安装

干管安装后即可安装立管。给水立管可分为明装和暗装于管道竖井或墙槽内的安装。

（1）根据工程现场实际情况，重新布置、合理安排管井内各种管道的排列，按图样要求检查确认各层预留孔洞、预埋套管的坐标、标高。确定管井内各类管道的安装顺序。

（2）按照确定的顺序，从干管甩口处开始向立管末端顺序安装。各种管材的连接应符合相应的管材连接的要求，连接牢固、甩口准确、到位、朝向正确、角度合适。

（3）立管明装：每层每趟立管从上至下统一吊线安装卡件，高度一致；竖井内立管安装时其卡件宜设置型钢卡架，将预制好的立管按编号分层排开，顺序安装，对好调直时的印记。校核预留甩口的高度、方向是否正确。支管甩口均加好临时丝堵。立管阀门安装朝向应便于操作和修理。安装完后用线坠吊直找正，配合土建堵好楼板洞。

（4）立管暗装。安装在墙内的立管应在结构施工中预留管槽。立管安装后吊直找正，校核预留甩口的高度、方向是否正确。确认无误后进行防腐处理并用卡件固定牢固。支管的甩口应明露并加好临时丝堵。管道安装完毕应及时进行水压试验，试压合格后进行隐蔽工程检查，通过隐蔽工程验收后应配合土建填堵管槽。

（5）热水立管除应满足上述要求外，一般情况下立管与干管连接应采用两个弯头，如图 3-83 所示。

（6）给水立管上应安装可拆卸的连接件。

（7）如设计要求立管采取热补偿措施，其安装方法同干管。

（8）管道安装完成后，按照施工图对安装好的管道坐标、标高、坡度及预留管口尺寸进行自检，确认准确无误后调整所有支吊架固定管道，并进行水压

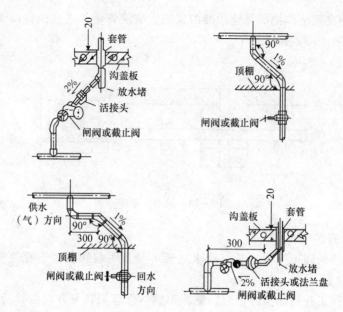

图 3 - 83 　热水立管与干管连接

试验。

（9）试验合格后对镀锌钢管或钢塑复合管外露螺纹和镀锌层破损处刷好防锈漆。对保温或在吊顶内等需隐蔽的管道进行隐检，并填写隐蔽工程验收记录，办理隐蔽工程验收手续。

6. 横支管安装

立管安装后，就可以安装支管，方法也是先在墙面上弹出位置线，但是必须在所接的设备安装定位后才可以连接，安装方法与立管相同。

安装支管前，先按立管上预留的管口在墙面上画出（或弹出）水平支管安装位置的横线，并在横线上按图样要求画出各分支线或给水配件的位置中心线，再根据横线中心线测出各支管的实际尺寸进行编号记录，根据记录尺寸进行预制和组装（组装长度以方便上管为宜），检查调直后进行安装。

横支管管架的间距依要求而设，支管支架宜采用管卡做支架。

支架安装时，宜有 2‰～5‰的坡度，坡向立管或配水点。

7. 填堵孔洞

（1）管道安装完毕后，必须及时用不低于结构强度等级的混凝土或水泥砂浆把孔洞堵严、抹平，为了不致因堵洞而将管道移位，造成立管不垂直，应派专人配合土建堵孔洞。

（2）堵楼板孔洞宜用定型模具或用木板支搭牢固后，往洞内浇点水，再用 C20 以上的细石混凝土或 M50 水泥砂浆填平捣实，不许向洞内填塞砖头等杂物。

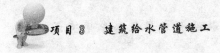

8. 给水管道试压与管道冲洗

（1）管道试压。

1）管道试压一般分单项试压和系统试压两种。单项试压是在干管敷设完毕或隐蔽部位的管道安装完毕后按设计和规范要求进行水压试验。系统试压是在全部干、立、支管安装完毕，按设计或施工规范要求进行水压试验。

2）连接试压泵一般设在首层或室外管道入口处。

3）试压前应将预留口堵严，关闭入口总阀门和所有泄水阀门及低处放风阀门，打开各分路及主管阀门和系统最高处的放风阀门。

4）试压泵、阀门、压力表、进水管等按图 3-84 所示接在管路上，打开水源阀门 1、2 及 3，向管中充水，同时，在管网的最高点排气，待排气阀中出水时关闭排气阀和进水阀 3，打开阀门 4，启动手动泵或电动试压泵加压。

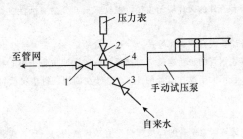

图 3-84 室内给水管试压装置图

5）检查全部系统，如有漏水处应做好标记，并进行修理，修好后再充满水进行加压，而后复查，如管道不渗漏，并持续到规定时间，压力降在允许范围内，应通知有关单位验收并办理验收记录。

6）拆除试压水泵和水源，把管道系统内水泄净。

7）冬期施工期间竣工而又不能及时供暖的工程进行系统试压时，必须采取可靠措施把水泄净，以防冻坏管道和设备。

（2）管道系统冲洗。

1）管道系统的冲洗应在管道试压合格后，调试、运行前进行。

2）管道冲洗进水口及排水口应选择适当位置，以保证将管道系统内的杂物冲洗干净为宜。排水管截面积不应小于被冲洗管道截面的 60%，排水管应接至排水井或排水沟内。

3）冲洗时，应采用设计提供的最大流量或不小于 1.0m/s 的流速连续进行，直至出水口处浊度、色度与入水口处冲洗水浊度、色度相同为止。冲洗时应保证排水管路畅通安全。

9. 质量验收标准

质量验收标准见表 3-37。

表 3 - 37　　　　　　　　　　　　　质量验收标准

项　目	内　　　容
保证项目	（1）隐蔽管道和给水系统的水压试验结果必须符合设计要求和施工规范规定。 检验方法：检查系统或分区（段）试验记录。 （2）管道及管道支座（墩）严禁敷设在冻土和未经处理的松土上。 检查方法：观察或检查隐蔽工程记录。 （3）给水系统竣工后或交付使用前，必须进行吹洗。 检查方法：检查吹洗记录
基本项目	（1）管道坡度的正负偏差符合设计要求。 检验方法：用水准仪（水平尺）拉线和尺量检查或检查隐蔽工程记录。 （2）碳素钢管的螺纹加工精度符合国际上管螺纹规定，螺纹清洁规整，无断丝或缺丝，连接牢固，管螺纹根部有外露螺纹，镀锌碳素钢管无焊接口，螺纹无断丝。镀锌碳素钢管和管件的镀锌层无破损，螺纹露出部分耐腐蚀性良好，接口处无外露油麻等缺陷。 检验方法：观察或解体检查。 （3）碳素钢管的法兰连接应对接平行、紧密，与管子中心线垂直。螺杆露出螺母长度一致，且不大于撑杆直径的 1/2，螺母在同侧，衬垫材质符合设计要求和施工规范规定。 检查方法：观察检查。 （4）非镀锌碳素钢管的焊接焊口平直，焊波均匀一致，焊缝表面无结瘤、夹渣和气孔。焊缝加强面符合施工规范规定。 检查方法：观察或用焊接检测尺检查。 （5）金属管道的承插和套箍接口结构及所有填料符合设计要求和施工规范规定，灰口密实饱满，胶圈接口平直无扭曲，对口间隙准确，环缝间隙均匀，灰口平整、光滑，养护良好，胶圈接口回弹间隙符合施工规范规定。 检查方法：观察和尺量检查。 （6）管道支（吊、托）架及管座（墩）的安装应构造正确，埋设平正牢固，排列整齐。支架与管道接触紧密。 检验方法：观察或用手扳检查。 （7）阀门安装：型号、规格、耐压和严密性试验符合设计要求和施工规范规定。位置、进出口方向正确，连接牢固、紧密，启闭灵活，朝向合理，表面洁净。 检查方法：手扳检查和检查出厂合格证、试验单。 （8）埋地管道的防腐层材质和结构符合设计要求和施工规范规定，卷材与管道及各层卷材间粘贴牢固，表面平整，无褶皱、空鼓、滑移和封口不严等缺陷。 检查方法：观察或切开防腐层检查。 （9）管道、箱类和金属支架的油漆种类和涂刷遍数符合设计要求，附着良好，无脱皮、起泡和漏涂，漆膜厚度均匀，色泽一致，无流淌及污染现象。 检验方法：观察检查
允许偏差项目	水平管道的纵、横方向的弯曲，立管垂直度，平行管道和成排阀门的安装应符合规定

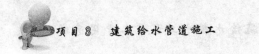

◆◆ *3.4.2　普通给水铸铁管安装*

1. 安装前的检查、检验

（1）铸铁管及管件应有制造厂的名称和商标、制造日期及工作压力等标记，管材、管件应符合国家现行的有关标准，并具有出厂合格证。

（2）铸铁管及管件应进行外观检查，每批抽 10％检查其表面状况、涂漆质量及尺寸偏差。

（3）铸铁管及管件内外表面应整洁，不得有裂纹，管子及管件不得凹凸不平。

（4）采用橡胶圈柔性接口的铸铁管，承口的内工作面和插口外工作面应光滑、轮廓清晰，不得有影响接口密封性的缺陷；承口根部不得有凹陷，其他部分的凹陷不得大于 5mm；机械加工部位的轻微孔穴不大于 1/3 壁厚，且不大于 5mm；间断凹陷、重皮及疤痕的深度不大于壁厚的 10％，且不大于 2mm。

（5）铸铁管及管件的尺寸公差应符合现行国家产品标准的规定。

（6）铸铁管及管件下管前，应清除承口内部的油污、飞刺、铸砂及凹凸不平的铸瘤；柔性接口铸铁管及管件承口的内工作面、插口的外工作面应修整光滑，不得有沟槽、凸脊缺陷，有裂纹的管子及管件不得使用。

（7）阀门安装前应检查阀门制造厂家的合格证、产品说明书及装箱单；核对阀门的规格、型号、材质是否与设计相符。

（8）阀门在安装前应进行外观检查，阀体、零件应无裂缝、重皮、砂眼、锈蚀及凹陷等缺陷；检查阀杆有无歪斜，转动是否灵活，有无卡涩现象。

（9）阀门安装前，应做强度和严密性试验，试验应在每批（同型号、同规格、同牌号）中抽查 10％，且不少于 1 个。若有不合格，再抽查 20％，如仍有不合格，则需逐个检查、试验。阀门的强度试验压力为公称压力的 1.5 倍，试验的持续时间不少于 5min，以壳体不变形、破裂、填料无渗漏为合格。严密性试验压力为公称压力的 1.1 倍，试验的持续时间不少于 3min，试验时间内壳体、填料、阀瓣及密封面无渗漏为合格。

（10）检验合格的阀门暂不安装时，应保存在干燥的库房内；阀门堆放应整齐，不得露天存放。

（11）试验不合格的阀门，须作解体检查，解体检查合格后，应重新进行试验。解体检查的阀门，质量应符合下列要求。

1）阀座与阀体结合应牢固。

2）阀芯（瓣）与阀座、阀盖与阀体应结合良好，无缺陷。

3）阀杆与阀芯（瓣）的连接应灵活、可靠。

4）阀杆无弯曲、锈蚀，阀杆与填料压盖配合适度。

5）垫片、填料、螺栓等齐全，无缺陷。

2. 室外给水管道埋设的技术要求

（1）非冰冻区的金属管道管顶埋设深度一般不小于 0.7m，非金属管道管顶的埋设深度一般不宜小于 1m。

（2）冰冻地区的管顶埋设深度除决定于上述因素外，还应考虑土的冻结深度，在无保温措施时，给水管道管顶埋设深度一般不小于土冰冻深度的 0.2m。

（3）沟槽开挖宜分段快速施工，敞沟时间不宜过长，管道安装完毕应及时试验，合格后应立即回填。

（4）给排水管道与建筑物、构筑物、铁路和其他管道的水平净距，应根据建筑物基础的结构、路面种类、卫生安全、管道埋深、管径、管材、施工条件、管内工作压力、管道上附属构筑物的大小及有关规定等条件确定，一般不得小于表 3-38 的规定。

表 3-38　　　　给水排水管道与其他管线（构筑物）的最小距离　　　　（单位：mm）

管线（构筑物）名称	与给水管道的水平净距	与给水管道的水平净距	排水管道的垂直净距（排水管在下）
铁路远期路堤坡脚	5	—	
铁路远期路纸坡脚	5	—	
低压燃气管	0.5	1.0	0.15
中压燃气管	0.5	1.2	0.15
次高压燃气管	1.5	1.5	0.15
高压燃气管	2.0	2.0	0.15
热力管沟	1.5	1.5	0.15
街树中心	1.5	1.5	—
通信及照明杆	1.0	1.5	1.5
高压电杆支座	3.0	3.0	—
电力电缆	1.0	1.0	0.5
通信电缆	0.5	1.0	直埋 0.5，穿管 0.15
工艺管道	—	1.5	0.25
排水管	1.0	1.5	0.15
给水管	0.5	1.0	0.15

3. 沟槽开挖

（1）沟槽形式。沟槽按其断面的形式不同可分为直槽、梯形槽、混合槽和联合槽等 4 种，如图 3-85 所示。

梯形槽边坡尺寸按设计要求确定，如设计无要求时，对于质地良好、土质

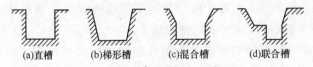

(a)直槽 (b)梯形槽 (c)混合槽 (d)联合槽

图 3-85 铸铁管安装沟槽的断面形式

均匀、地下水位低于槽底、沟槽深度在 5m 以内、不加支撑的陡边坡应符合表 3-39 和表 3-40 的规定。

表 3-39   **沟槽底部每侧工作面宽度** （单位：mm）

管道结构的外缘宽度 D_1	管道一侧的工作面宽度 b_1	
	非金属管道	金属管道
$D_1 \leqslant 500$	400	300
$500 \leqslant D_1 \leqslant 1000$	500	400
$1000 < D_1 \leqslant 1500$	600	600
$1500 < D_1 \leqslant 3000$	800	800

注：1. 槽底需设排水沟时，工作面宽度 b_1 应适当增加。

2. 管道有现场施工的外防水层时，每侧的工作面宽度宜取 800mm。

表 3-40   **深度在 5m 以内的沟槽边坡的最陡坡度**

土的类别	边坡坡度（高：宽）		
	坡顶无荷载	坡顶有荷载	坡顶有动载
中密度的砂土	1：1.00	1：1.25	1：1.50
中密度的碎石类土（充填物为砂土）	1：0.75	1：1.00	1：1.25
硬塑的轻压黏土	1：0.67	1：0.75	1：1.0
中密的碎石类土	1：0.50	1：0.67	1：0.75
硬塑的粉质黏土、黏土	1：0.33	1：0.50	1：0.67
老黄土	1：0.10	1：0.25	1：0.33
软土（轻型并点降水后）	1：1.00	—	—

注：在软土沟槽坡顶不宜设置静载或动载；需要设置时，应对土地承载力和边坡的稳定性进行验算。

（2）沟槽开挖。沟槽开挖是室外管道工程施工的重要环节，应该合理地组织沟槽开挖。对于埋设较深、距离较长、直径较大的管道，由于土方量大，管道穿越地段的水文地质和工程地质变化较大，在施工前应采取挖探和钻探的方法查明与施工相关的地下情况，以便采取相应的措施。沟槽开挖的方法有人工开挖和机械开挖两种。应根据沟槽的断面形式、地下管线的复杂程度、土质坚硬程度、工作量的大小、施工场地的实际状况及机械配备、劳动力等条件确定。

1）机械开挖。机械开挖应注意以下事项。

①开挖前应做详细的调查，搞清楚地下管线的种类和分布状况，严禁不作调查、盲目分析便开展大规模的机械化施工。

②机械开挖应严格控制标高，为防止超挖或扰动槽底面，槽底应留 0.2～0.3m 厚的土层暂时不挖，待管道铺设前用人工清理至槽底标高，并同时修整槽底。

③沟槽开挖需要井点降水时，应提前打设井点降水，将地下水位稳定至槽底以下 0.5m 时方可开挖，以免产生挖土速度过快，因土层含水量过大支撑困难，贻误支护时机导致塌方。

④沟槽开挖需要支撑时，挖土应与支撑相配合，机械挖土后应及时支撑，以免槽壁失稳，导致坍塌。当采用挖掘机挖土时，挖掘机不得进入未设支撑的区域。

⑤对地下管线和各种构筑物应尽可能临时迁移，如不可能，应采用人工挖掘的方法使其外露，并采取吊托等加固措施，同时对挖掘机司机作详细的技术交底。

2）人工开挖。在工作量不大、地面狭窄、地下有障碍物或无机械施工条件的情况下，应采用人工开挖。人工开挖要集中人力尽快挖成，以转入下一道工序施工。人工开挖应注意以下事项。

①沟槽应分段开挖，并应合理确定开挖顺序和分层开挖深度。若沟槽有坡度，应由低向高处进行，当接近地下水时，应先开挖最低处土方，以便在最低处排水。

②开挖人员疏密布置要合理，一般以间隔 5m 为宜，在开挖过程中和敞沟期间应保持沟壁完整，防止坍塌，必要时应支撑保护。

③开挖的沟槽如不能立即铺管，应在沟底留 0.15～0.2m 的一层暂不挖除，待铺管时再挖至设计标高。

④沟槽底不得超挖，如有局部超挖，应用相同的土予以填补，并夯实至接近天然密实度，或用砂、砂砾石填补。槽底遇有不易清除的大块石头，应将其凿至槽底以下 0.15m 处，再用砂土填补夯实。

⑤开挖沟槽遇有管道、电缆或其他构筑物时，应严加保护，并及时与有关单位联系，会同处理。

（3）沟槽支撑。沟槽支撑是防止沟槽坍塌的一种临时性挡土结构。一般情况下，沟槽土质较差、深度较大而又挖成直槽时，或高地下水位、砂性土质并采用表面排水措施时，均应支设支撑。支设支撑的直壁沟槽，可以减少土方量，缩小施工面积，减少拆迁。在有地下水时，支设板桩支撑，由于板桩下端深入槽底，延长了地下水的渗水途径，起到了一定的阻水作用。但支撑增加材料消耗，也给后续作业带来不便。因此，是否设支撑，应根据土质、地下水情况、槽深、槽宽、开挖方法、排水方法和地面荷载等情况综合确定。

1）沟槽支撑的形式。沟槽支撑一般由木材或钢材制作。支撑形式有横撑、竖撑和板桩撑等。

2）支撑的适用范围。

①横撑。横撑用于土质较好，地下水量较小的沟槽。当在砂质土壤，挖深在0.5～2.5m时，采用如图3-86所示形式，而沟槽挖深在2.5～5.0m，并有少量地下水时，可采用如图3-87所示形式；如开挖段土质较硬时，可采用如图3-88所示形式。

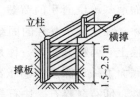

图3-86　直连续式水平支撑

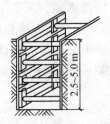

图3-87　连续式水平支撑

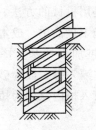

图3-88　断续式水平支承

②竖撑。在土质较差，地下水较多或散沙中开挖时，采用如图3-89所示形式。竖撑的是撑板可在开槽过程中先于挖土插入土中，在回填以后再拔出，因此，支撑和拆撑都较安全。

③板桩撑。在沟槽开挖之前用打桩机打入土中，并且深入槽底有一定长度，故在沟槽开挖及其以后的施工中，不但能起到保证安全的作用，还可延长地下水的渗水路径，有效防止流沙渗入，如图3-90所示。

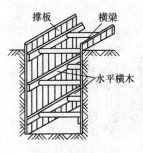

图3-89　竖撑

图3-90　板桩撑

（4）沟基处理。土体天然状态下承受荷载能力的大小与土体的天然组分有关。因此，管道地基是否需要处理取决于地基土的强度。若地基土的强度满足不了工程需要时，则应加固。地基土的加固方法较多，管道地基的常用加固方法有换土、压实、挤密和排水三种方式。

1）换土和压实。换土是管道工程加固基础常采用的一种方法。换土垫层作为地基的持力层，可提高地基承载力，并通过垫层的应力扩散作用，减少对垫层下面地基单位面积的荷载。采用透水性大的材料作垫层时，有助于土中水分的排除，加速含水黏性的固结。

换土有两种方式，一种是挖除换填，另一种是强挤出换填。挖除换填是将基础底面下一定深度的弱承载土挖去，换为低压缩性的散体材料，如素土、灰土、砂、卵石、碎石、块石等。强制挤出换填是不挖出软弱土层，而借换填土的自重下沉将弱土挤出。这种方法施工方便，但难以保证换填断面的形状正确，从而可能导致上部结构失稳。

压实就是用机械的方法，使土孔隙率减小，密度提高。压实加固是各种土加固方法中施工最简单、成本最低的方法，管道基础的压实方法是夯实法。

2）挤密桩加固地基。挤密桩加固地基是在承压土层内，打设很多桩或桩孔，在桩孔内灌入砂，成为砂桩，以挤密土层，减小孔隙体积，增加土体强度，或者将圆木打入槽内，成为短木桩加固地基。

①砂桩。

a. 适用条件。当沟槽开挖遇到粉砂、细砂、亚砂土及薄层砂质黏土，下卧透水层数时，由于排水不利发生扰动，深度在 0.8～2.0m 时，可采用砂桩法挤密排水来提高承载力。

b. 施工工艺。砂桩法是先用钢管打入土中，然后将砂子（中砂、粗砂，含泥量不超过 5%）灌入钢管内，并进行捣实，随灌砂随拔出钢管，混凝土桩靴打入土中后自由脱落。砂桩法施工如图 3-91 所示。砂桩施工所用设备主要有落锤、振动式打桩机和拔桩机。在软土地区使用振动式打桩应注意避免过分扰动软土。

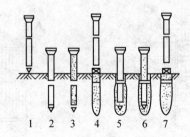

图 3-91　砂桩法施工
1—桩架就位，桩尖插在桩位上；2—达到设计标高；3、6—灌注黄砂；
4—拔起桩管（活瓣桩尖张开），黄砂留在桩孔内；5—将桩管
打到设计标高；7—拔起桩管完成扩大砂桩

②短木桩法加固地基。这种方法是用木桩将扰动的土挤密，使其承载能力增加，同时，也可将荷载通过木桩传递给深层地基中，如图 3-92 所示。这种方法处理效果好，但应用木材较多。适用于一般槽底软土深 0.8~2m 的地基。

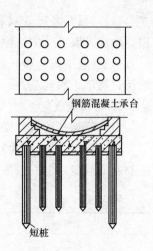

钢筋混凝土承台

短桩

图 3-92　短木桩基础

4. 下管

下管应在沟槽和管道基础验收合格后进行。为了防止将不合格或已经损坏的管材及管件下入沟槽，下管前应对管材进行检查与修补。经检验、修补后，在下管前应先在槽上排列成行，经核对管节、管件无误方可下管。

下管的方法有人工下管和机械下管，采用何种下管方法要根据管材种类、管节的质量和长度、现场条件及机械设备等情况来确定。

（1）人工下管。人工下管多用于施工现场狭窄、不便于机械操作或质量不大的中小规格的管道，以方便施工、操作安全为原则。可根据工人操作的熟练程度、管节长度与重量、施工条件及沟槽深浅等情况，考虑采用何种下管方法。

（2）机械下管。机械下管一般是用汽车或履带式起重机进行下管，机械下管有分段下管和长管段下管两种方式。分段下管是起重机械将管子分别起吊后下入沟槽内，这种方式适用于大直径的铸铁管和钢筋混凝土管。长管段下管是将钢管节焊接连接成长串管段，用 2~3 台起重机联合起重下管。由于长管段下管需要多台起重机共同工作，操作要求高，故每段管道一般不宜多于 3 台起重机联合下管。

机械下管应注意以下事项。

1）机械下管时，起重机沿沟槽开行距沟边的距离应大于 1m，以避免沟壁坍塌。

2）起重机不得在架空输电线路下作业，在架空线路附近作业时，其安全距离应符合当地电力管理部门的规定。

3）机械下管应由专人指挥。指挥人员必须熟悉机械吊装的有关安全操作规程和指挥信号，驾驶员必须听从信号进行操作。

4）捆绑管道应找好重心，捆绑阀门时，绳索应绑在阀体上，严禁绑在手轮、阀杆上，不得将绳索穿引在法兰螺栓孔上。

5）起吊管道、管件、阀门时，要平吊轻放，运转平稳，不得忽快忽慢，不得突然制动。

6）起吊作业过程中，任何人不得停留在作业区和从作业区穿过。

7）起吊及搬运管材、配件时，对于法兰盘面、管材的承插口、管道防腐层，均应采取妥善的防护措施，以防损坏。

8）管道下入沟槽时，不得与槽壁支撑及槽下的管道相互碰撞；沟槽内运管时不得扰动天然地基。

5. 对口连接

（1）承插式铸铁管安装对口要求。

1）承插口对口最大间隙。铸铁管承插口对口纵向间隙应根据管径、管口填充材料等确定，但一般不得小于 3mm，最大间隙应符合表 3 - 41 的要求。

表 3 - 41　　　　　　　　　铸铁管对口纵向最大间隙　　　　　　（单位：mm）

管径	沿直线铺设时	沿曲线铺设时
75	4	5
100～250	5	7
300～500	6	10
600～700	7	12
800～900	8	15
1000～1200	9	17

2）承插口环向间隙。沿直线铺设的承插铸铁管的环向间隙应均匀，环向间隙及其允许偏差见表 3 - 42。

表 3 - 42　　　　　　　　铸铁管环向间隙及其允许偏差　　　　　　（单位：mm）

管径	环向间隙	允许偏差
75～200	10	$^{+3}_{-2}$
250～150	11	$^{+4}_{-2}$
500～900	12	$^{+4}_{-2}$
1000～12 000	13	$^{+4}_{-2}$

3）允许转角。在管道施工中，由于现场条件的限制，管道微量偏转和弧形安装是经常遇到的问题。承插接口相邻管道微量偏转的角度称为借转角。借转角的大小主要关系到接口的严密性，承插式刚性接口和柔性接口借转角的控制原则有所不同。刚性接口，一方面要求承插口最小缝隙和标准缝宽的减小数相比不大于 5mm，否则填料难以操作；另一方面借转时填料及嵌缝总深度不宜小于承口总深度的 5/6，以保证其捻口质量。柔性接口借转时，一方面插口凸台处间隙不小于 11mm，另一方面在借转时，胶圈的压缩比不小于原值的 95%，否则接口的柔性将受到影响，甚至胶圈容易被冲脱。管道沿曲线安装时，接口的

允许转角应符合表3-43的规定。

表3-43 管道沿曲线安装时接口的允许转角

接口种类	管径/mm	允许转角/(°)
刚性接口	75～450	2
	500～1200	1
滑入式 T 形、梯唇形橡胶圈接口及柔性机械式接口	75～600	3
	700～800	2
	≥900	1

（2）稳管。稳管是将管道按设计高程和位置，稳定在地基或基础上。对距离较长的重力流管道工程一般由下游向上游进行施工，以便使已安装的管道先期投入使用，同时也有利于地下水的排除。

1）高程控制。高程控制是沿管道线每10～15m埋设一坡度板（坡度板又称龙门板、高程样板），板上有中心钉和高程钉，如图3-93所示，利用坡度板上的高程钉进行高程控制。稳管时用一木制样尺（或称高程尺）垂直放入管内底中心处，根据下反数和坡度线控制高程。样尺高度一般取整数，以50cm一档为宜，使样尺高度固定。

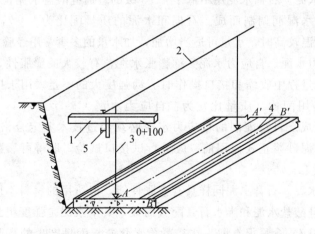

图3-93 承插行式铸铁管安装坡度板

1—坡度板；2—中心线；3—中心垂线；4—管基础；5—高程钉

坡度板应设置在稳定地点，每一管段两头的检查井处和中间部位放测的三块坡度板应能通视。坡度板必须经复核后方可使用，在挖至底层土、做基础、稳管等施工过程中应经常复核，发现偏差及时纠正，放样复核的原始记录必须妥善保存，以备查验。

2）轴线位置控制。管轴线位置的控制是指所敷设的管线符合设计规定的坐标位置。

6. 承插铸铁管接口

承插铸铁管接口由嵌缝材料和密封填料两部分组成，如图3-94所示。

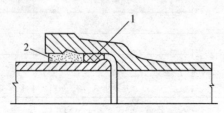

图3-94　承插铸铁管刚性接口

1—嵌缝材料；2—密封材料

（1）嵌缝。嵌缝的主要作用是使承插口缝隙均匀和防止密封填料掉入管内，保证密封填料击打密实。嵌缝材料有油麻、橡胶圈、粗麻绳和石棉绳等，给水铸铁管常用的嵌缝材料有油麻和橡胶圈。

（2）密封填料。密封填料的作用是养护嵌缝材料和密封接口。常用的密封填料有石棉水泥、自应力水泥、石膏水泥和青铅。

1）石棉水泥。石棉水泥用不低于42.5级的普通硅酸盐水泥，软4级或软5级石棉绒并加水湿润调制而成。石棉和水泥的质量配比为3：7，水泥含水量10%左右，气温较高时，水量可适当增加，加水量的多少常用经验法判断。

2）自应力水泥。自应力水泥又称膨胀水泥，有较大的膨胀性，它能弥补石棉水泥在硬化过程中收缩和接口操作时劳动强度大的不足。用于接口的自应力水泥的砂浆是用配比（质量比）为：自应力水泥：砂：水＝1：1：（0.28～0.32）拌和而成。自行配制的自应力水泥必须经过技术鉴定合格，才能使用。成品自应力水泥砂浆正式使用前，应进行试接口试验，取得可靠数据后，方可进行规模化施工。

3）石膏水泥。石膏水泥同样具有膨胀性能，但所用的材料不同。石膏水泥是由42.5级硅酸盐水泥和半水石膏配置而成，其中水泥是强度组分。由于硅酸盐水泥中的 Al_2O_3 含量很有限，在初凝前水化硫铝酸钙产生的膨胀性能比不上自应力水泥。但半水石膏在初凝前若没有全部变成二水石膏，则在养护期间内仍要吸收水分转化为二水石膏，这时石膏本身具有微膨胀性能。

石膏水泥的一般配比（质量比）为42.5级硅酸盐水泥：半水石膏：石棉绒＝10：1：1，水灰比为0.35～0.45。

4）青铅。青铅密封填料接口，不需要养护，施工后即投入运行，发现渗漏也不必剔除，只需补打数道即可。但铅是有色金属，造价高、操作难度大，只

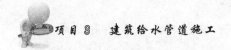

有在紧急抢修或振动大的场所使用。铅接口使用的铅纯度在99％以上。

5）快速填料。在刚性接口填料中添加氯化钙，填完之后短时即可通水。

7. 沟槽回填

沟槽回填应在管道隐蔽工程验收合格后进行。凡具备回填条件，均应及时回填，防止管道暴露时间过长造成不应有的损失。

（1）沟槽回填应具备的条件。

1）预制管节现场铺设的现浇混凝土基础强度、接口抹带或预制构件现场装配的接缝水泥砂浆强度不小于5MPa。

2）现场浇筑混凝土管道的强度达到设计规定。

3）混合结构的矩形管道或拱形管道，其砖石砌体水泥砂浆强度达到设计规定；当管道顶板为预制盖板时，应装好盖板。

4）现场浇筑或预制构件现场装配的钢筋混凝土拱形管道或其他拱形管道应采取相应措施，确保回填时不发生位移或损伤管道。

5）压力管道水压试验前，除接口外，管道两侧及管顶以上回填高度不应小于0.5m，水压试验合格后，及时回填剩余部分。

6）管径大于900mm的钢管道，必要时可采取措施控制管顶的竖向变形。

7）回填前必须将沟槽底的杂物（草包、模板及支撑设备等）清理干净。

8）回填时沟槽内不得有积水，严禁带水回填。

（2）沟槽回填土料的要求。

1）槽底至管顶以上0.5m的范围内，不得含有机物、冻土及大于50mm的砖石等硬块；在抹带接口处、防腐绝缘层或电缆周围，应采用细粒土回填。

2）采用砂、石灰土或其他非素土回填时，其质量要求按施工设计规定执行。

3）回填土的含水量，宜按土类和采用的压实工具控制在最佳含水量附近。

（3）回填施工。沟槽回填施工包括还土、摊平和夯实等施工过程。

还土时应按基底排水方向由高至低分层进行，同时管腔两侧应同时进行。沟槽底至管顶以上50cm的范围内均应采用人工还土，超过管顶500mm以上时可采用机械还土。还土时按分层铺设夯实的需求，每一层采用人工摊平。沟槽回填土的夯实通常采用人工夯实和机械夯实两种方法。

回填土压实的每层虚铺厚度，与采用的压实工具和要求有关，采用木夯、铁夯夯实时，每层的虚铺厚度不大于200mm，采用蛙式夯、火力夯夯实时，每层的虚铺厚度为200～250mm，采用压路机夯实时，虚铺厚度为200～300mm，采用振动压路机夯实时，虚铺厚度不应大于400mm。

回填压实应逐层进行。管道两侧和管顶以上500mm范围内的压实，应采用薄夯、轻夯夯实，管道两侧夯实面的高差不应超过300mm，管顶500mm以上回填时，应分层整平和夯实，若使用重型压实机械或较重车辆在回填土上行驶时，管道顶部应有厚度不小于 700mm 的压实回填土。

◈◈*3.4.3　球墨铸铁管安装*

1. 滑入式接口

球墨铸铁管安装滑入式接口（T形接口）形式如图 3-95 所示。

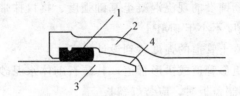

图 3-95　滑入式接口
1—胶圈；2—承口；3—插口；4—坡口（锥度）

（1）安装要点。

1）下管。按下管的技术要求将管道下到沟槽底，如管子有向上的标志，应按标志摆放管子。

2）清理管口。将插口内的所有杂物予以清除，并擦洗干净。

3）清理胶圈、上胶圈。将胶圈上的黏结物擦揩干净；手拿胶圈，把胶圈弯成心形或花形（大口径）装入口槽内，并用手沿整个胶圈按压一遍，确保胶圈各个部分不翘、不扭曲，均匀地卡在槽内，如图 3-96 所示。

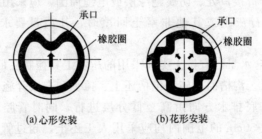

(a)心形安装　　　(b)花形安装

图 3-96　橡胶圈安装

4）安装机具设备。将准备好的机具设备安装到位，安装时注意不要将已清理的管子部位再次污染。

5）在插口外表面和胶圈上刷涂润滑剂。润滑剂宜用厂方提供的，也可用肥皂水，将润滑剂均匀地涂刷在承口内已安装好的胶圈内表面，在插口外表面刷润滑剂时应注意刷至插口端部的坡口处。

6）顶推管道使之插入承口。球墨铸铁管柔性接口的安装一般采用顶推和拉入的方法，可根据现场的施卫条件、管子规格、顶推力的大小及现场机具及设备的情况确定。

7）检查。检查插口插入承口的位置是否符合要求；用探尺伸入承插口间隙中检查胶圈位置是否正确。

（2）安装方法。

滑入式接口球墨铸铁管的安装方法有撬杠顶入法、千斤顶顶入法、捯链拉入法和牵引机拉入等方法。

1）撬杠顶入法。将撬杠插入已对口连接管承口端工作坑的土层中，在撬杠与承口端面间垫以木板，扳动撬杠使插口进入已连接管的承口，将管顶入。

2）千斤顶法。先在管沟两侧各挖一竖槽，每槽内埋一根方木作为后背，用钢丝绳、滑轮与符合管节模数的钢拉杆与千斤顶连接。启动千斤顶，将插口顶入承口。每顶进一根管子，加一根钢拉杆，一般安装 10 根管子移动一次方木。也可用特制的弧形卡具固定在已经安装好的管道上，将后背工字钢、千斤顶、顶铁（纵、横）、垫木等组成的一套顶推设备安装在一辆平板小车上，用钢拉杆把卡具和后背工字钢拉起来，使小车与卡具、拉杆形成一个自锁推拉系统。系统安装完好后，启动千斤顶，将插口顶入承口，如图 3 - 97 所示。

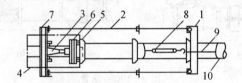

图 3 - 97　千斤顶小车拉杆顶入法

1—卡具；2—钢拉杆（活接头组合）；3—螺旋千斤顶；4—双轮平板小车；5—垫木（一组）；
6—顶铁（一组）；7—后背工字钢（焊有拉杆接点）；8—倒链（卧放手拉葫芦）；
9—钢丝绳套子（逮子绳）；10—已安好的管子的第一节

3）倒链拉入法。在已安装稳固的管道上拴上钢丝绳，在待拉入管道承口处，放好后背横梁。用钢丝绳和倒链连好绷紧对正，拉动倒链，即将插口拉入承口中，如图 3 - 98 所示。每接一根管道，将钢拉杆加长一节，安装数根管道后，移动一次拴管位置。

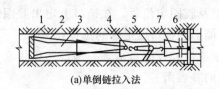
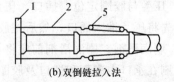

(a)单倒链拉入法　　　　　(b)双倒链拉入法

图 3 - 98　捯链拉入法

1—管道垫木；2—钢丝绳；3—管子；4—滑轮；5—捯链；6—后背方木；7—钢筋拉杆

4) 牵引机拉入法。在待连接管的承口处。横放一根后背方木，将方木、滑轮（或滑轮组）和钢丝绳连接好，启动牵引机械（如卷扬机、绞磨），将对好胶圈的插口拉入承口中，如图 3-99 所示。

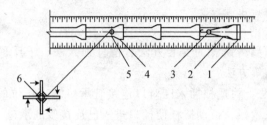

图 3-99 牵引机拉入法

1—横木；2—钢丝绳；3—滑轮；4—转向滑轮；5—转向滑轮固定钢丝绳；6—绞磨

安装一节管道后，当卸下安装工具时，接口有脱开的可能，故安装前应准备好配套工具，如用钢丝绳和捌链将安装好的管子锁住，如图 3-100 所示。锁管时应在插口端作出标记，锁管前后均应检查使之符合要求。

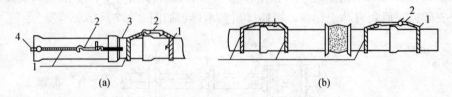

(a)   (b)

图 3-100 锁管

1—钢丝绳；2—倒链；3—环链；4—钩子

2. 机械式接口

机械式接口（K 形接口）球墨铸铁管安装又称压兰式球墨铸铁管安装，是柔性接口，是将铸铁管的承插口加以改造，使其适应一个特殊形状的橡胶圈作为挡水材料，外部不需其他任何填料，不需要复杂的安装机具，施工简单。

（1）安装方法及要求。

1）按下管要求将管子和配件放入沟槽，不得抛掷管道和配件及其他工具和材料。管道放入槽底时应将承口端的标志置于正上方。

2）压兰与胶圈定位。插口、压兰及胶圈定位后，在插口上定出胶圈的安装位置，先将压兰推入插口，然后把胶圈套在插口已定好的位置处。

3）刷润滑剂。刷润滑剂前应将承插口和胶圈再清理一遍，然后将润滑剂均匀地涂刷在承口内表面和插口及胶圈的外表面。

4）对口。将管子稍许吊起，使插口对正承口装入，调整好接口间隙后固定管身，卸去吊具。对口间隙见表 3-44。

表 3-44　　　　　机械式球墨铸铁管安装允许对口间隙　　　　（单位：mm）

公称直径	A 型	K 型	公称直径	A 型	K 型	公称直径	A 型	K 型
75	19	20	500	32	32	1500	—	36
100	19	20	600	32	32	1600	—	43
150	19	20	700	32	32	1650	—	45
200	19	20	800	32	32	1800	—	48
250	19	20	900	32	32	2000	—	53
300	19	32	1000	36	36	2100	—	55
350	32	32	1100	—	36	2200	—	58
400	32	32	1200	—	36	2400	—	63
450	32	32	1350	—	36	2600	—	71

5）临时紧固。将密封胶圈推入承插口的间隙，调整压兰的螺栓孔使其与承口上的螺栓孔对正，先用 4 个互相垂直方位的螺栓临时紧固。

6）紧固螺栓。将全部的螺栓穿入螺栓孔，并安上螺母，然后按上下左右交替紧固的顺序，对称均匀地分数次上紧螺栓。

7）检查。螺栓上紧后，用力矩扳手检验每个螺栓的扭矩。螺栓转矩标准值见表 3-45。

表 3-45　　　　　　　　　螺栓转矩标准值

螺母尺寸/mm	螺栓规格	转矩值/(N·m)
24	M16	98
30	M20	176
36	M24	314
46	M30	588

（2）曲线安装。机械式球墨铸铁管沿曲线安装时，接口的转角不能过大，接口的转角一般是根据管道的长度和允许的转角计算管端偏移的距离进行控制。机械式球墨铸铁管安装的允许转角和管端的偏移距离见表 3-46。

（3）注意事项。

1）管道安装前，应认真地对管道、管件进行检查、检验。

2）管道安装前，应将接口工作坑挖好。

3）管道的弯曲部位应尽量使用弯头，如确需利用管道接口借转时，管道转过的角度应符合表 3-46 的规定。

表 3-46　　　　曲线连接时允许的转角和管端的最大偏移值

公称直径/mm	允许转角 θ/(°)	管道的允许偏移值/mm			公称直径/mm	允许转角 θ/(°)	管道的允许偏移值/mm		
		4m	5m	6m			4m	5m	6m
75	500	35	—	—	1000	1500	—	—	19
100	500	35	—	—	1100	140	—	—	17
150	500	—	44	—	1200	130	—	—	15
200	500	—	44	—	1350	120	—	—	14
250	400	—	35	—	1500	110	—	—	12
300	320	—	—	35	1650	130	10	13	—
350	450	—	—	50	1800	130	10	13	—
400	410	—	—	43	2000	130	10	13	—
450	350	—	—	40	2100	130	10	13	—
500	320	—	—	35	2200	130	10	13	—
600	250	—	—	29	2400	130	10	13	—
700	230	—	—	26	2600	130	10	13	—
800	210	—	—	22					
900	200	—	—	21					

4）切管一定要用专用切割工具，切管后，应对管口进行清理，切口应与管轴线垂直。切口处如有内衬和防腐层损伤，应进行修补。管子切好后，应对切管部位的外周长和外径进行测量，测量结果应符合规定。

5）管道吊装运输时，应采用兜底两点平吊的方法，使用的吊具应不损伤管道和管件，管道和吊具之间要用柔韧、涩性好的材料予以隔垫。

6）橡胶圈应单独存放，妥善保管。在施工现场，应随用随从包中取出，暂不用的橡胶圈一定用原包装封好，放在阴凉、干燥处。

3.5　给水管道防腐及保温

◆◆3.5.1　表面去除污锈

1. 表面去污

为了使防腐材料能起较好的防腐作用，除所选涂料能耐腐蚀外，还要求涂料和管道、设备表面能很好的结合。一般管道和设备表面总有各种污物，如灰尘、污垢、油渍、锈斑等。为了增加油漆的覆着力和防腐效果，在涂刷底漆前必须将管道或设备表面的污物清除干净，并保持干燥。管道（设备）防腐前必

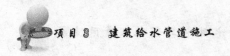

须根据金属表面锈蚀程度分成 A、B、C、D 四级。

（1）A 级：覆盖着完整的氧化皮或只有极少量锈的钢材表面。

（2）B 级：部分氧化皮已松动，翘起或脱落，已有一定锈的钢材表面。

（3）C 级：氧化皮大部分翘起或脱落，大量生锈，但用目测还看不到腐蚀的钢材表面。

（4）D 级：氧化皮几乎全部翘起或脱落，大量生锈，目测能看到腐蚀的钢材表面。

为了增加油漆的附着力和防腐效果，在涂刷底漆前，必须将管道或设备表面的污物清除干净，并保持干燥。金属表面处理方法有手工方法、机械方法和化学方法三种，可根据具体情况或设计要求选用。金属表面去污方法见表 3 - 47。在选取以上方法进行金属表面处理前，应先对系统进行清洗、吹扫。

表 3 - 47　　　　　　　　　　　　金属表面去污

去污方法		适用范围	施工要点
溶剂清洗	煤焦油溶剂（甲苯、二甲苯等），石油矿物溶剂（溶剂汽油、煤油）、氯代烃类（过氯乙烯、三氯乙烯等）	除油、油脂、可溶污物和可溶涂层	有的油垢要反复溶解和稀释。最后要用干净溶剂清洗、避免留下薄膜
碱液	氢氧化钠 30g/L，磷酸三钠 15g/L、水玻璃 5g/L、水适量，也可购成品	除掉可皂化的油、油脂和其他污物	清洗后要作充分冲净、并做钝化处理，用含有 0.1% 左右的重铬酸、重铬酸钠或重铬酸钾溶液清洗表面
乳剂除污	煤油 67%、松节油 22.5%、月酸 5.4%、三乙醇胺 3.6%、丁基溶纤剂 1.5%	除油、油脂和其他污物	清洗后用蒸汽或热水将残留物从金属表面上冲洗净

2. 表面除锈

（1）人工除锈。用刮刀、锉刀将管道、设备及容器表面的氧化皮、铸砂除掉，再用钢丝刷将管道、设备及容器表面的浮锈除去，然后用砂纸磨光，最后用棉丝将其擦净。

（2）机械除锈。先用刮刀、锉刀将管道表面的氧化皮、铸砂去掉。然后一人在除锈机前，一人在除锈机后，将管道放在除锈机反复除锈，直至露出金属本色为止。在刷油前，用棉丝再擦一遍，将其表面的浮灰等去掉。

（3）喷砂除锈。喷砂除锈是采用 0.35～0.5MPa 的压缩空气，把粒度为 1.0～2.0mm 的砂子喷射到有锈污的金属表面上，靠砂粒的打击去除金属表面的锈蚀、氧化皮等。

喷砂除锈操作简单、效率高、质量好,但喷砂过程中产生大量的灰尘,污染环境,影响人们的健康。为减少尘埃的飞扬,可用喷湿砂的方法来除锈。

◆◆3.5.2 管道、设备及容器防腐

1. 油漆的种类

涂料可分为两大类,即油基漆(成膜物质为干性油类)和树脂基漆(成膜物质为合成树脂)。它是通过一定的涂覆方法涂在物体表面,经过固化而形成薄涂层,从而保护设备、管道和金属结构等表面免受化工、大气及酸等介质的腐蚀作用。

(1)涂料的基本组成。涂料的品种虽然很多,但就其组成而言,大体上可分为三部分,即主要成膜物质、次要成膜物质和辅助成膜物质,见表3-48。

表3-48 涂料的组成

主要成膜物质	油基漆	干性油
		半干性油
	树脂基漆	天然树脂
		合成树脂
次要成膜物质		着色颜料
		防锈颜料
		体质颜料
辅助成膜物质	稀料	溶剂
		稀释剂
	辅助材料	催化剂、固化剂
		增塑剂、触变剂

(2)常用涂料。防锈漆和底漆涂料按其所起的作用,可分为底漆和面漆两种。先用底漆打底,再用面漆罩面。

防锈漆和底漆都能防锈。它们的区别是,底漆的颜料较多,可以打磨,涂料着重在对物面的附着力;而防锈漆的漆料偏重在满足耐水、耐酸等性能的要求。防锈漆一般分为钢铁表面的防锈漆和有色金属表面的防锈漆两种。底漆在涂层中占有重要的地位,它不但能增强涂料与金属表面的附着力,而且对防腐蚀也起到一定的作用。几种常用的底漆:①生漆;②漆酚树脂漆;③酚醛树脂漆;④环氧-酚醛漆;⑤环氧树脂涂料;⑥过氧乙烯漆;⑦沥青漆。

管道工程中常用的防腐涂料及其性能、使用温度和主要用途见表3-49。

表 3 - 49   常 用 涂 料

涂料名称	主要性能	耐温/℃	主要用途
红丹防锈漆	与钢铁表面附着力强、隔潮、防水、防锈力强	150	钢铁表面打底，不应暴露于大气中，必须用适当面漆覆盖
铁红防锈漆	覆盖性强、薄膜坚韧、涂漆方便，防锈能力较红丹防锈漆差些	150	钢铁表面打底或盖面
铁红醇酸底漆	附着力强，防锈性能和耐气候型较好	200	高温条件下黑色打底
灰色防锈漆	耐气候性较调和漆强		做室内外钢铁表面上的防锈底漆的塑面漆
锌黄防锈漆	对海洋性气候及海水侵蚀有防锈性		适用于铝金属或其他金属上防锈
环氧红丹漆	快干，耐水性强		用于经常与水接触的钢铁表面
磷化底漆	能延长有机涂层使用寿命	60	有色及黑色金属的底层防锈漆
后漆（铅油）	漆膜较软、干燥慢、在炎热而潮湿的天气有发黏现象	60	做室内外金属、木材、砖墙面漆
油性调和漆	附着力及耐气候性均好，在室外使用优于磁性调和漆	60	做室内外金属、木材、砖墙面漆
铝粉漆	—	150	专供采暖管道、散热器做面漆
耐温铝粉漆	防锈不防腐	≤300	黑色金属表面漆
有机硅耐高温漆		400～500	黑色金属表面漆
生漆（大漆）	漆层机械强度高，耐酸力强、有毒，施工困难	200	用于钢、木表面防腐
过氧乙烯漆	抗酸性强，耐浓度不大的碱性，不易燃烧，防水绝缘性好	60	用于钢、木表面防腐
耐碱漆	耐碱腐蚀	≤60	用于金属表面
耐酸树脂磁漆	漆膜保光性、耐气候型和耐汽油型好	150	适用于金属、木材及玻璃布的涂刷
沥青漆（以沥青为基础）	干燥快、涂膜硬，但附着力及机械强度差，具有良好的耐水、防潮、防腐及抗化学腐蚀性。但耐气候、保光性差，不宜暴露在阳光下，户外容易收缩龟裂		主要用于水下、地下钢铁构件、管道、木材、水泥面的防潮、防水、防腐

涂料命名原则：全名＝颜料或颜色名称＋成膜物质名称＋基本名称。

2. 管道、设备及容器防腐刷油

一般按设计要求进行防腐刷油，当设计无要求时，应按下列规定进行：

（1）明装管道、设备及容器必须先刷一道防锈漆，待交工前再刷两道面漆。如有保温和防结露要求应刷两道防锈漆。

（2）暗装管道、设备及容器刷两道防锈漆，第二道防锈漆必须待第一道漆干透后再刷。且防锈漆稠度要适宜。

（3）埋地管道做防腐层时，其外壁防腐层的做法可按表 3 - 50 的规定进行。

表 3 - 50 管道防腐层种类

防腐层层次（从金属表面起）	普通防腐层	加强防腐层	特别强防腐层
1	冷底子油	冷底子油	冷底子油
2	沥青涂层	沥青涂层	沥青涂层
3	外包保护层	加强包扎	加强保护
4	—	（封闭层）	（封闭层）
5		沥青涂层	沥青涂层
6		外包保护层	加强保护
7		—	（封闭层）
8			沥青涂层
9			外包保护层
防腐层厚度不小于/mm	3	6	9
厚度允许偏差/mm	−0.3	−0.5	−0.5

注：1. 用玻璃丝布做加强包扎层，须涂一道冷底子油封闭层。

2. 做防腐内包扎层，接头搭接长度为 30～50mm，外包保护层，搭接长度为 10～20mm。

3. 未连接的接口或施工中断处，应做成每层收缩为 80～100mm 的阶梯式接茬。

4. 涂刷防腐冷底子油应均匀一致，厚度一般为 0.1～0.15mm。

5. 冷底子油的质量配合比：沥青：汽油＝1：2.25。

当冬期施工时，宜用橡胶溶剂油或航空汽油溶化 30 甲或 30 乙石油沥青。其质量比为沥青：汽油＝1：2。

3. 油漆的调配及选择

（1）根据设计要求按不同管道、不同介质、不同用途及不同材质选择油漆涂料。

（2）管道涂色分类：管道应根据输送介质选择漆色，如设计无规定，参考表 3 - 51 选择涂料颜色。

表 3 - 51   管道涂色分类

管道名称	颜色	
	底色	色环
热水送水管	绿	黄
热水回水管	绿	褐

（3）将选好的油漆桶开盖，根据原装油漆稀稠程度加入适量稀释剂。油漆的调和程度要考虑涂刷方法，调和至适合手工涂刷或喷涂的稠度。喷涂时，稀释剂和油漆的比可为 1∶（1～2）。用棍棒搅拌均匀，以可刷不流淌，不出刷纹为准，即可准备涂刷。

4. 油漆涂刷

（1）手工涂刷。用油刷、小桶进行。每次油刷沾油要适量，不要弄到桶外污染环境。手工涂刷要自上而下、从左到右、先里后外、先斜后直、先难后易、纵横交错地进行。漆层厚薄均匀一致，不得漏刷和漏挂。多遍涂刷时每遍不宜过厚。必须在上一遍涂膜干燥后才可涂刷第二遍。

（2）浸涂。用于形状复杂的物件防腐。把调和好的漆倒入容器或槽里，然后将物件浸在涂料液中，浸涂均匀后抬出涂件，搁置在干净的排架上，待第一遍干后，再浸涂第二遍。

（3）喷涂法。常用的有压缩空气喷涂、静电喷涂、高压喷涂。喷涂时喷射的漆流应和喷漆面垂直，喷漆面为平面时，喷嘴与喷漆面应相距 250～350mm，喷漆面如为圆弧面，喷嘴与喷漆面的距离应为 400mm 左右。喷涂时，喷嘴的移动应均匀，速度宜保持在 10～18m/min，喷漆使用的压缩空气压力为 0.2～0.4MPa。

5. 油层深层养护

（1）油漆施工条件。不应在雨天、雾天、露天和 0℃ 以下环境施工。

（2）油漆涂层的成膜养护。溶剂挥发型涂料靠溶剂挥发干燥成膜，温度为 15～250℃。氧化－聚合型涂料成膜分为溶剂挥发和氧化反应聚合阶段才达到强度；烘烤聚合型的磁漆只有烘烤养护才能成膜；固化型涂料分常温固化和高温固化满足成型条件。

6. 油漆的施工程序

涂刷油漆前应清理被涂刷表面上的锈蚀、焊渣、毛刺、油污、灰尘等，保持涂物表面清洁干燥。涂料施工宜在 15～30℃，相对湿度不大于 70%，无灰尘、烟雾污染的环境温度下进行，并有一定的防冻防御措施。漆膜应附着牢固、完整、无损坏，无剥落、皱纹、气泡、针孔、流淌等缺陷。涂层的厚度应符合设计文件要求。对安装后不宜涂刷的部位，在安装前要预先刷漆，焊缝及其标记在压力试验前不应刷漆。有色金属、不锈钢、镀锌钢管、镀锌钢板和铝板等表面不宜刷漆，一般可进行钝化处理。

涂漆的施工程序一般分为涂底漆或防锈漆、涂面漆、罩光漆三个步骤。底漆或防锈漆直接涂在管道或设备表面，一般涂一到两遍，每层涂层不能太厚，以免起皱和影响干燥。

若发现有不干、起皱、流挂或漏底现象，要进行修补或重新涂刷。面漆一般涂刷调和漆或瓷漆，漆层要求薄而均匀，无保温的管道涂刷刷一遍调和漆，有保温的管道涂刷两遍调和漆。罩光漆层一般由一定比例的清漆和瓷漆混合后涂刷一遍。不同种类的管道设备涂刷油漆的种类和涂刷次数见表3-52。

表3-52 管道设备涂刷油漆种类和涂刷次数

分类	名称	先刷油漆名称和次数	再刷油漆名称和次数
不保温管通和设备	室内布置管道设备	2遍防锈漆	1～2遍油性调和漆
	室外布置的设备和冷水管道	2遍环氧底漆	2遍醇酸磁漆或环氧磁漆
	室外布置的安全管道	2遍云母氧化铁酚醛底漆	2遍云母氧化铁面漆
	油管道和设备外壁	1～2遍醇酸底漆	1～2遍醇酸磁漆
	管沟中的管道	2遍防锈漆	2遍环氧沥青漆
	循环水、工业管和设备	2遍防锈漆	2遍沥青漆
	排气管	1～2遍耐高温防锈漆	—
保温管道设备	介质小于120℃的设备和管道	2遍防锈漆	
	热水箱内壁	2遍耐高温防锈漆	
其他	现场制作的支吊架	2遍防锈漆	1～2遍银灰色调和漆
	室内钢制平台扶梯	2遍防锈漆	1～2遍银灰色调和漆
	室外钢制平台扶梯	2遍云母氧化铁酚醛底漆	2遍云母氧化铁面漆

◆◆3.5.3 埋地管道的防腐

埋地管道的防腐层主要由冷底子油、石油沥青玛琋脂、防水卷材及牛皮纸等组成。冷底子油的成分见表3-53。

表3-53 冷底子油的成分

使用条件	沥青∶汽油（质量比）	沥青∶汽油（体积比）
气温在+5℃以上	1∶2.25～2.5	1∶3
气温在+5℃以上	1∶2	1∶2.5

调制冷底子油的沥青，是牌号为30号甲建筑石油沥青。熬制前，将沥青打

成 1.5kg 以上的小块，放入干净的沥青锅中，逐步升温和搅拌，并使温度保持在 180～200℃ 范围内（最高不超过 200℃），一般应在这种温度下熬制 1.5～2.5h，直到不产生气泡，即表示脱水完结。按配合比将冷却至 100～120℃ 的脱水沥青缓缓倒入计量好的无铅汽油中，并不断搅拌至完全均匀混合为止。

在清理管道表面后 24h 内刷冷底子油，涂层应均匀，厚度为 0.1～0.15mm。

沥青玛琋脂的配合比为沥青：高岭土＝3：1。

沥青应采用 30 号甲建筑石油沥青或 30 号甲与 10 号建筑石油沥青的混合物。将温度在 180～200℃ 的脱水沥青逐渐加入干燥并预热到 120～140℃ 的高岭土中，不断搅拌，使其混合均匀。然后测定沥青玛琋脂的软化点、延伸度、针入度三项技术指标，达到表 3 - 54 中的规定时为合格。

表 3 - 54　　　　　　　　　　　　　沥青玛琋脂技术指标

施工气温 /℃	输送介质温度 /℃	软化点 （环球法）/℃	延伸度 （＋25℃）/cm	针入度 （0.1mm）
−25～＋5	−25～＋25	＋56～＋75	3～4	—
	＋25～＋56	＋80～＋90	2～3	25～35
	＋56～70	＋85～＋90	2～3	20～25
−5～＋30	−25～＋25	＋80～＋90	2.5～3.5	15～25
	−25～＋56	＋90～＋95	2～3	10～20
	＋56～70	＋90～＋95	1.5～2.5	10～20
＋30 以上	−25～＋25	＋80～＋90	2～3	—
	＋25～＋56	＋80～＋90	2～3	10～20
	＋56～70	＋90～＋95	1.5～2.5	10～20

涂抹沥青玛琋脂时，其温度应保持在 160～180℃，施工气温高于 30℃ 时，温度可降低到 150℃。热沥青玛琋脂应涂在干燥清洁的冷底子油层上，涂层要均匀。最内层沥青玛琋脂如用人工或半机械化涂抹时，应分成二层，每层各厚 1.5～2mm。

防水卷材一般采用矿棉纸油毡或浸有冷底子油的玻璃网布，呈螺旋形缠包在热沥青玛琋脂层上，每圈之间允许有不大于 5mm 的缝隙或搭边，前后两卷材的搭接长度为 80～100mm，并用热沥青玛琋脂将接头粘合。

缠包牛皮纸时，每圈之间应有 15～20mm 搭边，前后两卷的搭接长度不得小于 100mm，接头用热沥青玛琋脂或冷底子油粘合。牛皮纸也可用聚氯乙烯塑料布或没有冷底子油的玻璃网布带代替。

制作特强防腐层时，两道防水卷材的缠绕方向宜相批。

已做了防腐层的管子在吊运时，应采用软吊带或不损坏防腐层的绳索，以免损坏防腐层。管子下沟前，要清理管沟，使沟底平整，无石块、砖瓦或其他杂物。上层如很硬，应先在沟底铺垫100mm松软细土，管子下沟后，不许用撬杠移管，更不得直接推管下沟。

防腐层上的一切缺陷，不合格处及检查和下沟时弄坏的部位，都应在管沟回填前修补好，回填时，宜先用人工回填一层细土，埋过管顶，然后用人工或机械回填。

◆◆3.5.4 管道防腐质量检验

1. 基本要求

（1）埋地管道的防腐层应符合以下规定：材质和结构符合设计要求和施工规范规定；卷材与管道及各层卷材间粘贴牢固，表面平整，无褶皱、空鼓、滑移和封口不严等缺陷。

检验方法：观察或切开防腐层检查。

（2）管道、箱类和金属支架涂漆应符合以下规定：油漆种类和涂刷遍数符合设计要求；附着良好，无脱皮、起泡和漏涂，漆膜厚度均匀，色泽一致，无流坠及污染现象。

检验方法：观察检查。

2. 成品保护

已做好防腐层的管道及设备之间要隔开，不得粘连，以免破坏防腐层。刷油前先清理好周围环境，防止尘土飞扬，保持清洁，如遇大风、雨、雾、雪天气，不得露天作业。涂漆的管道、设备及容器，漆层在干燥过程中应防止冻结、撞击、震动和温度剧烈变化。

3. 应注意的质量问题

（1）管材表面脱皮、返锈，主要原因是管材除锈不净。

（2）管材、设备及容器表面油漆不均匀，有流坠或有漏涂现象，主要是刷子沾油漆太多和刷油不认真。

◆◆3.5.5 管道保温的要求

1. 管道保温常用材料

（1）预制瓦块。有泡沫混凝土、珍珠岩、蛭石、石棉瓦块等。

（2）管壳制器。有岩棉、矿渣棉、玻璃棉、硬聚氨酯泡沫塑料、聚苯乙烯泡沫塑料管壳等。

（3）卷材。有聚苯乙烯泡沫塑料、岩棉等。

（4）其他材料。有铅丝网、石棉灰，或用以上预制板块砌筑或粘结等。

保护壳材料有麻刀、白灰或石棉、水泥、麻刀、玻璃丝布、塑料布、浸沥青油的麻袋布、油毡、工业棉布、铝箔纸、铁皮等。

2. 管道保温的一般要求

（1）管道及设备的保温应在防腐及水压试验合格后方可进行，如需先做保温层，应将管道的接口及焊缝处留出，待水压试验合格后再将接口处保温。

（2）建筑物的吊顶及管井内需要做保温的管道，必须在防腐试压合格，保温完成稳检合格后，土建才能最后封闭，严禁颠倒工序施工。

（3）保温前必须将地沟管井内的杂物清理干净，施工过程遗留的杂物，应随时清理，确保地沟畅通。

（4）保温作业的灰泥保护壳，冬期施工时要有防冻措施。

◈◈ *3.5.6*　**管道保温工程施工**

1. 管道胶泥结构保温涂抹法

工艺流程：配制与涂抹→缠草绳→缠镀锌钢丝网→干燥→保护层→防锈漆。

（1）配制与涂抹。先将选好的保温材料按比例称量并混合均匀，然后加水调成胶泥状，准备涂抹使用。$DN \leqslant 40mm$ 时，保温层厚度较薄，可以一次抹好；$DN > 40mm$ 时，可分几次抹。第一层用较稀的胶泥散敷，厚度一般为 $2 \sim 5mm$；待第一层完全干燥后再涂抹第二层，厚度为 $10 \sim 15mm$；以后每层厚度均为 $15 \sim 25mm$，直到达到设计要求的厚度为止。表面要抹光，外面再按要求做保护层。

（2）缠草绳。根据设计要求，在第一层涂抹后缠草绳，草绳间距为 $5 \sim 10mm$，然后于草绳上涂抹各层石棉灰，直到达到设计要求的厚度为止。

（3）缠镀锌钢丝网。保温层的厚度在 100mm 以内时，可用一层镀锌钢丝网缠于保温管道外面。若厚度大于 100mm 时可做两层镀锌钢丝网。具体做法如图 3-101 所示。

（4）加温干燥。施工时环境温度不得低于 0℃，为加快干燥，可在管内通入高温介质（热水或蒸汽），温度应控制在 $80 \sim 150℃$。

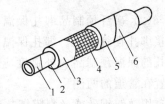

图 3-101　管道胶泥保温结构
1—管道；2—防锈漆；3—保温层；
4—钢丝网；5—保护层；6—防腐体

（5）法兰、阀门保温时两侧必须留出足够的间隙（一般为螺栓长度加 $30 \sim 50mm$），以便拆卸螺栓。法兰、阀门安装紧固后再用保温材料填满充实做好保温。

（6）管道转弯处，在接近弯曲管道的直管部分应留出 $20 \sim 30mm$ 的膨胀缝，并用弹性良好的保温材料填充。

（7）高温管道的直管部分每隔 $2 \sim 3m$、普通供热管道每隔 $5 \sim 8m$ 设膨胀缝，在保温层及保护层留出 $5 \sim 10mm$ 的膨胀缝并填以弹性良好的保温材料。

2. 管道棉毡、矿纤等结构保温绑扎法

（1）棉毡缠包保温。先将成卷的棉毡按管径大小裁剪成适当宽度的条带（一般为 200～300mm），以螺旋状包缠到管道上。边缠边压边抽紧，使保温后的密度达到设计要求。当单层棉毡不能达到规定保温层厚度时，可用两层或三层分别缠包在管道上，并将两层接缝错开。每层纵横向接缝处必须紧密接合，纵向接缝应放在管道上部，所有缝隙要用同样的保温材料填充。表面要处理平整、封严，如图 3-102 所示。

保温层外径不大于 500mm 时，在保温层外面用直径为 1.0～1.2mm 的镀锌钢丝绑成如图 3-102（b）所示的缠包法保温结构扎，绑扎间距为 150～200mm，每处绑扎的钢丝应不小于两圈。当保温层外径大于 500mm 时，还应加镀锌钢丝网缠包，再用镀锌钢丝绑扎牢。如果使用玻璃丝布或油毡做保护层则不必包钢丝网。

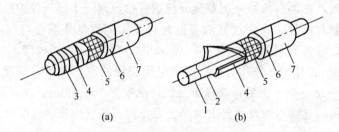

图 3-102　棉毡缠包保温

1—管道；2—防锈漆；3—镀锌钢丝；4—保温毡；5—钢丝网；
6—保护层；7—防腐漆

（2）矿纤预制品绑扎保温。保温管壳可以用直径 1.0～1.2mm 镀锌钢丝等直接绑扎在管道上。绑扎保温材料时应将横向接缝错开，采用双层结构时双层绑扎的保温预制品内外弧度应均匀并盖缝。若保温材料为管壳，应将纵向接缝设置在管道的两侧。

用镀锌钢丝或丝裂膜绑扎带时，绑扎的间距不应超过 300mm，并且每块预制品至少应绑扎两处，每处绑扎的钢丝或带不应少于两圈。其接头应放在预制品的纵向接缝处，使得接头嵌入接缝内。然后将塑料布缠绕包扎在壳外，圈与圈之间的接头搭接长度应为 30～50mm，最后外层包玻璃丝布等保护层，外刷调和漆。

（3）非纤维材料的预制瓦、板保温。

1）绑扎法。适用于泡沫混凝土硅藻土、膨胀珍珠岩、膨胀蛭石、硅酸钙保温瓦等制品。保温材料与管壁之间涂抹一层石棉粉、石棉硅藻土胶泥。一般厚度为 3～5mm，然后将保温材料绑扎在管壁上。所有接缝均应用石棉粉、石棉硅藻土或与保温材料性能相近的材料配成胶泥填塞。其他过程与矿纤预制品绑扎保温施工相同。保温结构如图3-103所示。

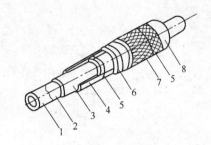

2）粘贴法。将保温瓦块用胶粘剂直接贴在保温件的面上，保温瓦应将横向接缝错开，粘贴住即可。涂刷胶粘剂时要保持均匀饱满，接缝处必须填满、严实。

（4）管件绑扎保温。管道上的阀门、法兰、弯头、三通、四通等管件保温时应特殊处理，以便于启闭检修或更换。其做法与管道保温基本相同。

图3-103 绑扎法保温结构

1—管道；2—防锈漆；3—胶泥；4—保温材料；
5—镀锌钢丝；6—沥青油毡；7—玻璃丝布；
8—保护层（防腐漆及其他）

1）弯管绑扎保温施工。先将法兰两旁空隙用散状保温材料填充满，再用镀锌钢丝将管壳或棉毡等材料绑扎好外缠玻璃丝布等保护层。做法如图3-104和图3-105所示。

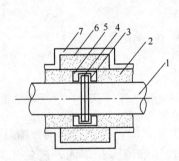

图3-104 法兰保温结构

1—管道；2—管道保温层；3—法兰；
4—法兰保温层；5—填充保温材料；
6—镀锌钢丝网；7—保护层

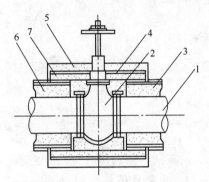

图3-105 阀门保温结构

1—管道；2—阀门；3—管道保温层；
4—绑扎钢带；5—散状保温材料；
6—镀锌钢丝；7—保护层

2）弯管绑扎保温施工。对于预制管壳结构，当管径小于80mm时，其结构如图3-106所示。施工方法是将空隙用散状保温材料填充，再用镀锌钢丝将裁剪好的直角弯头管壳绑扎好，外做保护层。当管径大于100mm时，其结构如图3-107所示。施工方法是按照管径的大小和设计要求选好保温管壳，再根据管壳的外径及弯管的曲率半径做虾米腰的样板，用样板套在管壳外，划线裁剪成段，再用镀锌钢丝将每段管壳按顺序绑扎在弯管上，外做保护层即可，若每段管壳连接处有空隙可用同样的保温材料填充至无缝为止。当管道采用棉毡或其他材料时，弯管也可用同样的材料保温。

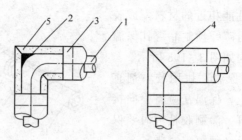

图 3-106　弯管的保温结构（$DN<80$mm）

1—管道；2—预制管壳；3—镀锌钢丝；

4—铁皮壳；5—填料保温材料

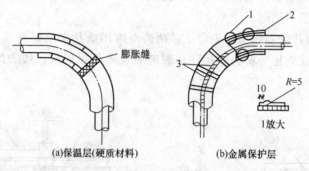

(a)保温层(硬质材料)　　　(b)金属保护层

图 3-107　弯管的保温结构（$DN>100$mm）

1—0.5mm铁皮保护层；2—保护层；

3—半圆头自攻螺钉（4×6）

3）三通、四通绑扎保温。三通、四通在发生变化时，各个方向的伸缩量都不一样，很容易破坏保温结构，所以一定要认真仔细地绑扎牢固，避免开裂。其结构如图 3-108 所示。三通预制管壳做法如图 3-109 所示。

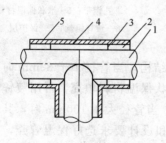

图 3-108　三通保温结构

1—管道；2—保温层；3—镀锌钢丝；

4—镀锌钢丝网；5—保护层

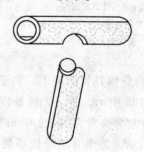

图 3-109　三通保温管壳

（5）膨胀缝：管道转弯处，用保温瓦做管道保温层时，在直线管段上，相隔 7m 左右留一条间隙 5mm 的膨胀缝。保温管道的支架处应留膨胀缝。接近弯曲管道的直管部分也应留膨胀缝，缝宽均为 20～30mm，并用弹性良好的保温材料填充。弯管处留膨胀缝的位置如图 3-110 所示。

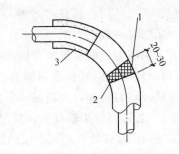

图 3-110 弯管处留膨胀缝位置示意图
1—膨胀缝；2—石棉绳或玻璃棉；
3—硬质保温瓦

3. 橡塑保温材料保温

先把保温管用小刀划开，在划口处涂上专用胶水，然后套在管子上，将两边的划口对接，若保温材料为板材则直接在接口处涂胶、对接。

4. 预制瓦块保温

工艺流程：散瓦→断镀锌钢丝→和灰→抹填充料→合瓦→钢丝绑扎→填缝→抹保护壳。

（1）各种预制瓦块运至施工地点，在沿管线散瓦时必须确保瓦块的规格尺寸与管道的管径相配套。

（2）安装保温瓦块时，应将瓦块内侧抹 5～10mm 的石棉灰泥，作为填充料。瓦块的纵缝搭接应错开，横缝应朝上下。

（3）预制瓦块根据直径大小选用 18～20 号镀锌钢丝进行绑扎，固定，绑扎接头不宜过长，并将接头插入瓦块内。

（4）预制瓦块绑扎完后，应用石棉灰泥将缝隙处填充，勾缝抹平。

（5）外抹石棉水泥保护壳（其配比石棉灰：水泥＝3：7）按设计规定厚度抹平压光，设计无规定时，其厚度为 10～15mm。

（6）立管保温时，其层高小于或等于 5m，每层应设一个支撑托盘，层高大于 5m，每层应少于 2 个，支撑托盘应焊在管壁上，其位置应在立管卡子上部 200mm 处，托盘直径不大于保温层的厚度。

（7）管道附件的保温除寒冷地区室外架空管道及室内防结露保温的法兰、阀门等附件按设计要求保温外，一般法兰、阀门、套管伸缩器等不应保温，并在其两侧应留 70～80mm 的间隙，在保温端部抹 60°～70° 的斜坡。设备容器上的人孔、手孔及可拆卸部件的保温层端部应做成 40° 斜坡。

（8）保温管理工作道的支架处应留膨胀伸缩缝，并用石棉绳或玻璃棉填塞。

（9）用预制瓦块做管道保温层，在直线管段上每隔 5～7m 应留一条间隙为 5mm 的膨胀缝，在弯管处管径小于或等于 300mm 膨胀缝，膨胀缝用石棉绳或玻璃棉填塞，其做法如图 3-111 所示。

（10）用管壳制品做保温层，其操作方法一般由两人配合，一人将管壳缝剖开对包在管上，用力挤住，另外一人缠裹保护壳，缠裹时用力要均匀，压茬要平整，粗细要一致。

若采用不封边的玻璃丝布做保护壳，要将毛边折叠，不得外露。

（11）块状保温材料采用缠裹式保温（如聚乙烯泡沫塑料），按照管径留出搭茬余量，将料裁好，为确保其平整美观，一般应将搭茬留在管子内侧。

（12）管道保温用铁皮做保护层，其纵缝搭口应朝下，铁皮的搭接长度，环形为30mm。弯管处铁皮保护层的结构如图3-112所示。

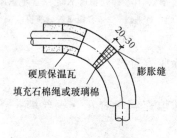

图3-111　预制瓦块保温

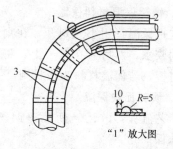

图3-112　弯管处铁皮保护层的结构
1—0.5mm铁皮保护层；2—保温层；
3—半圆头自攻螺钉4mm×16mm

（13）设备及箱罐保温一般表面比较大，目前采用较多的有砌筑泡沫混凝土块，或珍珠岩块，外抹麻刀、白灰、水泥保护壳。

采用铅丝网石棉灰保温做法是在设备的表面外部焊一些钩钉固定保温层，钩钉的间距一般为200～250mm，钩钉直径一般为6～10mm，钩钉高度与保温层厚度相同，将裁好的钢丝网用钢丝与钩钉固定，再往上抹石棉灰泥，第一次抹得不宜太厚，防止粘结不住下垂脱落，待第一遍有一定强度后，再继续分层抹，直至达到设计要求的厚度。待保温层完成，并有一定的强度，再抹保护壳，要求抹光压平。

◆◆◆3.5.7　设备胶泥结构保温

（1）工艺流程：保温钩钉制作安装→涂抹与外包。

（2）施工准备。

1）材料。硅藻土石棉粉（鸡毛灰）、碳酸镁石棉粉、碳酸钙石棉粉、重质石棉粉（一级）、（二级）、镀锌铁丝、镀锌铁丝网、钩钉。

2）工作条件。

①设备安装就位，管道、阀门、仪表均要安装完毕；

②试压或试验验收合格；

③油漆防腐工程均已完成；

④施工环境温度宜在0℃以上。

（3）设备胶泥保温结构的做法及所用的保温材料与管道保温基本相同，如图3-113所示。

（4）保温钩钉。保温钩钉用 $\phi5\sim6$mm 的圆钢制作，详图如图3-114所示。将设备壁清扫干净，焊保温钩钉，间距 $250\sim300$mm。

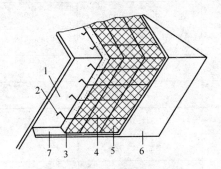

图 3-113 胶泥保温结构图
1—热力设备；2—保温钩钉；3—保温层；
4—镀锌钢丝；5—镀锌钢丝网；
6—保护层；7—支承板

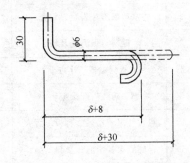

图 3-114 保温钩钉

（5）涂抹与外包。刷防锈漆后，再将已经拌和好的保温胶泥分层进行涂抹。

第一层可用较稀的胶泥散敷，厚度为 $3\sim5$mm，待完全干燥后再敷第二层，厚度为 $10\sim15$mm，第二层干燥后再敷第三层，厚度为 $20\sim25$mm。以后分层涂抹，直至达到设计要求厚度为止。

然后外包镀锌钢丝网一层，用镀锌钢丝绑在保温钩钉上。如果保温厚度在100mm以上或形状特殊，保温材料容易脱落的，可用两层镀锌钢丝网，外面再做 $15\sim20$mm 的保护层。保护层应抹成表面光滑无裂缝。

（6）保温层厚度均匀，结构牢固，无空鼓；表面平整度允许偏差 10mm；厚度允许偏差为 $-5‰\sim+10‰$。

（7）质量通病及其防治。

1）保温层脱落。主保温层要用镀锌钢丝网和镀锌钢丝绑紧，并用钩钉钩住，留出规定的膨胀缝。做保护层时不要踩在做完的保温层上。

2）保温层厚度不均匀，表面不平。涂抹前根据厚度制作测量样针，边涂抹，边检测，边抹平。

◆◆ 3.5.8 设备绑扎结构保温

（1）工艺流程：保温钩钉制作、焊接→保温。

（2）施工准备：板类保温材料（表3-55）、镀锌钢丝网、镀锌钢丝、保温钩钉。

表 3-55　　　　　　　　　常用设备绑扎结构保温材料表

序号	材料名称	密度/(kg/m³)	导热系数/[W/(m·K)]	适用温度/℃
1	水泥珍珠岩板、管壳	300~400	0.058~0.131	≤600
2	水玻璃珍珠岩板、管壳	200~300	0.056~0.065	≤600
3	硅藻土保温管及板	<550	0.063~0.077	<900
4	岩板保温板(半硬质)	80~200	0.047~0.058	-268~500
5	硅酸铝纤维板	150~200	0.047~0.050	≤1000
6	可发性聚苯乙烯塑料板、管壳	20~50	0.031~0.047	-80~75
7	硬质聚氨酯泡沫塑料制品	30~50	0.023~0.029	-80~100
8	硬质聚氨乙烯泡沫塑料制品	40~50	≤0.043	-35~80

(3) 平壁设备保温结构。平壁设备主要包括给水箱、回水箱及其他平板壁形设备，保温结构如图 3-115 所示。先将设备表面清扫干净，焊保温钩钉、涂刷防锈漆，保温钩钉的间距应根据保温板材的外形尺寸来布置，一般在 350mm 左右。但每块保温板不少于两个保温钩钉，同时要以绑扎方便为准。然后敷上预制保温板，再用镀锌钢丝借助保温钩钉交叉绑牢。

保温预制板的纵横接缝要错开。如果保温板的厚度无法满足设计要求的厚度，可采用两层或多层结构。但每层要分别固定，而且内外层纵横接缝要错开，板与板之间的接缝必须用相同的保温材料填充。

当保温板材有缺陷时，应当修补好，避免增加热损失。在外面再包上镀锌钢丝网，平整地绑在保温钩钉上，为作为保护层做准备。

最后做石棉水泥或其他保护层，涂抹时必须有一部分透过镀锌钢丝网与保温层接触。外表面一定要抹得平整、光滑、棱角整齐，而且不允许有钢丝或钢丝网露出保护层外表面。

(4) 立式圆形设备保温结构。属于该类设备的有立式热交换器、给水箱、软水罐、塔类等。保温结构如图 3-116 所示。

施工方法与平壁设备保温结构基本相同，敷设保温板材宜是根据筒体弧度制成的弧形瓦，如果筒体直径很大，可用平板的保温板材进行施工。

最难施工的部位是顶部封头及底部封头。其保温钩钉布置如图 3-117 和图 3-118 所示。尤其是底部的封头更加困难，在安装保温板时需要进行支撑，并用镀锌钢丝绑牢，否则会因自重而下沉。

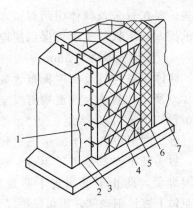

图 3 - 115 平壁设备保温结构

1—平壁设备；2—防锈漆；3—保温钩钉；

4—预制保温板；5—镀锌钢丝；

6—镀锌钢丝网；7—保护层

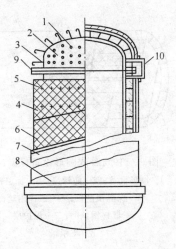

图 3 - 116 立式圆形设备保温结构

1—立式设备；2—防锈漆；3—保温钩钉；

4—预制保温板；5—镀锌钢丝；

6—镀锌钢丝网；7—保护层；

8—色漆；9—法兰；

10—法兰保护罩

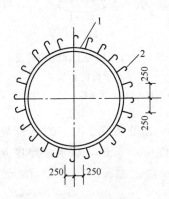

图 3 - 117 筒体上保温钩钉布置

1—筒体；2—保护钩钉

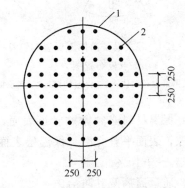

图 3 - 118 顶部及底部封头保温钩钉的布置

1—顶部或底部封头；2—保温钩钉

板与板之间的缝隙必须用相同的保温材料填充。圆形设备有一定曲度缝隙可能大些，填充时更要填好。然后敷设镀锌钢丝网并做好石棉水泥保护层或其他保护层。

（5）卧式圆形设备保温结构。这类设备有热交换器、除氧器及其他设备。保温结构如图 3 - 119 所示。

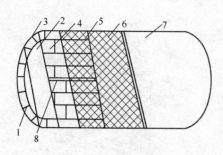

图 3-119　卧式圆形设备保温结构

1—圆形设备；2—防锈漆；3—保温钩钉；
4—保温预制板；5—镀锌钢丝；
6—镀锌钢丝网；7—保护层；
8—支承板

施工方法基本与立式圆形设备相同，筒体上焊保温钩钉时。上半部要稀些。要在封头及筒体中间焊接水平支承板，支承板的宽度为保温层厚度的 3/4。支承板厚度为 5mm。

筒体保温钩钉及支撑板布置如图 3-120 所示；封头上保温钩钉及支撑板布置如图 3-121 所示。

卧式圆形设备上半部施工比较方便，封头及下半部施工较困难。钢丝必须绑紧，防止下部出现下坠现象。外面包上镀锌钢丝网，再包保护层。

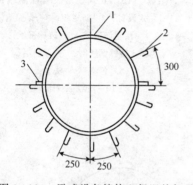

图 3-120　卧式设备筒体上保温钩钉及
支承板布置图

1—卧式圆形设备筒体；2—保温钩钉；3—支承板

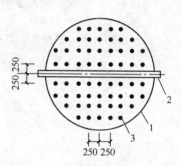

图 3-121　封头上保温钩钉及
支承板的布置

1—封头；2—支承板；3—保温钩钉

（6）保温材料必须紧贴管道表面，绑扎牢固，防止脱落。搭、对接缝处严密无间隙，表面平整光滑。保温层表面平整度允许偏差 5mm，保温层厚度允许偏差 −5%～+10%。

（7）质量通病及其防治。

1）保温层隔热功能不良。制品应在室内堆放码垛，在室外垂放时，下面应设垫板，上面设置防雨设施。预制保温材料吸湿受潮，会降低保温效果。

2）外形缺陷和拼缝过大，降低保温效果。制品运输要有包装，装卸要轻拿轻放。对缺棱、掉角处，断块处与拼缝不严处，应使用与制品材料相同的材料填补充实。

3）保温层脱落。主保温层一定要绑扎牢固，使用保温钩钉，镀锌钢丝都能起到作用，并留出膨胀缝。做保护层时，不得踩在保温层上施工。

◈◈■3.5.9 设备自锁垫圈结构保温

（1）工艺流程：保温钉及自锁垫圈制作→保温。

（2）施工准备。

1）材料。各种保温预制板或各种棉毡、镀锌钢丝网、保温钉、自锁垫圈。

2）工作条件。

①设备安装就位，管道、阀门、仪表均已安装完毕；

②试压或试验验收合格；

③油漆防腐工程均已完成。

（3）施工程序及方法与设备绑扎结构基本相同，所不同的是，绑扎结构用带钩的保温钉，是用镀锌钢丝绑扎。而自锁垫圈结构中用的保温钉是直的，利用自锁垫圈直接卡在保温钉上，从而固定住保温材料，如图 3-122 所示。

（4）保温钉及自锁垫圈的制作。各种不同类型的保温钉分别用 $\phi6mm$ 的圆钢、尼龙、白铁皮制作。保温钉的直径应比自锁垫圈上的孔大 0.3mm。

自锁垫圈用 $\delta=0.5mm$ 镀锌钢板制作，制作工艺如下：下料→冲孔→切开→压筋。用模具及冲床冲制，如图 3-123 所示。

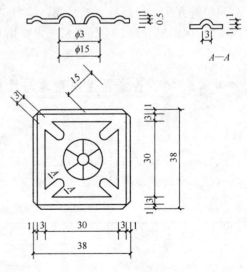

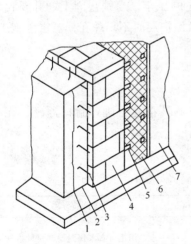

图 3-122 自锁垫圈保温结构

1—平壁设备；2—防锈漆；3—保温钉；

4—预制保温板；5—自锁垫圈；

6—镀锌钢丝网；7—保护层

图 3-123 自锁垫圈

用于温度不高的设备保温时，可购买塑料保温钉及自锁垫圈。也可单独购买自锁垫圈，然后自己制作保温钉来完成保温。

（5）施工方法。先将设备表面除锈，清扫干净，焊保温钉，涂刷防锈漆，保温钉的间距应按保温板材或棉毡的外形尺寸来确定，一般为 250mm 左右，但每块保温板以不少于两个保温钉为宜。然后敷设保温板，卡在保温钉上，使保温钉露出头，再将镀锌钢丝网敷上，用自锁垫圈嵌入保温钉上，压住压紧钢丝网，嵌入后保温钉至少应露出 5～6mm。镀锌钢丝网必须平整并紧贴在保温材料上，外面做保护层。

圆形设备、平壁设备施工作法相同，但底部封头施工比较麻烦，敷上保温材料就要嵌上自锁垫圈，然后再敷设镀锌钢丝网，在镀锌钢丝网外面再嵌一个自锁垫圈，这样做是防止底部或曲率过大部分的保温材料下沉或翘起，最后做保护层。

（6）保温材料必须紧贴管道表面，自锁垫圈压牢，防止保温层脱落。搭、对接缝处严密，无间隙，表面平整。保温层表面平整度允许偏差 5mm，保温层厚度允许偏差－5%～＋10%。

（7）质量通病及其防治。

1）外形缺陷和拼缝过大，保温隔热层功能不良。制品运输要有包装，装卸要轻拿轻放。对缺棱掉角处，断块处与拼缝不严处，应使用与制品材料相同的材料填补充实。制品堆放要防潮，防雨。

2）保温层脱落。主保温层一定要用自锁垫圈压牢。自锁垫圈上的孔要比保温钉小 0.3mm。整个保温层要留出膨胀缝。做保护层时不得踩在保温层上施工。

◆◆3.5.10 管道保温的检验与保护

1. 检验项目

（1）基本项目。保温层表面平整，做法正确，搭茬合理，封口严密，无空鼓及松动。检验方法：观察检查。

（2）允许偏差项目见表 3-56。

表 3-56　　　　　　　　　　保温层允许偏差

项目名称		允许偏差/mm	检验方法
保温层厚度		±1.0δ	用钢针刺入保温层和尺量检查
		－0.05δ	
表面平整度	卷材或板材	5	用 2m 靠尺和楔形塞尺检查
	涂抹或其他	10	

注：δ 为保温层厚度。

2. 成品保护

管道及设备的保温，必须在地沟及管井内已进行清理，不再有下落不明道工序损坏保温层的前提下进行保温。一般管道保温应在水压试验合格，防腐已完方可施工，不能颠倒工序。保温材料进入现场不得雨淋或存放在潮湿场所。保温后留下的碎料，应由负责施工的班组自行清理。明装管道的保温，土建若喷浆在后，应有防止污染保温层的措施。

如有特殊情况需拆下保温层进行管道处理或其他工种在施工中损坏保温层，应及时按原要求进行修复。

3. 应注意的质量问题

（1）保温材料使用不当、交底不清、做法不明。应熟悉图样，了解设计要求，不允许擅自变更保温做法，严格按设计要求施工。

（2）保温层厚度不按设计要求规定施工。主要是凭经验施工，对保温的要求理解不深。

（3）表面粗糙不美观。主要是操作不认真，要求不严格。

（4）空鼓、松动不严密。主要原因是保温材料大小不合适，缠裹时用力不均匀，搭茬位置不合理。

●项目4 建筑排水管道施工

4.1 排水管道预制加工

(1) 室内排水管道的预制加工，参见项目3建筑给水管道预制加工的相关内容。

(2) 室外排水管道的预制加工：

1) 检查管材、管件的接口质量，磨合度及偏差配合。

2) 按照管沟、管线节点详图和管道施工草图，并注明实际尺寸进行断管。

3) 按照不同管材的连接要求，根据施工现场的实际情况在管沟外进行预连接。

4.2 排水管道连接

参见项目3给水管道连接的相关内容。

4.3 排水管道支吊架安装

参见项目3给水管道支吊架安装的相关内容。

4.4 排水管道安装

◆◆4.4.1 室内排水管道的安装准备

1. 室内排水管道安装准备

(1) 为了保证排水通畅，排水管道的横管与横管、横管与立管连接，应采用45°三通（斜三通）或45°四通或90°斜三通（顺水三通）。排水管道穿墙、穿基础时，排出管与立管的连接宜采用两个45°弯头或弯曲半径不小于4倍管径的90°弯头，否则管道容易堵塞。

(2) 承插排水管道的接口，应以油麻丝填充，用水泥或石棉水泥打口，不得用一般水泥砂浆抹口，否则，使用时在接口处往往会漏水。

（3）严格控制排水管道的坡度，避免坡度过小或倒坡。

（4）排水管道不宜穿越建筑物沉降缝、伸缩缝及烟道、风道和居室。如果必须穿越时，要有切实的保护措施。

（5）暗装或埋地的排水管道，在隐蔽前必须做灌水试验，其灌水高度不应低于底层地面高度。在满水 15min 后，再灌满 5min，以液面不下降为合格。

2. 室外排水管道的安装准备

（1）认真熟悉本专业和相关专业图样，施工图样已经设计、建设及施工单位会审，并办理了图样会审记录。

（2）依据图样会审、设计交底，编制施工组织设计、施工方案，进行技术交底。

（3）根据施工图样及现场实际情况绘制施工草图。然后按照施工图样和实际情况测量预留孔口尺寸，绘制管沟、管线节点详图和管道施工草图，并注明实际尺寸。

◈◈◈4.4.2   铸铁排水管道安装

1. 安装准备

（1）认真熟悉图样，参看有关专业设备图和装修建筑图，核对各种管道的坐标、标高是否有交叉，管道排列所用空间是否合理。根据施工方案决定的施工方法技术交底的具体措施做好准备工作。

（2）按照设计图样，检查、核对预留孔洞大小尺寸是否正确，将管道坐标、标高位置测线定位。经预先排列各部位尺寸都能达到设计和技术交底的要求后，方可下料。

（3）确定各部门采用的材料以及联结方式，并熟悉其性能。各种材料、施工机具等已按照施工进度及安装要求运输到指定地点。

有问题及时与设计和有关人员研究解决，办好变更洽商记录。

2. 排水横干管安装

排水横干管按其所处的位置不同，有两种情况：一种是建筑物底层的排水横干管直接铺设在底层的地下；另一种是各楼层中的排水横干管，可敷设在支吊架上。

直接铺设在地下的排水管道，在挖好的管沟或房心土回填到管底标高处时进行，将预制好的管段按照承口朝向水流的方向铺设，由出水口处向室内顺序排列，挖好打灰口用的工作坑，将预制好的管段慢慢地放入管沟内，封闭堵严总出水口，做好临时支承，按施工图样的位置、标高找好位置和坡度，以及各预留管口的方向和中心线，将管段承插口相连。在管沟内打灰口前，先将管道调直、找正，用麻钎或捻凿将承口缝隙找均匀。将拌好的填料（水灰比为1：9）由下而上，填满后用手锤打实，直到将灰口打满打平为止。再将首层立管及卫生器具的排水预留管口，按室内地坪线及轴线找好位置、尺寸，并接至规定高度，将预留的管口临时封堵。打好的灰口，用草绳缠好或回填湿润细土掩盖养护。各接口养护好后，就可按照施工图样对铺好的管道位置、标高及预留分支管口进行检查，确认准确无误后即可进行灌水试验。

敷设在支、吊架上的管道安装，要先安装支吊架，将支架按设计坡度固定好或做好吊具、量好吊杆尺寸。将预制好的管道固定牢靠，并将立管预留管口及各层卫生器具的排水预留管口找好位置，接至规定高度，并将预留管口临时封堵。

3. 排水立管安装

排水立管应设在排水量最大、污水最脏、杂质最多的排水点处。排水立管一般在墙角明设，当建筑物有特殊要求时，可暗敷在管槽、管井内，考虑到检护、维修的需要，应在检查口处设检修门。

排水管道穿墙、穿楼板时应配合土建预留孔洞，洞口尺寸见表4-1，连接卫生器具的排水支管的离墙距离及留洞尺寸应根据卫生器具的型号、规格确定，常用卫生器具排水支管预留孔洞的位置与尺寸见表4-2。

表 4-1　　　　排水管道穿墙、穿楼板时配合土建预留孔洞的洞口尺寸　　　（单位：mm）

管道名称	管径	孔洞尺寸	管道名称	管径	孔洞尺寸
排水立管	50	150×150	排水横支管	≤50	250×200
	70~100	200×200		100	300×250

表 4-2　　　　　　　常用卫生器具排水支管预留孔洞的位置与尺寸　　　（单位：mm）

卫生器具名称	平面位置	图示
蹲式大便器	310 150 排水立管洞 200×200 150 清扫口洞 200×200 900 600 450×200 300	DN100
	200 150 排水立管洞 200×200 410 150 900 600 清扫口洞 300	DN100

续表

卫生器具名称	平面位置	图示
竖式大便器	排水立管洞 200×200 310 380 420 150 150 350	DN100
	排水立管洞 200×200 240 150 150 550	DN100
小便器	排水立管洞 200×200 ≥650 150 1000 排水管洞 200×200 地漏洞 300×300 650	
	排水立管洞 200×200 ≥450 1000 排水管洞 150×150 地漏洞 300×300	
立式小便器	排水立管洞 700 1000 150 1000 排水管洞 150×150 地漏洞 200×200 (甲)650 (乙)150	甲　乙
挂式小便器	排水立管洞 150 1000 排水管洞 150×150 地漏洞 200×200	

续表

卫生器具名称	平面位置	图示
洗脸盆	排水管洞 150×150　洗脸盆中心线 150	—
污水盆	排水管洞 150×150　污水盆中心线	—
地漏	排水立管洞　地漏洞 ≥150×150	—
净身盆	排水立管洞　排水管洞 150×150	

　　安装立管应由两人上下配合，一人在上一层的楼板上，由管洞投下一个绳头，下面的施工人员将预制好的立管上部拴牢可上拉下托，将管道插口插入其下的管道承口内。在下层操作的人可把预留分支管口及立管检查口方向找正，上层的施工人员用木楔将管道在楼板洞处临时卡牢，并复核立管的垂直度，确认无误后，再在承口内充塞填料，并填灰打实。管口打实后，将立管固定。

　　立管安装完毕后，应配合土建在立管穿越楼层处支模，并采用 C20 细石混凝土分两次浇捣密实。浇筑结束后，结合地平层或面层施工，并在管道周围筑成厚度不小于 20mm、宽度不小于 30mm 的阻水圈。

　　铸铁管立管、管件连接，如图 4-1 所示。

　　高层建筑考虑管道胀缩补偿，可采用法兰柔性管件，如图 4-2 所示，但在承接口处要留出胀缩补偿余量。

　　高层建筑采用辅助透气管，可采用辅助透气管异型管件连接，如图 4-3 所示。

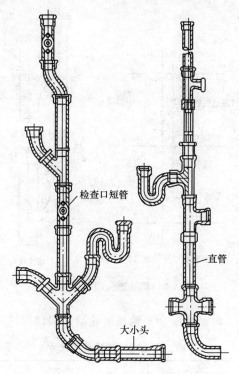

图 4-1 铸铁管立管、管件连接

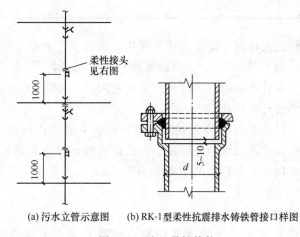

(a) 污水立管示意图   (b) RK-1型柔性抗震排水铸铁管接口样图

图 4-2 法兰柔性管件

4. 排出管的安装

排出管是指室内排水立管或横管与室外检查井之间的连接管道。排出管一般铺设在地下或敷设在地下室内。排出管穿过承重墙或地下构筑物的墙壁时,

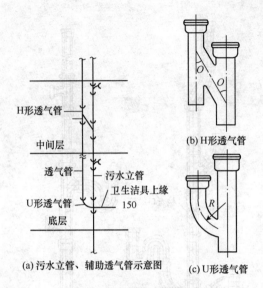

(a)污水立管、辅助透气管示意图　(c)U形透气管

图 4-3　辅助透气型管件连接

应加设防水套管。施工时，应配合土建预留孔洞，洞口尺寸见表 4-3。

表 4-3　　　　　穿墙、穿基础时预留孔洞尺寸　　　　　（单位：mm）

排出管直径 DN	50～100	125～150	200～250
孔洞 A 穿基础	300×300	400×400	500×500
孔洞 A 穿砖墙	240×240	360×360	490×490

　　与室外排水管道连接时，排出管管顶标高不得低于室外排水管的管顶标高。其连接处的水流转角不得大于 90°，当跌落差大于 0.3m 时，可不受角度的限制。

　　排出管与排水立管连接时，为防止堵塞应采用两个 45°弯头连接，也可采用弯曲半径大于 4 倍管外径的 90°弯头。

　　排出管是整个排水系统安装工程的起点，安装中必须严格保证质量、打好基础。安装时要确保管道的坡向和坡度。为检修方便，排水管的长度不宜太长，一般情况下，检查口中心至外墙的距离不小于 3m，不大于 10m。排出管安装如图 4-4 所示。

5. 无承口排水铸铁管安装要点

　　无承口排水铸铁管管道安装无承口排水铸铁管采用卡箍连接，安装要求如下。

　　（1）直线管段的每个卡箍处均应设置支吊架，支吊架距卡箍的距离应不大于 0.45m，且支吊架间距不得超过 3m，如图 4-5（a）所示。

　　（2）当横管较长且由多个管配件组对时，在每一个的配件处应设置支吊架，

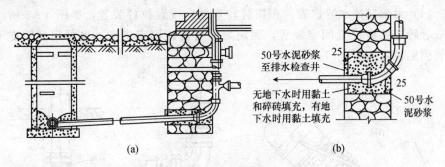

图 4-4 排出管安装

如图 4-5（b）所示。

（3）悬吊在楼板下的横管与楼板的距离大于 0.45m 时，应在梁或楼板下设置刚性吊架，不能设置刚性支吊架时，应设置防晃支架，如图 4-5（c）所示。

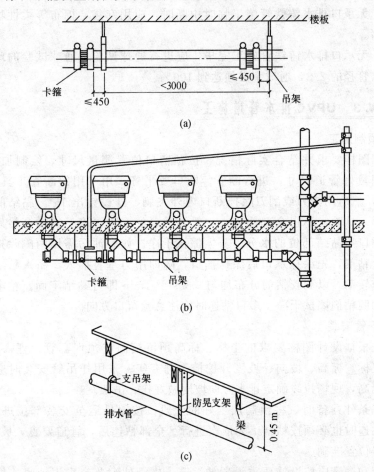

图 4-5 无承口排水铸铁横管支吊架安装

（4）无承口排水铸铁管，在横管转弯处应设置拉杆装置，如图 4 - 6 所示，在立管转弯处应设置固定装置，固定装置可做成固定支墩，也可用型钢支承，立管固定装置如图 4 - 7 所示。

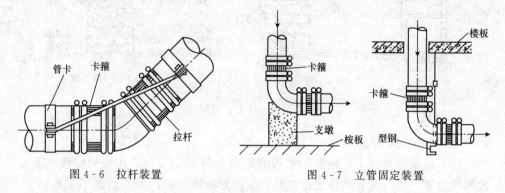

图 4 - 6　拉杆装置　　　　　　　　图 4 - 7　立管固定装置

（5）无承口排水铸铁管施工临时中断时，应用麻袋、棉布等柔性物对管口予以封堵。

（6）无承口排水铸铁管施工完毕，应进行通球试验，通球试验的球径不得小于排水管径的 2/3，通球率必须达到 100%。

◆◆*4.4.3　UPVC 排水管道施工*

1. 预制加工

根据图样要求并结合实际情况，按预留口位置测量尺寸，绘制加工草图。根据草图量好管道尺寸，进行断管。断口要平齐，用专用的断管工具（剪刀、切割机），然后用铣刀或刮刀除掉断口内外飞刺，外棱铣出 15°。黏结前应对承插口先插入试验，不得全部插入，一般为承口的 3/4 深度。试插合格后，用棉布将承插口需黏结部位的水分、灰尘擦拭干净。如有油污需用丙酮除掉。用毛刷涂抹胶粘剂，先涂抹承口后涂抹插口，随即用力垂直插入，插入黏结时将插口中稍作转动，以利胶粘剂分布均匀，30s 至 1min 即可黏结牢固。粘牢后立即将溢出的胶粘剂擦拭干净。多口粘连时应注意预留口方向。

2. 干管安装

首先根据设计图样要求的坐标、标高预留槽洞或预埋套管。埋入地下时，按设计坐标、标高、坡向、坡度开挖槽沟并夯实。采用托吊管安装时应按设计坐标、标高、现场拉线确定排水方向坡度做好托、吊架。

施工条件具备时，将预制加工好的管段，按编号运至安装部位进行安装。各管段粘连时也必须按粘结工艺依次进行。全部粘连后，管道要直，坡度均匀，各预留口位置准确。

立管和横管应按设计要求设置伸缩节。横管伸缩节应采用锁紧式橡胶圈管件；当管径大于或等于 160mm 时，横干管宜采用弹性橡胶密封圈连接形式。当设计对伸缩量无规定时，管端插入伸缩节处预留的间隙应为：5～10mm（夏季）；15～20mm（冬季）。

干管安装完后应做闭水试验，出口用充气橡胶堵封闭，达到不渗漏，水位不下降为合格。地下埋设管道应先用细砂回填至管上皮 100mm，上覆过筛土，夯实时勿碰损管道。托吊管粘牢后再按水流方向找坡度。最后将预留口封严和堵洞。

生活污水塑料管道的坡度必须符合设计要求或表 4 - 4 的规定。横管的坡度设计无要求时，坡度应为 2.6‰。立管管件承口外侧与墙饰面的距离宜为 20～50mm。

表 4 - 4　　　　　　　　　　生活污水塑料管道的坡度

项次	管径/mm	标准坡度（‰）	最小坡度（‰）
1	50	25	12
2	75	15	8
3	110	12	6
4	125	10	5
5	160	7	4

管道支承件的间距：立管管径为 50mm 的，不得大于 1.2m；管径不小于 75mm 的，不得大于 2m；横管直线管段支承件间距宜符合表 4 - 5 的规定。

表 4 - 5　　　　　　　　　　横管直线管段支承件的间距

管径/mm	40	50	75	90	110	125	16
间距/m	0.40	0.50	0.75	0.90	1.10	1.25	1.60

3. 立管安装

首先按设计坐标要求，将洞口预留或后剔，洞口尺寸不得过大，更不可损伤受力钢筋。安装前清理场地，根据需要支搭操作平台。

立管安装前先出高处拉一根垂直线至首层，以确保垂直；安装时按设计要求安装伸缩节，伸缩节最大允许伸缩量见表 4 - 6 的规定，应符合下列规定：

（1）当层高小于或等于 4m 时，污水立管和通气立管应每层设一伸缩节；当层高大于 4m 时，其数量应根据管道设计伸缩量和伸缩节允许伸缩量计算确定。

（2）污水横支管、横干管、器具通气管、环形通气管和汇合通气管上无汇合管件的直线管段大于 2m 时，应设伸缩节，但伸缩节之间最大间距为 4m。

（3）管道设计伸缩量不应大于表 4 - 6 伸缩节的允许伸缩量。伸缩节设置位置如图 4 - 8 所示。

表 4 - 6	伸缩节最大允许伸缩量					（单位：mm）
管径	50	75	90	110	125	160
最大允许伸缩量	12	15	20	20	20	25

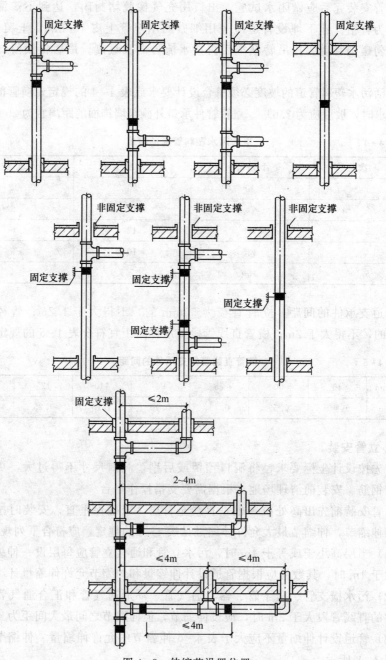

图 4 - 8　伸缩节设置位置

将已预制好的立管运到安装部位。首先清理已预留的伸缩节，将锁母拧下，取出 U 形橡胶圈，清理杂物。复查上层洞口是否合适。立管插入端应先划好插入长度标记，然后涂上肥皂液，套上锁母及 U 形橡胶圈。安装时先将立管上端伸入上一层洞口内，垂直用力插入至标记为止（一般预留胀缩量为 20～30mm）。合适后即用自制 U 形钢制抱卡紧固于伸缩节上沿，然后找正找直，并测量顶板距三通口中心是否符合要求。无误后即可堵洞，并将上层预留伸缩节封严。

为了使立管连接支管处位移最小，伸缩节应尽量设在靠近水流汇合管件处。为了控制管道的膨胀方向，两个伸缩节之间必须设置一个固定支架。伸缩节设置位置如图 4-8 所示。

固定支撑每层设置一个，以控制立管膨胀方向，分层支撑管道的自重，当层高 H 小于 4m（DN 小于 50，H 小于 3m）时，层间设滑动支撑一个；若层高 H 大于 4m（DN 小于 50，H 大于 3m）时，层间设滑动支撑两个。

立管在底层和在楼层转弯处应设置立管检查口，消能装置处在有卫生器具的最高层的立管上也应设置立管检查口。其安装高度距地面 1m，检查口位置和朝向应便于检修，暗装立管在检查口处应设检修门。

在水流转角小于 135°的横管上应设置检查口或清扫口。公共建筑内，在连接 4 个以上的大便器的污水横管上宜设置清扫口。

横管、排水管直线距离大于表 4-7 的规定值时，应设置检查口或清扫口。

表 4-7 　　　　　　　　检查口（清扫口）或检查井的最大距离

DN/mm	50	75	90	110	125	160
距离/m	10	12	12	15	20	20

管道穿楼板或穿墙时，需预留孔洞，孔洞直径一般可比管道外径大于 50mm。管道安装前，必须检查预留孔洞的位置和标高是否正确。安装施工应密切配合土建施工，做好预留洞或凿洞及补洞工作。

立管穿楼板处应加装 UPVC 或其他材料的止水翼环，用 C20 细石混凝土分层浇筑填补，第一次为楼板厚度的 2/3，待强度达 1.2MPa 以后，再进行第二次浇筑至与地面相平。

室内塑料排水管道安装的允许偏差和检验方法允许偏差项目见表 4-8。

表 4-8 　　　　　　室内塑料排水管道安装的允许偏差和检验方法

项　目		允许偏差/mm	检查方法
水平管道纵、横方向弯曲	每 1m	1.5	用水准仪（水平尺），直尺、拉线和尺量检查
	全长（25m 以上）	不大于 38	

续表

项　目		允许偏差/mm	检查方法
立管垂直度	每1m	3	吊线和尺量检查
	全长（5m以上）	不大于15	

4. 支管安装

首先剔出吊卡孔洞或复查预埋件是否合适。清理场地，按需要支搭操作平台。将预制好的支管按编号运至现场。清除各粘结部位的污物及水分。将支管水平初步吊起，涂抹胶粘剂，用力推入预留管口。根据管段长度调整好坡度。合适后固定卡架，封闭各预留管口和堵洞。

5. 器具连接管安装

（1）操作方法。

1）核查卫生器具及预留孔洞。从排水横管上接出，与卫生器具排水口相连接的一段垂直短管叫排水支立管。安装前，首先根据图样和规范要求核对各种卫生器具、排水设备、管件规格等内容，检查预留孔洞的位置和尺寸，如有偏差，应修整至符合要求。

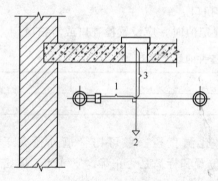

图4-9　排水支立管安装尺寸
测量示意图

1—立尺寸；2—横尺寸；3—吊锤

2）量尺下料。以上内容确认无误后，在地面上画出大于支立管管径中心的十字线和修正孔，按土建在墙上给定的地面水平线，挂好通过支立管中心十字线的垂线，然后根据不同型号的卫生器具所需要的排水支立管的高度从横管甩口处量尺，如图4-9所示。测量时需先扶稳吊锤，将钢卷尺插入管子承口颈部，使卷尺与垂线成90°时，尺与垂线接触处即为所测的横尺寸（如将卷尺对着承口外沿，则需加上承口深度）；将卷尺抵至垂线与横管十字交叉处，测出支立管上的短管尺寸，加上（当卷尺在承口内）或减去（当卷尺在承口下）1/2管径，则为所测短管的实际尺寸。

支立管下料时，还需与土建配合，按卫生器具的类型对所测尺寸进行一定的增减，如地漏应低于地面5～10mm，坐便器落水口处的铸铁管应高出地面10mm等。

3）安装支立管。安装时，将管托起，插入横管的甩口内，在管子承口处绑上钢丝，并在楼板上临时吊住，调整好坡度和垂直度后，打麻捻口并将其固定

在横管上，将管口堵住，然后将楼板洞或墙孔洞用砖塞平，填入水泥砂浆固定。补洞的水泥砂浆表面应低于建筑表面 10mm 左右，以利于土建抹平地面。

（2）操作要领及注意事项。

1）所有器具支立管均应实际测量下料长度，在排水横管安装并固定好后，接至卫生器具的排水口处，并妥善进行管口封闭，以备安装卫生器具。器具支管量尺时，尺头插入横管上垂直向上的管件承口内侧，量至一层设计地坪得尺寸基数为 S。器具排水管的安装方法及要求见表 4-9。

表 4-9 器具排水管的安装

卫生器具名称		器具排水支管的安装		
		用料	管面安装高度	管中心与后墙的距离/mm
蹲式大便器	铸铁存水弯	承口短管	$S+10mm$	600
	瓷存水弯	DN100		420（毛墙）
坐式大便器	与下水口连接	不带承口短管	$S=$与地面平齐	（净墙面 400）420（毛墙）
	连体式	DN100		按设计位置
洗脸盆	明装	带承口短管 DN5	S	80（台式 122）
	暗装	镀锌钢管 DN32		与墙面平齐
地漏		地漏及短管	地漏面比地面低 20mm	按设计位置
地面扫除口		扫除口及短管	扫除口面与地面平齐	按设计位置
存水弯	明装	S 形存水弯	下部套钢板环插入承口短管打口连接	
	暗装	P 形存水弯	端部缠石棉绳抹油灰插入排水钢管，或用锡焊连接	

2）安装时要保证支立管的坡度和垂直度，不得有倒坡现象。

3）支立管露出地坪的尺寸需根据卫生器具和排水设备附件的种类决定，不得出现地漏高出地坪和小便池落水高出池底的现象。

4）支立管安装好后，应拆除一切临时支架，并堵好所有的管口，防止异物落入管中堵塞管道。

◆◆**4.4.4 室内 PVC-U 塑料排水管道安装**

1. 开挖沟槽、铺设基础

（1）沟槽。

1）沟槽槽底净宽度，可按各地区的具体情况确定，宜按管外径加 0.6m 采用。

2）开挖沟槽，应严格控制基底高程，不得扰动基底原状土层。基底设计标高以上 0.2～0.3m 的原状土，应在铺管前人工清理至设计标高。如遇局部超挖或发生扰动，不得回填泥土，可换填最大粒径 15mm 的天然级配砂石料或最大粒径小于 40mm 的碎石，并整平夯实。槽底如有坚硬物体必须清除，用砂石回填处理。

3）雨期施工时，应尽可能缩短开槽长度，且成槽快、回填快，并采取防泡槽措施。一旦发生泡槽，应将受泡的软化土层清除，换填砂石料或中粗砂。

4）人工开槽时，宜将槽上部的混杂土与槽下部可用于沟槽回填的良质土分开堆放，且堆土不得影响沟槽的稳定性。

（2）基础。

1）管道基础必须采用砂砾垫层基础。对一般的土质地段，基底可铺一层厚度 H_0 为 100mm 的粗砂基础；对软土地基，且槽底处在地下水位以下时，宜铺垫厚度不小于 200mm 的砂砾基础，亦可分两层铺设，下层用粒径为 5～40mm 的碎石，上层铺粗砂，厚度不得小于 50mm，见表 4-10。

2）管道基础支承角 2α 应依基础地质条件、地下水位、管径及埋深等条件由设计计算确定，可按表 4-10 采用。

表 4-10　　　　　　　　　砂子基础的设计支承角 2α

基础形式	设计支承角 α	基础设置要求
A	10°	D_0，90°，H_0，$0.15D_e$
B	120°	D_0，120°，H_0，$0.25D_e$
C	180°	D_0，H_0，$0.5D_e$

3）管道基础应按设计要求铺设，厚度不得小于设计规定。

4）管道基础在接口部位的凹槽，宜在铺设管道时随铺随挖（图 4-10）。凹槽长度 L 按管径大小采用，宜为 0.4～0.6m，凹槽深度 h 宜为 0.05～0.1m，凹槽宽度 B 宜为管外径的 1.1 倍。在接口完成后，凹槽随即用砂回填密实。

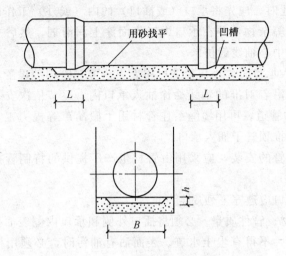

图 4 - 10　管道接口处的凹槽

2. 管道的安装

（1）管道安装可采用人工安装。槽深不大时可由人工抬管入槽，槽深大于 3m 或管径大于公称直径 DN400mm 时，可用非金属绳索溜管入槽，依次平稳地放在砂砾基础管位上。严禁用金属绳索勾住两端管口或将管材自槽边翻滚抛入槽中。混合槽或支撑槽，可采用从槽的一端集中下管，在槽底将管材运送到位。

（2）承插口管安装，在一般情况下插口插入方面应与水流方向一致，由低点向高点依次安装。

（3）调整管材长短时可用手锯切割，断面应垂直平整，不应有损坏。

（4）管道接头，除另有规定者外，应采用弹性密封圈柔性接头。公称直径小于 DN200mm 的平壁管亦可采用插入式黏结接口。

（5）橡胶圈接口应遵守下列规定。

1）连接前，应先检查胶圈是否配套完好，确认胶圈安放位置及插口应插入承口的深度。接口作业所用的工具见表 4 - 11。

表 4 - 11　　　　　　　　胶圈接口作业项目的施工工具要求

作业项目	工具种类
断管	手锯、万能笔、量尺
清理工作面	棉纱
涂润滑剂	毛刷、撬棍、缆绳
接口	挡板、撬棍、缆绳
安装检查	塞尺

2) 接口作业时，应先将承口（或插口）的内（或外）工作面用棉纱清理干净，不得有泥土等杂物，并在承口内工作面涂上润滑剂，然后立即将插口端的中心对准承口的中心轴线就位。

3) 插口插入承口时，小口径管可用人力，可在管端部设置木挡板，用撬棍将被安装的管材沿着对准的轴线徐徐插入承口内，逐节依次安装。公称直径大于 $DN400mm$ 的管道，可用缆绳系住管材用手搬葫芦等提力工具安装。严禁采用施工机械强行推顶管子插入承口。

（6）螺旋肋管的安装，应采用由管材生产厂提供的特制管接头，用黏结接口连接。

（7）黏结接口应遵守下列规定。

1) 检查管材、管件质量。必须将插口外侧和承口内侧表面擦拭干净，被黏结面应保持清洁，不得有尘土水迹。表面沾有油污时，必须用棉纱蘸丙酮等清洁剂擦净。

2) 对承口与插口粘结的紧密程度应进行验证。粘结前必须将两管试插一次，插入深度及松紧度配合应符合要求，在插口端表面宜画出插入承口深度的标线。

3) 在承插接头表面用毛刷涂上专用的胶粘剂，先涂承口内面，后涂插口外面，顺轴向由里向外涂抹均匀，不得漏涂或涂抹过量。

4) 涂抹胶粘剂后，应立即找正对准轴线，将插口插入承口，用力推挤至所画标线。插入后将管旋转 1/4 圈，在 60s 时间内保持施加外力不变，并保持接口在正确位置。

5) 插接完毕应及时将挤出接口的胶粘剂擦拭干净。

3. 管道修补

（1）管道铺设后，因意外因素造成管壁出现局部损坏，当损坏部位的面积或裂缝长度和宽度不超过规定时，可采取粘贴修补措施。

（2）管壁局部损坏的孔洞直径或边长不大于 20mm 时，可用聚氯乙烯塑料粘结溶剂在其外部粘贴直径不小于 100mm 与管材同样材质的圆形板。

（3）管壁局部损坏孔洞为 20～100mm 时，可用聚氯乙烯塑料粘结溶剂在其外部粘贴不小于孔洞最大尺寸加 100mm 与管材同样材质的圆形板。

（4）管壁局部出现裂缝，当裂缝长度不大于管周长的 1/12 时，可在其裂缝处粘贴长度大于裂缝长度加 100mm、宽度不小于 60mm 与管材同样材质的板，板两端宜切割成圆弧形。

（5）修补前应先将管道内水排除，用刮刀将管壁面破损部分剔平修整，并用水清洗干净。对异形壁管，必须将贴补范围内的肋剔除，再用砂纸或锉刀磨平。

（6）粘结前应先用环己酮刷粘结部位基面，待干后尽快涂刷粘结溶剂进行粘贴。外贴用的板材宜采用从相同管径管材的相应部位切割的弧形板。外贴板材的内侧同样必须先清洗干净，采用环己酮涂刷基面后再涂刷粘结溶剂。

（7）对不大于 20mm 的孔洞，在粘贴完成后，可用土工布包缠固定，固化 24h 后即可；对大于 20mm 的孔洞和裂缝，在粘贴完成后，可用铅丝包扎固定。

（8）在管道修补完成后，必须对管底的挖空部位按支承角 2 的要求用粗砂回填密实。

（9）对损坏管道采取修补措施，施工单位应事前取得管理单位和现场监理人员的同意；对出现在管底部的损坏，还应取得设计单位的同意后方可实施。

（10）如采用焊条焊补或化学止水剂等堵漏修补措施，必须取得管理单位同意后方可实施。

（11）当管道损坏部位的大小超过上列条文的规定时，应将损坏的管段更换。当更换的管材与已铺管道之间无专用连接管件时，可砌筑检查井或连接井连接。

4. 沟槽回填

（1）一般规定。

1）管道安装验收合格后应立即回填，应先回填到管顶以上一倍管径高度。

2）沟槽回填从管底基础部位开始到管顶以上 0.7m 范围内，必须采用人工回填，严禁用机械推土回填。

3）管顶 0.7m 以上部位的回填，可采用机械从管道轴线两侧同时回填、夯实，可采用机械碾压。

4）回填时沟槽内应无积水，不得带水回填，不得回填淤泥、有机物及冻土。回填土中不得含有石块、砖及其他杂硬物体。

5）沟槽回填应从管道、检查井等构筑物两侧同时对称回填，确保管道及构筑物不产生位移，必要时可采取限位措施。

（2）回填材料及回填要求。

1）从管底到管顶以上 0.4m 范围内的沟槽回填材料，可采用碎石屑、粒径小于 40mm 的砂砾、中砂、粗砂或开挖出的良质土。

2）槽底在管基支承角 2α 范围内必须用中砂或粗砂填充密实，与管壁紧密接触，不得用土或其他材料填充。

3）管道位于车行道下时，当铺设后立即修筑路面或管道位于软土地层及低注、沼泽、地下水位高的地段时，沟槽回填应先用中、粗砂将管底腋角部位填充密实，然后用中、粗砂或石屑分层回填到管顶以上 0.4m，再往上可回填良质土。

4）沟槽应分层对称回填、夯实，每层回填高度应不大于 0.2m。在管顶以上 0.4m 范围内不得用夯实机具夯实。

5）回填土的压实度：管底到管顶范围内应不小于 95％，管顶以上 0.4m 范围内应不小于 80％，其他部位应不小于 90％。管顶 0.4m 以上若修建道路，则应符合表 4 - 12 及图 4 - 11 的要求。

表 4 - 12　　　　　　　　　　沟槽回填土压实密度要求

槽内部位		最佳压实度（％）	回填土质
超挖部分		≥95	石砂料或最大粒径小于 40mm 碎石
管道基础	管底以下	≥90	中砂、粗砂、软土地基应符合规范规定
	管底支承角 2α 范围	≥95	中砂、粗砂
管两侧		≥95	中砂、粗砂、碎石屑、最大粒径小于 40mm 的砂砾或符合要求的原状土
管顶以上 0.4m	管两侧	≥95	
	管上部	≥80	
管顶 0.4m 以上		按地面或道路要求，但不得小于 80	原土回填

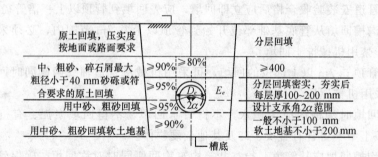

图 4 - 11　沟槽回填土要求

5. 密闭性试验

（1）管道安装完毕且经检验合格后，应进行管道的密闭性检验。宜采用闭水检验方法。

（2）管道密闭性检验应在管底与基础腋角部位用砂回填密实后进行。必要时，可在被检验管段回填到管顶以上一倍管径高度（管道接口处外露）的条件下进行。

（3）闭水检验时，应向管道内充水并保持上游管顶以上 2m 水头的压力。外观检查，不得有漏水现象。管道 24h 的渗水量应不大于按下式计算的允许渗水量：

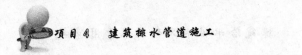

$$Q=0.0046D_1$$

式中 Q——每1km管道长度24h的允许渗水量，m^3；

　　　D_1——管道内径，mm。

6. 竣工验收

（1）管道工程竣工后必须经过竣工验收，合格后方可交付使用。

（2）管道工程的竣工验收必须在各工序、部位和单位工程验收合格的基础上进行。施工中工序和部位的验收，视具体情况由质量监理、施工和其他有关单位共同验收，并填写验收记录。

（3）管道工程质量的检验评定方法和等级标准，应按现行标准《给排水管道工程施工及验收规范》（GB 50268—2008）的规定执行，并应符合本地区现行有关标准的规定。

（4）竣工验收应提供下列资料。

1）竣工图和设计变更文件。

2）管材制品和材料的出厂合格证明和试验检验记录。

3）工程施工记录、隐蔽工程验收记录和有关资料。

4）管道的闭水检验记录。

5）工序、部位（分部）、单位工程质量验收记录。

6）工程质量事故处理记录。

（5）验收隐蔽工程时应具备下列中间验收记录和施工记录资料。

1）管道及其附属构筑物的地基和基础验收记录。

2）管道穿越铁路、公路、河流等障碍物的工程情况。

3）管道回填土压实度的验收记录。

（6）竣工验收时，应核实竣工验收资料，进行必要的复验和外观检查。对管道的位置、高程、管材规格和整体外观等，应填写竣工验收记录。

（7）管道工程的验收应由建设主管单位组织施工、设计、监理和其他有关单位共同进行。验收合格后，建设单位应将有关设计、施工及验收的文件立卷归档。

◆◆ *4.4.5　建筑排水管道试验*

1. 通球灌水试验

室内排水系统安装完后，要进行通球灌水试验，通球用胶球按管道直径选用。

通球前，必须做通水试验，试验程序为由上而下进行以不堵为合格。胶球应从排水立管顶端投入，并注入一定水量于管内，以使球能顺利流出为合格。

隐蔽或埋地的排水管道在隐蔽前必须做灌水试验，其灌水高度应不低于底层卫生器具的上边缘或底层地面高度。

检验方法：满水 15min 水面下降后，再灌满观察 5min，液面不降，管道及接口无渗漏为合格。

隐蔽或埋地的排水管道在隐蔽前做灌水试验，主要是防止管道本身及管道接口渗漏。灌水高度不低于底层卫生器具的上边缘或底层地面高度，主要是按施工程序确定的，安装室内排水管道一般均采取先地下后地上的施工方法。从工艺要求看，铺完管道后，经试验检查无质量问题，为保护管道不被砸碰和不影响土建及其他工序，必须进行回填。如果先隐蔽，待一层主管做完再补做灌水试验，否则一旦有问题，就不好查找是哪段管道或接口漏水。

灌水试验时，先把各卫生器具的口堵塞，然后把排水管道灌满水，仔细检查各接口是否有渗漏现象。

2. 闭水试验

排水管道安装后，按规定要求必须进行闭水试验。凡属隐蔽暗装管道必须按分项工序进行。卫生洁具及设备安装后，必须进行通水通球试验。且应在油漆粉刷最后一道工序前进行。

地下埋设管道及出屋顶透气立管如不采用硬质聚氯乙烯排水管件而采用下水铸铁管件时，可采用水泥捻口。为防止渗漏，塑料管插接处用粗砂纸将塑料管横向打磨粗糙。

胶粘剂易挥发，使用后应随时封盖。冬期施工进行粘接时，凝固时间为 2～3min。粘结场所应通风良好，远离明火。

4.5　排水管道防腐

参见项目 3 给水管道防腐的相关内容。

项目 5 建筑消防系统施工

5.1 消防管道预制加工

参见项目 3 给水管道预制加工的相关内容。

5.2 消防管道连接

参见项目 3 给水管道连接的相关内容。

5.3 消防管道支吊架安装

参见项目 3 管道支吊架安装的相关内容。

5.4 消防系统安装

5.4.1 安装的作业条件

（1）建筑主体结构已验收，现场已清理干净。

（2）管道安装所需要的基准线应测定并标明，如吊顶标高、地面标高、内隔墙位置线等。

（3）设备基础经检验符合设计要求，达到安装条件。

（4）安装管道所需要的脚手架应由专业人员搭设完毕。

（5）检查管道支架、预留孔洞的位置、尺寸是否正确。

（6）喷头安装按建筑装修图确定的位置，吊顶龙骨安装完成，按吊顶材料厚度确定喷头的标高。封吊顶时按喷头预留位置在顶板上开孔。

5.4.2 安装准备

1. 消火栓及自动喷水灭火系统安装准备

（1）认真熟悉图样，根据施工方案、技术、安全交底的具体措施选用材料，测量尺寸，绘制草图，预制加工。

（2）核对有关专业图样，查看各种管道的坐标、标高是否有交叉或排列位置不当，及时与设计人员研究解决，办理洽商手续。

（3）检查预埋件和预留洞是否正确。

（4）检查管材、管件、阀门、设备及组件等是否符合设计要求和质量标准。

（5）经预先排列各部位尺寸都能达到设计和技术交底的要求后，方可绘制施工草图，测量尺寸。根据管材及管件的预排尺寸，画好标记，下料、预制加工。

（6）安装喷头前应认真熟悉装修图样，尤其是吊顶部分，及时与设计人员沟通，合理安排，确认喷头的排列、布局及准确的位置。

2. 室内消防气体灭火系统管道施工前准备

（1）一般规定。

1）气体灭火系统施工前应具备下列技术资料。

①设计施工图、设计说明书、系统及其主要组件的使用、维护说明书。

②系统中采用的不能复验的产品，如安全膜片，必须有生产厂出具的同批产品检验报告与合格证。

③国家质量监督检验测试中心出具的容器阀、单向阀、喷嘴和阀驱（启）动装置等主要组件的检验报告和产品出厂合格证，灭火剂输送管道及管道附件的出厂检验报告与合格证。

2）气体灭火系统的施工应具备下列条件。

①系统组件与主要材料齐全，其品种、规格、型号和质量符合设计要求。

②防护区和灭火剂贮瓶间设置条件与设计相符。

③系统所需的预埋件和孔洞符合设计要求。

（2）系统组件检查。

1）气体灭火系统施工前应对灭火剂储存容器、容器阀、液体单向阀、选择阀、喷嘴和阀驱（启）动装置等系统组件进行检查。

①组件外露非机械加工表面保护涂层完好。

②系统组件无碰撞变形及其他机械性损伤。

③组件所有外露接口均设有防护堵、盖，且封闭良好，接口螺纹和法兰密封面无损伤。

④铭牌清晰，内容符合现行国家有关气体灭火系统设计规范的规定和设计要求。

⑤保护同一防护区的灭火剂储存容器的高度相差不宜超过20mm。

⑥气动驱（启）动装置的气体储存容器规格尺寸应一致，容器高度相差不宜超过10mm。

2）系统安装前应检查灭火剂储存容器内的灭火剂充装量与充装压力，且应符合下列规定。

①储存容器内灭火剂充装量不应小于设计充装量，且不得超过设计充装量的 1.5%。

②卤代烷灭火系统储存容器内的实际压力不应低于相应温度下的储存压力，且不应超过该储存压力的 5%。

按表 5-1 和表 5-2 确定不同温度下卤代烷灭火剂的储存压力。

表 5-1　　　　　　不同温度下卤代烷 1211 的储存压力

压力/MPa 系统类型 ＼ 温度/℃	0	5	10	15	20	25	30	35	40	45	50	55
1.05MPa 系统	0.85	0.89	0.93	0.99	1.05	1.10	1.17	1.24	1.32	1.40	1.40	1.59
2.50MPa 系统	2.19	2.26	2.33	2.40	2.50	2.58	2.68	2.78	2.88	3.00	3.12	3.21
4.00MPa 系统	3.58	3.68	3.78	3.89	4.00	4.12	4.24	4.37	4.50	4.64	4.79	4.95

表 5-2　　　　　　不同温度下卤代烷 1301 的储存压力

压力/MPa 系统类型 ＼ 温度/℃	-20	-15	-10	-5	0	5	10	15	20	25	30	35	40	45	50	55
2.50MPa 系统	1.32	1.43	1.55	1.67	1.80	1.93	2.11	2.29	2.50	2.72	2.89	3.14	3.36	3.64	3.93	4.29
4.20MPa 系统	2.70	2.90	3.07	3.20	3.35	3.55	3.75	3.95	4.20	4.43	4.65	4.90	5.20	5.45	5.80	6.30

注：未注明的压力均指表压。

③二氧化碳灭火系统储存容器的充装率应为 0.6～0.67kg/L；当储存容器工作压力不小于 20MPa 时，其充装率可为 0.75kg/L。按表 5-3 确定不同温度下二氧化碳灭火剂的储存压力。

表 5-3　　　　　　不同温度下二氧化碳灭火剂的储存压力

压力/MPa 系统类型 ＼ 温度/℃	-20	-15	-10	-5	0	5	10	15	20	25	30	35	40	45	50
0.60MPa 系统										6.40	7.30	8.40	9.60	10.90	12.10
0.67MPa 系统	1.90	2.20	2.70	3.00	3.40	3.90	4.50	5.00	5.70	6.40	7.60	9.40	11.00	12.70	14.40
0.75MPa 系统										7.10	9.90	11.40	13.50	15.70	17.90

3）系统安装前应对选择阀、液体单向阀、高压软管和阀驱（启）动装置中的气体单向阀逐个进行水压强度试验和气压严密性试验。

①水压强度试验压力为组件的设计工作压力的 1.5 倍，气压严密性试验压力为组件的设计工作压力。

②进行水压强度试验时，水温不应低于 5℃，达到试验压力后稳压不少于 1min，目测应无变形。

③气压严密性试验应在水压强度试验后进行。试验介质可采用空气或氮气。试验时宜将被试组件放入水槽中，达到试验压力后，稳压不少于 5min，应无气泡产生。

④组件试验合格后，应及时烘干，并封闭所有外露接口。

4）系统安装前应检查阀驱（启）动装置的下列项目。

①检查电磁驱（启）动器的电源电压应符合系统设计要求。通电检查电磁铁芯，其行程应能满足系统启动要求，且动作灵活无卡阻现象。

②检查气动驱（启）动装置，储存容器内气体压力不应低于设计压力，且不得超过设计压力的 5%。

储存容器内气体压力不应低于设计压力，且不得超过设计压力的 5%。

③气动驱（启）动装置中的单向阀芯应启闭灵活，无卡阻现象。

◆◆*5.4.3　干管、立管安装*

1. 消火栓灭火系统干、立管安装

（1）干管安装。

1）消火栓系统干管安装应根据设计要求使用管材，按压力要求选用碳素钢管或无缝钢管。当要求使用镀锌管件时（干管直径在 100mm 以上，无镀锌管件时采用焊法兰连接，试完压后做好标记拆下来加工镀锌），在镀锌加工前不得刷油和污染管道。需要拆装镀锌的管道应先安排施工。

2）干管用法兰连接每根配管长度不宜超过 6m，直管段可把几根连接一起，使用倒链安装，但不宜过长，也可调直后，编号依次顺序吊装，吊装时，应先吊起管道一端，待稳定后再吊起另一端。

3）管道连接紧固法兰时，检查法兰端面是否干净，采用 3～5mm 的橡胶垫片。法兰螺栓的规格应符合规定。紧固螺栓应先紧最不利点，然后依次对称紧固。法兰接口应安装在易拆装的位置。

4）配水干管、配水管应做红色或红色环圈标志。

5）管网在安装中断时，应将管道的敞口封闭。

6）管道在焊接前应清除接口处的浮锈、污垢及油脂。

7）不同管径的管道焊接，连接时如两管径相差不超过小管径的 15%，可将大管端部缩口与小管对焊。如果两管相差超过小管径 15%，应加工异径短管焊接。

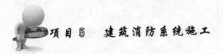

8）管道对口焊缝上不得开口焊接支管，焊口不得安装在支吊架位置上。

9）管道穿墙处不得有接口（丝接或焊接）；管道穿过伸缩缝处应有防冻措施。

10）碳素钢管开口焊接时要错开焊缝，并使焊缝朝向易观察和维修的方向上。

11）管道焊接时先焊三点以上，然后检查预留口位置、方向、变径等无误后，找直、找正，再焊接，紧固卡件、拆掉临时固定件。

12）管道的安装位置应符合设计要求。当设计无要求时，应符合表 5-4 的要求。

表 5-4　　　　　　管道的中心线与梁、柱、楼板等的最小距离　　　　（单位：mm）

公称直径	50	70	80	100	125	150	200
距离	60	70	80	100	125	150	200

（2）立管安装。

1）根据工程现场实际情况，合理安排、重新布置管井内各种管道的排列，按图样要求检查确认各层预留孔洞、预埋套管的坐标、标高。确定管井内各类管道的安装顺序。

2）按照确定的顺序，从干管甩口处开始向立管末端顺序安装。各种管材的连接应符合相应的管材连接的要求，连接牢固，甩口准确、到位，朝向正确，角度合适。

3）立管暗装在竖井内时，在管井内预埋件上安装卡件固定，立管底部的支架要牢固，防止立管下坠。立管明装时每层楼板要预留孔洞，立管可随结构穿入，以减少立管接口。

4）每层每趟立管从上至下统一吊线安装卡件，高度一致；竖井内立管安装的卡件宜在管井口设置型钢。将预制好的立管按编号方向安装正确。支管甩口均加好临时丝堵。立管阀门安装朝向应便于操作和修理。安装完后用线坠吊直找正，配合土建施工人员堵好楼板洞。

5）管道的穿墙、穿楼板处均按设计要求加好套管，并做好封堵。

2. 自动喷水灭火系统干管、立管安装

喷洒管道一般要求使用镀锌管件（干管直径在 100mm 以上，无镀锌管件时采用焊接法兰连接，试完压后做好标记拆下来加工镀锌）。需要镀锌加工的管道应选用碳素钢管或无缝钢管，在镀锌加工前不允许刷油和污染管道。需要拆装镀锌的管道应先安排施工。

自动喷淋系统管网布置形式如图 5-1 所示。喷洒干管用法兰连接每根配管长度不宜超过 6m，直管段可把几根连接一起，使用倒链安装，但不宜过长。也可调直后，编号依次顺序吊装，吊装时，应先吊起管道一端，待稳定后再吊起另一端。

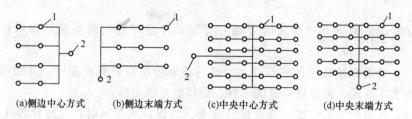

(a)侧边中心方式　　(b)侧边末端方式　　(c)中央中心方式　　　(d)中央末端方式

图 5-1　管网布置的形式

1—喷头；2—配水管

管道连接紧固法兰时，检查法兰端面是否干净，采用 3～5mm 的橡胶垫片。法兰螺栓的规格应符合规定。紧固螺栓应先紧最不利点，然后依次对称紧固。法兰接口应安装在易拆装的位置。

自动喷洒和水幕消防系统的管道应有坡度。充水系统应不小于 0.002；充气系统和分支管应不小于 0.004。

立管暗装在竖井内时，在管井内预埋铁件上安装卡件固定，立管底部的支吊架要牢固，防止立管下坠。

立管明装时每层楼板要预留孔洞，立管可随结构穿入，以减少立管接口。

3. 室内消防气体灭火系统干管、立管、支管安装

管道安装一般包括主干管、支干管、支立管、分支管、集合管、导向管安装。安装时，由主管道开始，其他分支可依次进行。气体灭火系统安装示意如图 5-2 所示。

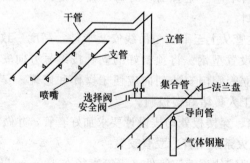

图 5-2　气体灭火系统安装示意

（1）干管安装。

1）将预制加工好的管道按环路核对编号、运到安装地点，按编号顺序散开放置就位。确定干管的位置、标高、坡度、管径及变径等，按照尺寸安装好支、吊架。

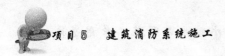

2）架设连接管道和管件可先在地面组装一部分，长度以便于吊装为宜。起吊后，轻落在支、吊架上，可用钢丝临时固定。

3）采用焊接的管道、管件，可全部吊装完毕后，再焊接，但焊口位置应在地面组装时就安排好，选定适当部位，以便焊工操作。正确地采用坡口角度及管子与管子连接，不能有错位焊接。

4）焊接后的管道应进行二次镀锌处理。管道预排列时应充分考虑到管道进行二次镀锌时管道的拆卸，在合适的位置上设置可拆卸的连接方式。管道焊接连接完毕，对管道按照连接顺序进行编号，并在管道的确定位置上打上不会被磨灭掉的标识，按顺序拆卸后进行二次镀锌处理；然后按照编号进行二次安装，安装位置应与一次安装时一致。

5）采用螺纹连接管道、管件时，吊到支、吊架上后，螺纹上缠好连接填料，应采用封闭性能好的聚四氟乙烯带，不能用麻丝做填料。一切就绪后即可上紧管道。

6）法兰垫料采用耐热石棉，切忌采用高压橡胶垫，因为橡胶垫容易膨胀导致漏气。

7）干管安装后，还应拨正调直，从管端看过去，整根管道应在一条直线上。用水平尺在管段上复验，防止局部管段有"下垂"或"拱起"等现象。除去临时钢丝，紧固卡件。

（2）立、支管安装。

1）干管安装后即可准备安装立管。先检查各层预留孔、洞是否垂直，位置是否合适。管道就位，进入预定地点，两管口对准，用线坠吊挂在立管一定高度上，找直、找正，并用电焊点固，复核后，方可施焊。

2）立管安装后，准备安装支管，因支管一般成排，安装时须先拉出位置线，以保证安装质量。

3）管道在各段局部安装后，按要求分段试压，及时办理验收手续。在焊口及接合部位做防腐处理，使其做法符合设计图样要求。

（3）安装后管道防护与保养。

1）埋设在混凝土墙内的管道，必须根据设计要求施工，须在埋设部位卷上聚乙烯胶带或同类产品。

2）在防火区域内，管道所穿过的间隙应填上不燃性材料，并考虑必要的伸缩，充分填实。

◈◈▩ 5.4.4 消火栓及支管安装

1. 消火栓的安装

应根据设计图样规定的消火栓箱材质、尺寸大小，栓阀口径，单栓或双栓，有无自救栓，有无消防泵启动按钮；水龙带，水枪口径、材质，暗装箱必须在墙体内预留孔洞，箱门应预留在装饰墙面的外部。不论明装、暗装，均须固定牢固，横平竖直。若箱体安装在轻质墙上，应有加固措施。消火栓的标准规格应符合图 5-3～图 5-5 和表 5-5～表 5-8 的要求。

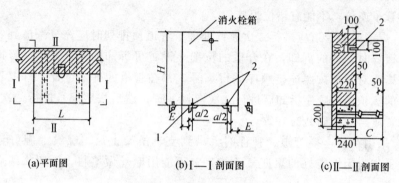

(a)平面图　　　　(b)Ⅰ—Ⅰ剖面图　　　　(c)Ⅱ—Ⅱ剖面图

图 5-3　明装于砖墙上的消火栓箱安装固定图

1—支承角钢；2—螺栓

注：砖墙留洞或凿孔处用 C15 混凝土堵塞。

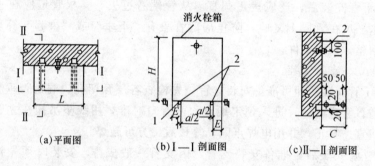

(a)平面图　　　　(b)Ⅰ—Ⅰ剖面图　　　　(c)Ⅱ—Ⅱ剖面图

图 5-4　明装于混凝土墙、柱上的消火栓箱安装固定图

1—支承角钢；2—螺栓

注：1. 预埋件由设计确定；2. 预埋螺栓也可用 M6 规格 YG 型胀锚螺栓，由设计确定。

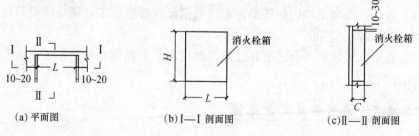

(a)平面图　　　　(b)Ⅰ—Ⅰ剖面图　　　　(c)Ⅱ—Ⅱ剖面图

图 5-5　暗装于砖墙上的消火栓箱安装固定图

注：箱体与墙体间应用楔子填塞，使箱体稳固后再用 M5 水泥砂浆填充抹干。

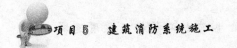

表 5 - 5 　　　　　消火栓箱尺寸表（一）　　　　　（单位：mm）

消火栓箱型尺寸 $L \times H$	650×800	700×1100	1100×700
E	50	50	250

表 5 - 6 　　　　　消火栓箱材料表（一）

序号	箱厚 C/mm	支承角钢			螺栓		
		规格/mm	件数	质量/kg	规格/mm	件数/套	质量/kg
1	200	L 40×4 $l=460$	2	2.03	M6 长 100	5	0.14
2	240	L 50×5 $l=460$	2	3.47	M6 长 100	5	0.14
3	320	L 50×5 $l=540$	2	4.01	M8 长 100	5	0.30

注：表 5-5、表 5-6 对应于图 5-3。

表 5 - 7 　　　　　消火栓箱尺寸表（二）　　　　　（单位：mm）

消火栓箱型尺寸 $L \times H$	E（螺栓孔中心与消火栓箱壁间距）
650×800	50
700×1100	50
1100×700	250

表 5 - 8 　　　　　消火栓箱材料表（二）

序号	箱厚 C/mm	螺栓		
		规格/mm	件数/套	质量/kg
1	200	M6 长 100	4	0.11
2	240	M8 长 100	4	0.21
3	320	M8 长 100	4	0.21

　　消火栓安装位置平面坐标应符合设计要求，其箱底标高以栓阀出口中心距地面 1.10m 为准，栓阀装在箱门开启的一侧，栓口朝下或与设置消火栓的墙面成 90°。

　　在交工前，消防水龙带应折好放在挂架上或卷实、盘紧放在箱内，消防水枪要竖放在箱体内侧。水龙带与水枪、快速接头的连接一般用 14 号钢丝或铜丝绑扎两道，每道不少于两圈，使用卡箍时，在里侧加一道钢丝。同一建筑物内应采用统一规格的消火栓。

2. 支管的安装

（1）各级支管起吊后，装配前必须用小线拉线，找正找直预留口的位置，不合适的及时调整。

（2）走廊吊顶内、车库的管道安装要与通风道的位置协调好。

（3）喷洒管道不同管径连接不宜采用补心，应采用异径管箍；弯头上不得用补心，应采用异径弯头。三通上最多用一个补心，四通上最多用两个补心。

（4）喷洒分支水流指示器后不得连接其他用水设施，每路分支均应设置测压装置。

（5）管道穿过建筑物的变形缝时，应设置柔性短管。穿过墙体应加设套管，套管长度不得小于墙体厚度，套管与管道的间隙应采用不燃烧材料填塞密实。

◈◈*5.4.5* 消火栓高位水箱、水泵接合器的安装

1. 消火栓高位水箱的安装

消防水箱不论是消防水专用，还是与生产生活水合用，都必须确保能够提供 10min 消防总用水量，故其容量较大。施工时必须考虑水箱材料的垂直运输问题，现场制作钢板水箱用的钢板、装配式水箱的装配板片必须在建筑结构施工期间进场，利用施工垂直运输机械吊运至安装层。水箱制作或组装好后应及时做满水试验。如果水箱接管管头在现场开口焊接，应在水箱上焊加强板。

（1）水箱一般用钢板焊制而成，内外表面进行除锈、防腐处理，要求水箱内的涂料不影响水质。水箱下的垫木刷沥青防腐，垫木的根数、断面尺寸、安装距离必须符合设计规定和要求。

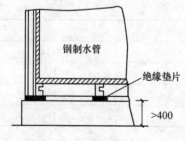

钢制水管

绝缘垫片

>400

图 5-6 水箱的安装

（2）金属水箱的安装是用工字梁或钢筋混凝土支墩支承，安装时中间垫上石棉橡胶板、橡胶板或塑料板等绝缘材料，能抗振和隔声，如图 5-6 所示。

（3）水箱底距地面保持不小于 400mm 净空，便于检修管道。水箱的容积、安装高度不得乱改。

（4）水箱管网压力进水时，要安装液压水位控制阀或浮球阀。水箱出水管上应安装内螺纹（小口径）或法兰（大口径）闸阀，不允许安装阻力大的截止阀。止回阀要采用阻力小的旋启式止回阀，标高且应低于水箱最低水位 1m。生活和消防合用时，消防出水管上止回阀应低于生活出水虹吸管顶 2m，如图 5-7 和图 5-8 所示。为了防止消防泵启动时，水由消防出水管进入水箱，必须在水箱消防出水管上安装止回阀。

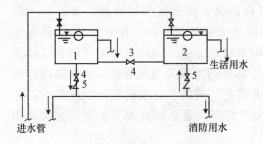

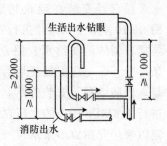

图 5-7　两个水箱储存消防水用的闸门布置　　　　图 5-8　消防和生活合用水箱

1、2—生活、生产、消防合用水箱；3—连通管；

4—常开阀门；5—止回阀

（5）泄水管从水箱最低处接出，可与溢水管相接，但不能与排水系统直接连接。溢水管安装时不得安装阀门，不得直接与排水系统相接。不得在通气管上安装阀门和水封。液位计一般在水箱侧壁上安装。一个液位计长度不够时，可上下安装 2～3 个，安装时应错位垂直安装，其错位尺寸如图 5-9 所示。管道安装全部完成后，进行试压、冲洗。合格后方能进行消火栓配件安装。

2. 消火栓消防水泵接合器安装

消防水泵接合器应按设计规定的规格（$DN100mm$、$DN150mm$）、类型（墙壁式、地上式、地下式）进行安装。其安装位置应有明显的标志，附近不能有障碍物。

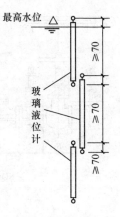

图 5-9　液位计安装

其止回阀应注意水流方向，即水流只能由室外向室内流，不能装反。其安全阀应按系统的工作压力定压，防止消防车加压过高破坏室内管网及部件。

水泵接合器应安装在接近主楼外墙的一侧；附近 40m 以内有可取水的室外消火栓或储水池。

◆◆▣ **5.4.6　附件安装**

1. 消火栓灭火系统附件安装

（1）节流装置应安装在公称直径不小于 50mm 的水平管段上；减压孔板安装在管道内水流转弯处下游一侧的直管上，且与转弯处的距离不应小于管道公称直径的 2 倍。

（2）水泵结合器的安装。消防水泵接合器的三种形式，适用安装于不同的场所。地上消防水泵接合器，栓身与接口高出地面，目标显著使用方便。地下消防水泵接合器安装在路面下，不占地方，特别适用于寒冷地区。墙壁式消防水泵接合器安装在建筑物墙根处，目标清晰、美观，使用方便。安装时，按图 5-10 各部位和尺寸进行安装（放水阀水平处长至开启方便处），使用消防水泵接合器的消防给水管路，应与生活用水管道分开，以防污染生活用水（如无条件分开，也应保证使用后断开）；各零部件的连接及与地下管道的连接均需密封，以防渗漏。安装好后，应保证管道水平，闸阀、放水阀等开启应灵活，并进行 1.6MPa 压力的水压试验；放水阀及安全阀溢水口要和下水道其他水道相通以便用完后放出余水。

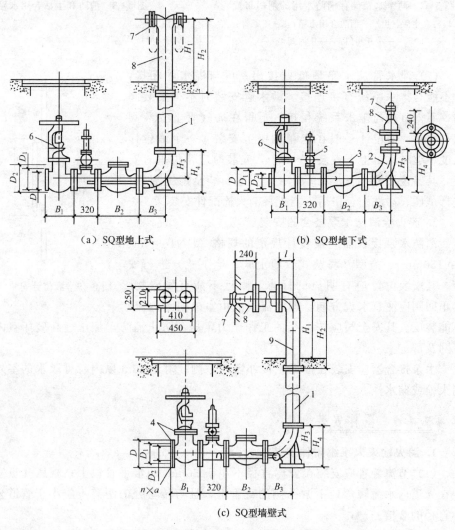

(a) SQ 型地上式　　　(b) SQ 型地下式

(c) SQ 型墙壁式

图 5-10　水泵接合器外形图

1、9—法兰连接；2—弯管；3—升降式单向阀；4—放水阀；5—安全阀；

6—楔式闸阀；7—进水用消防接口；8—本体

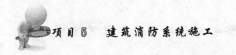

2. 自动喷淋灭火系统附件安装

（1）报警阀安装。报警阀及其组件应在交工前进行。其组件应包括控制阀、水力警铃、系统检验装置、压力表及水流指标器、压力开关等辅助电动报警装置。报警阀宜设在明显地点，且便于操作，距离地面高度宜为 1m。水力警铃宜装在报警阀附近，与其报警阀的连接管道应采用镀锌钢管，长度不大于 6m 时，管径为 $DN15mm$；大于 6m 时，管径为 $DN20mm$，但最大长度为 20m，其上宜设置过滤器。

先安装水源总控制阀门、报警阀，再进行报警阀辅助管道及其他组件安装。

1）总控制阀安装。安装前检查其规格、型号应符合设计，检验阀件的严密性，且有明显开闭标志、水流方向标志。应清理干净阀件内外污垢，阀内应清洁无堵塞，不渗漏。再根据阀门水流方向的标志、安装位置、接口方式、标高，按本工艺标准连接工艺进行组装、连接。当采用螺纹连接时，用聚四氟乙烯生料带作填料；法兰盘连接时，用 2.5～4.2MPa 压力法兰盘（由设计定）。当用凸凹法兰时，采用 $\delta=1.6mm$ 的金属片作为垫片。自动喷水灭火系统中的阀件均参照此工艺进行。总控制阀上应加设启闭指示标志装置和可靠锁定设施。隐蔽安装主控制阀时，应有指示标志。

2）湿式报警阀组安装如图 5-11 所示。湿式报警阀组的安装应符合下列要求。

①报警阀安装在明显且易于操作的位置上，距地面高度宜为 1.2m，确保两侧距墙不小于 0.5m，正面距墙不小于 1.2m。在 0.8～1.5m 范围内必须没有冰冻，易于管理维护，地面应有排水装置。警铃安装在报警阀附近。

②报警阀安装前应逐个进行渗漏试验，试验压力为 2 倍工作压力，即 $P_s=2P$，试压时间为 5min，阀瓣处无渗漏为合格，方可进行安装。安装完水源控制阀后，安装报警阀再与配水总干管进行连接，其安装后水流方向必须一致。

③水力警铃安装在报警阀附近，尽量选择公共通道或值班室附近的墙上并应安装检修和测试用的阀门。连接水力警铃与报警阀之间的管道采用镀锌钢管，螺纹连接，用聚四氟乙烯生料带作填料。当连接管的长度不超过 6m 时，管径 DN 为 15mm，超过 6m 时，DN 为 20mm。连接水力警铃的总长度不得超过 20m。应设置延迟器，安装在报警阀与水力警铃之间的信号管路上，以防止供水压力的波动，产生水锤及管网漏失时，少量压力从报警通道流出，造成警铃的误动作。水力警铃的启动压力不应小于 $4.9 \times 10^4 Pa$。

（2）干式报警阀的安装。如图 5-12 所示。干式报警阀的安装应满足以下要求。

1）干式报警阀组应安装在不发生冰冻的场所。

2）安装完成后，应向报警阀气室注入高度为 50～100mm 的清水。

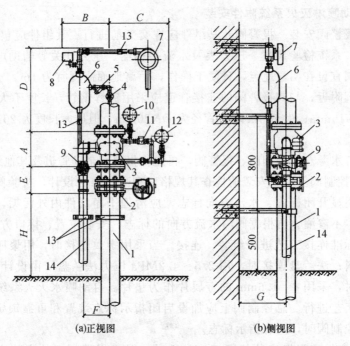

(a)正视图　　　　　(b)侧视图

图 5-11　湿式报警阀组的安装

1—消防给水管；2—信号蝶阀；3—湿式报警阀；4、9—球阀；5—过滤器；

6—延时器；7—水力警铃；8—压力开关；10—出水口压力表；

11—止回阀；12—进水口压力表；13—管卡；14—排水法

3）充气连接管接口应在报警阀气室充注水位以上部位，充气连接管的直径不应小于 15mm；止回阀、截止阀应安装在充气连接管上。

4）气源设备的安装应符合设计要求和国家现行有关标准的规定。

5）安全排气阀应安装在气源与报警阀之间，且应靠近报警阀。

6）加速排气装置应安装在靠近报警阀的位置，且应有防止水进入加速排气装置的措施。

7）低压预警报装置应安装在配水干管一侧。

8）下列部位应安装压力表；报警阀充水一侧；空气压缩机的气泵和储水罐上；加速排气装置上。

（3）水流指示器安装。水流指示器一般安装在每层的水平分支干管或某区域的分支干管上。应水平立装，倾斜度不宜过大，保证叶片活动灵敏。水流指示器前后应保持有 5 倍安装管径长度的直管段，安装时注意水流方向与指示器的箭头一致。国内产品可直接安装在丝扣三通上，进口产品可在干管开口用定型卡箍紧固，如图 5-13 所示。水流指示器适用于直径为 50～150mm 的管道上安装。

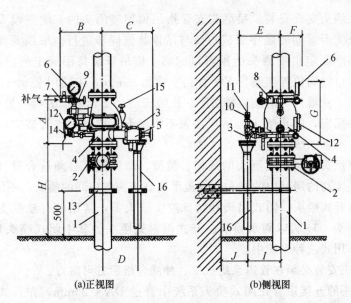

(a)正视图   (b)侧视图

图 5 - 12   干式报警阀的安装

1—消防给水管；2—信号蝶阀；3—自动滴水阀；4—干式报警阀；5—主排水阀；

6—气压表；7—补气接口；8—止回阀；9—补气截止阀；10—水力警铃接口；

11—压力开关接口；12—压力表；13—立式管卡；14—排水阀；

15—复位按钮；16—排水管

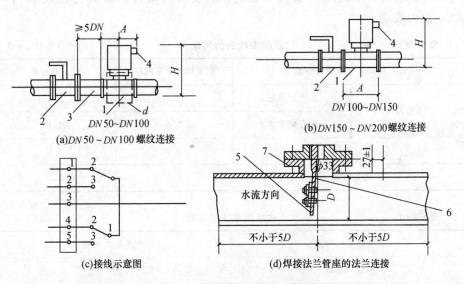

(a)*DN* 50 ~ *DN*100 螺纹连接

(b)*DN*150 ~ *DN* 200 螺纹连接

(c)接线示意图   (d)焊接法兰管座的法兰连接

图 5 - 13   水流指示器的安装

1—水流指示器；2—蝶阀；3—短管；4—接线柱；5—叶片；6—叶片杆；

7—法兰管座

（4）喷洒头支管安装。喷洒头支管指吊顶型喷洒头的末端一段支管，这段管不能与分支干管同时顺序完成，要与吊顶装修同步进行。吊顶龙骨装完，根据吊顶材料厚度定出喷洒头的预留口标高，按吊顶装修图确定喷洒头的坐标，使支管预留口做到位置准确。支管管径一律为 25mm，末端用 25mm×15mm 的异径管箍口，管箍口与吊顶装修层平，拉线安装。支管末端的弯头处 100mm 以内应加卡件固定，防止喷头与吊顶接触不牢，上下错动。支管装完，预留口用丝堵拧紧。准备系统试压。

（5）喷洒头安装。喷洒头的规格、类型、动作温度必须符合设计要求。厨房或其他温度高的房间内的喷头动作温度要高于一般房间的喷头，不能装错。

喷头有开式喷头、闭式喷头和特殊喷头三大类，常用的有悬壁支撑型易熔元件闭式喷头、玻璃球洒水喷头、开式雨淋式喷头。其中闭式喷头用于湿式、干式、预作用式三种系统中。

1）喷头安装必须在管道系统试压、冲洗合格后方可进行。

2）喷头的连接短管在闭式喷头系统中管径 $DN=25mm$，在开式喷头连接中 $DN=32mm$。与喷头连接一律采用异径管箍（同心大小头）。

3）安装喷头不得对喷头进行拆装、改动，不准给喷头加任何涂抹层。

4）安装过程中用的三通、四通、弯头要采用专用件，弯头安装后须在其两侧设支吊架。

5）标准喷头及边墙型喷头安装间距、喷头与梁边距离应符合表 5 - 9～表 5 - 11 的规定。

表 5 - 9　　　　　　　　　标准喷头的间距　　　　　　　（单位：m）

建、构筑物危险等级分类		喷头最大水平间距	喷头与墙、柱面最大间距
严重危险级	生产建筑物	2.8	1.4
	储存建筑物	2.3	1.1
中危险级		3.6	1.8
轻危险级		4.6	2.3

表 5 - 10　　　　　　　　　边墙型喷头的间距　　　　　　　（单位：m）

建筑物危险等级	喷头最大间距
中危险等级	3.6
轻危险等级	4.6

表 5-11　　　　　　　　　喷头与梁边距离　　　　　　　　（单位：mm）

喷头与梁边距离 a	喷头向上安装 b_1	喷头向下安装 b_2	喷头与梁边距离 a	喷头向上安装 b_1	喷头向下安装 b_2
200	17	40	120	135	460
400	34	100	140	200	460
600	51	200	160	265	460
800	68	300	180	310	460
1000	92	410	—	—	—

6）喷头溅水盘与吊顶、楼板、屋面板的距离不宜小于 75mm，不宜大于 150mm，如图 5-14 和图 5-15 所示。对于楼板、屋面板等耐火极限不小于 0.5h 的难燃烧体，其距离不大于 300mm。吊顶型喷头不受此限。吊顶处喷淋头必须成排成行，排列整齐，护口盘要贴紧吊顶。

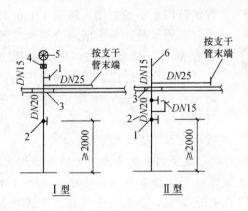

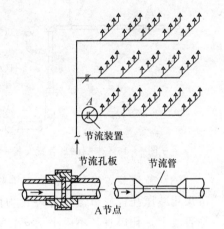

图 5-14　闭式系统检验装置

1—阀门（DN15mm）；2—阀门（DN20）；3—检修孔；

　4—自锁接头；5—压力表；6—手动跑风门

图 5-15　节流装置

7）在门窗洞口安装喷头时，喷头距洞口上表面的距离不大于 150mm；距墙面距离宜为 75～150mm。

8）在吊顶、屋面板、楼板下安装边墙型喷头时，其两侧 1m 范围内和墙面垂直方向 2m 范围内，均不应设有障碍物。

9）喷头距吊顶、楼板、屋面板的距离应为 50～100mm，距边墙的距离应为 50～100mm。

10）安装喷头应用厂家供给的专用扳手或自制扳手。严禁利用喷头的框架拧紧喷头。

11) 螺纹填实料宜采用聚四氟乙烯生料带，防止污染吊顶，喷洒头安装应注意朝向被保护对象。

12) 若设计图未标明喷洒头为普通型和边墙型时，应按下列原则确定。

宽度不大于 3.6m 的房间，可沿房间长向布置一排喷头；宽度介于 3.6～7.2m 的房间，应沿房间长向的两侧各布置一排边墙型喷头；宽度大于 7.2m 的房间，除两侧各布置一排边墙型喷头外，还应在房间中间布置标准喷头。

水幕喷洒头安装应注意朝向被保护的对象，在同一配水管上应安装相同口径的水幕喷洒头。

(6) 末端试水装置安装。末端试水装置由试水阀、压力表、试水接头及排水管组成。它设置与供水的最不利点，用于检测系统和设备的安全可靠性。末端试验装置的出水，应采取孔口出流的方式排入排水管道，如图 5 - 16 所示。

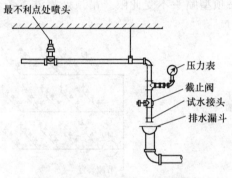

图 5 - 16 末端试水装置安装

(7) 高位水箱安装。高位水箱应在结构封顶前就位，并应做满水试验，消防用水与其他共用水箱时应确保消防用水不被它用，留有 10min 的消防总用水量。与生活水合用时应使水经常处于流动状态，防止水质变坏。消防出水管应加单向阀（防止消防加压时，水进入水箱）。所有水箱管口均应预制加工，如果现场开口焊接应在水箱上焊加强板。

(8) 节流装置安装。在高层消防系统中，低层的喷洒头和消火栓流量过大，可采用减压孔板或节流管等装置均衡。减压孔板应设置在直径不小于 50mm 水平管段上，孔口直径不应小于安装管段直径的 50%，孔板应安装在水流转弯处下游一侧的直管段上，与弯管的距离不应小于设置管段直径的两倍。采用节流管时，其长度不宜小于 1m。节流管直径按表 5 - 12 选用。

表 5 - 12　　　　　　　　　　节流管直径　　　　　　　　　（单位：mm）

管段直径	50	70	80	100	125	150	200
节流管直径	25	32	40	50	70	80	100

3. 室内消防气体灭火系统设备与配件安装

(1) 设备支架安装。

1) 按照设计图样要求，进行设备支架组装，组装时注意按照图样顺序编号进行安装，安装后应再矫正。

2) 各部件的组装应使用配套附件螺栓、螺母、垫圈、U 形卡等，注意不要组装错位。外露螺栓长度宜为其直径的 1/2。

3）储藏容器支架组装完，经复核符合设计图样要求后，用四根膨胀螺栓固定在储藏容器室的地面上。

（2）集合管及配管件、选择阀安装。

1）集合管及配管件安装（图 5-17）。

①把集合管设置在支架上面，将固定螺栓临时拧紧。连接口（导向管）垂直向下，将容器连接管安装后，使其扭曲度不产生附加应力，把所定方向调整到符合要求后，固定拧紧即可。

②集合管是气体灭火剂汇集后，再输送到支路管中去的设备，应采用厚壁镀锌无缝钢管，其末端安装有安全阀，将其用螺栓固定在支架上。

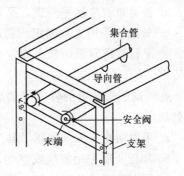

图 5-17 集合管及配管件安装

③导向管的两端是螺纹接头。先把紧固侧安装在集合管的位置上，然后把活动侧安装在储藏容器的配管件上。

④连接软管是用钢丝编织而成。单向阀可防止管路中的灭火溶剂回流。多个储藏容器系统的容器阀与集合管之间应用软管和单向阀连接，软管可调整安装误差、减轻喷雾时的冲击力。

2）选择阀安装。

①选择阀在手动开放杆上部，安装在容易用手操作的位置上。

②一般选择阀为法兰连接。垫料采用耐热石棉，应使法兰上的螺栓孔与水平或垂直中心线对称分布。安装螺栓时注意对角拧固。安装后用直角尺和塞尺检查其垂直度及间隙数值。

③选择阀平常处于关闭状态，当某一防护区域失火时。灭火控制器发出喷雾指令，此时通向该区域管网上的选择阀打开，向指令失火区域内喷雾。

3）阀驱动装置安装。

①电磁驱动装置的电气连接线应沿灭火剂储存容器的支、框架或墙面固定。

②拉索式的手动驱动装置的安装应符合下列规定。

a. 拉索除必须外露部分外，采用经内外防腐处理的钢管防护。

b. 拉索转弯处采用专用导向滑轮。

c. 拉索末端拉手应设在专用的保护盒内。拉索套管和保护盒必须固定牢靠。

③安装以物体重力为驱动力的机械驱动装置时，应保证重物在下落行程中无阻挡，其行程应超过阀开启所需行程 250mm。

④气动驱动装置的安装应符合下列规定。

a. 驱动气瓶的支、框架和箱体应固定牢固，且应做防腐处理。

b. 驱动气瓶正面应标明驱动介质的名称和对应防护区名称的编号。

⑤气动驱动装置的管道的安装应符合下列要求。

a. 管道布置应横平竖直。平行管道或交叉管道之间的间距应保持一致。

b. 管道应采用支架固定。管道支架的间距不宜大于 0.6m。

c. 平行管道宜采用管夹固定。管夹的间距不宜大于 0.6m，转弯处应增设一个管夹。

⑥气动驱动装置的管道安装后应进行气压严密性试验。严密性试验应符合下列规定。

a. 采取防止灭火剂和驱动器气体误码喷射的可靠措施。

b. 加压介质采用氮气或空气，试验压力不低于驱动气体的储存压力。

c. 压力升至试验压力后，关闭加气源，5min 内被试管道的压力应无变化。

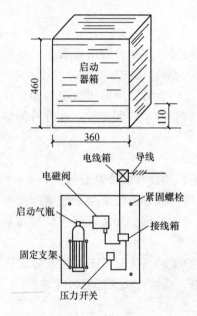

图 5-18 装配设备附件及压力开关

（3）设备稳固。按设计要求的编号、顺序进行储藏容器的稳固。安装时注意底盘不要发生弯曲下垂。安装容器框架拧紧地脚螺栓后，把储藏容器放入容器框架内，并用容器箍固定。

（4）装配设备附件及压力开关。首先将启动装置箱固定在框架上，拧紧螺栓，复核正直后，将小氮气瓶（启动气瓶）稳装在箱内的铁皮套里，再将压力开关固定在箱体内的正确位置上，如图 5-18 所示。

（5）喷嘴安装。

1）安装时应根据设计图样要求，对号入座，不得任意调换，装错，以免影响安装质量。

2）与管道连接方法是螺纹连接，填充采用聚四氟乙烯生料带。

3）安装喷嘴保护罩，此罩一般采用小喇叭形状，作用是防止喷嘴孔口堵塞。

◆◆ 5.4.7 系统调试的内容与要求

消防系统通水调试应达到消防部门测试规定条件。消防水泵应接通电源并已试运转，测试最不利点的喷头的压力和流量能否满足设计要求。消防系统的调试、验收结果应由当地公安消防部门负责核定。具体系统调试的内容与要求见表 5-13。

表 5-13　　　　　　　　　　系统调试的内容与要求

内容	要求
水源测试	检查和核实消防水池的水位高度、蓄水量及按设计要求核实水泵接合器的数量和水源供水能力，并通过移动式消防泵或消防车做供水试验进行验证
排水装置试验	全开排水装置的主排水阀，按系统最大设计喷水量作排水试验，并使压力达到稳定；整个试验过程中，从系统放出来的水，应全部通过室内排水系统排水，不得造成其他水体污染
消防水泵测试	分别用自动和手动方式启动消防水泵，消防水泵应在 5min 内投入运行，电源切换时消防水泵应在 1.5min 内投入正常运行。模拟设计要求的稳压泵启动、停止条件，当压力不足时稳压泵立即启动，并正常运行至系统设计压力时，稳压泵自动停止
报警阀调试	（1）湿式报警阀。开启试水装置阀门放水，报警阀及时动作，同时水力警铃发出报警信号，水流指示器输出电信号，压力开关接通电力报警，及时反映在消防控制室，并立即启动相应消防水泵。 （2）干式报警阀。开启系统试验阀门，检查并核实报警阀的启动时间、启动压力、水流到试验装置出口所需时间均应满足设计要求。当管网空气压力下降至供水压力的 12.5％以下时，试水装置连续出水，水力警铃发出报警信号
消火栓系统调试	消火栓（箱）设置位置应符合消防验收要求，标志明显，消火栓水龙带取用方便，消火栓开启灵活无渗漏。开启消火栓系统最高点与最低点的消火栓，进行消火栓喷射试验，当消火栓口喷水时，信号能及时传送至消防中心并启动系统水泵，消火栓栓口压力不大于 0.5MPa，水枪的充实水柱应符合设计及验收规范要求。且按下消防按钮后消防水泵准确动作
喷洒系统调试	启动最不利点的一支喷头或打开末端试水装置处阀门以 0.94～1.5L/s 的流量放水，水流指示器、压力开关、水力警铃和消防水泵等及时动作，并发出准确的信号

◆◆◆5.4.8　消防气体灭火施工试验与验收

（1）管道在安装完毕后交付使用前，必须进行管道单项及系统试压。在水压试验前，首先将高压管段与低压管段及系统不宜连接的试压设备隔开，并且在所需要的位置上加设盲板，做好标记、记录。系统内的阀门应开启。一般情况下系统水压试验以工作压力的 1.5 倍进行。在试验压力下保持 10min，压力无下降；然后降至工作压力，检查系统管路，没有渗漏为合格。

（2）系统水压试验后，应对系统内管道进行一次吹扫。吹扫工作一般用工艺装置内的气体压缩机进行。吹扫时在每个出口处放置白布或白纸板检查，不得有铁锈、铁屑、尘土、水分及其他脏物存在。吹扫合格后，应及时把该处接合件拧紧。

（3）系统一次吹扫管道完毕后，先用氮气吹净，试验增压至1MPa，检漏用肥皂水刷焊口处，并观察压力表10min压力无下降为合格。然后分管段试验，由容器出口到选择阀试验压力为5.9MPa。由选择阀至喷嘴（配临时盲堵）弯头处试验压力为4.62MPa。两段试验压力时间分别为5min，压力不降为合格。及时办理验收手续。

（4）当使用氮气或消防气体进行管道系统试压时（包括喷放试验），应由消防监督部门、建设单位、设计单位、施工单位共同参加并办理验收手续。

（5）气压试验完毕后，就可进行管道冲洗工作，要逐根管道地进行冲洗，直至符合设计要求时为合格。

（6）调试前做好全系统的检查工作，全部合格后，方可进行调试。调试时压力要缓慢增值，注意随时检查全系统是否有渗漏，待合格后，将室内烟气排除干净，以防污染。

◆◆◆5.4.9 应注意的质量问题

1. 消火栓灭火系统应注意的质量问题

（1）管道拆改严重，是由于各专业工序安装协调不好，施工中应注意各专业工种的协调。

（2）水泵接合器不能加压，是由于阀门未开启，止回阀装反或有盲板未拆除造成的。

（3）消火栓箱门关闭不严，是由安装时未找正或箱门强度不够变形造成的。

（4）消火栓关闭不严，是由管道未冲洗干净，阀座内有杂物造成的。

2. 自动喷水灭火系统应注意的质量问题

（1）喷洒管道拆改严重，是由于各专业工序安装协调不好，施工中应注意各专业工种的协调。

（2）喷头处有渗漏现象，是由于系统尚未试压就封吊顶，造成通水后渗漏。所以封吊顶前必须经试压，办理隐蔽工程验收手续。

（3）喷头与吊顶接触不严，护口盘偏斜，是由于支管末端弯头处未加卡件固定，支管尺寸不准，使护口盘不正。

（4）喷头不成排、成行，是因为安装时未拉线。

（5）水流指示器工作不灵敏，是由于安装方向相反或电接点有氧化物造成接触不良。

（6）水泵接合器不能加压，是由于阀门未开启，止回阀装反或有盲板未拆除。

（7）水幕消防系统测试时喷头堵塞，是由于管道内有杂物或水中有杂质，

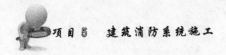

应在安装喷头前做冲洗和吹扫工作。

◈◈5.4.10　安全注意事项

（1）在倒链吊起部件下进行泵体组装时，应将倒链打结保险，并必须用道木或支架等将泵体垫稳。

（2）在安装消防干管时，不得将管道浮放在支架上，要临时固定，以防滑下伤人。

（3）使用电、气焊时，要遵守有关操作规程，要有防爆、防火、防烧伤、防止触电等安全措施。

5.5　消防管道及设备防腐保温

参见项目 3 给水管道及设备防腐保温的相关内容。

项目 6 水表阀门安装

6.1 水表安装

6.1.1 常用水表的技术特性和适用范围

（1）旋翼式冷水水表。最小起步流量及计量范围较小，水流阻力较大，其中干式的计数机构不受水中杂质污损，但精度较低；湿式构造简单，精度较高。适用于用水量及其逐时变化幅度小的用户，只限于计量单向水流。

（2）旋翼式热水水表。仅有干式，其余同旋翼式冷水水表。适用于用水量及其逐时变化幅度小的用户，只限于计量单向水流。

（3）螺翼式冷水水表。最小起步流量及计量范围较大，水流阻力小。适用于用水量大的用户，只限于计量单向水流。

（4）螺翼式热水水表。最小起步流量及计量范围较大，水流阻力小。适用于用水量大的用户，只限计量单向水流。

（5）复式水表。水表由主表及副表组成，用水量小时，仅由副表计量，用水量大时，则由主表及副表同时计量。适用于用水量变化幅度大的用户，且只限计量单向水流。

（6）正逆流水表。可计量管内正、逆两向流量之总和。主要用于计量海水的正逆方向流量。

（7）容积式活塞水表。为容积式流量仪表，精度较高，表型体积小，采用数码显示，可水平或垂直安装。适用于工矿企业及家庭计量水量，只限单向水流。

（8）液晶显示远传水表。具有现场读数和远程同步读数两种功能。可集中显示、储存多个用户的房号及用水量；尤其适用于多层或高层住宅。

6.1.2 流速式水表的构造和性能

在建筑内部给水系统中广泛采用流速式水表。这种水表是根据管径一定时，水流通过水表的速度与流量成正比的原理来测量。它主要由外壳、翼轮和传动指示机构等部分组成。当水流通过水表时，推动翼轮旋转，翼轮转轴传动一系列联动齿轮，指示针显示到度盘刻度上，便可读出流量的累积值。此外，还有计数器为字轮直读的形式。

流速式水表按翼轮构造不同分为旋翼式和螺翼式。旋翼式的翼轮转轴与水流方向垂直，如图 6-1（a）所示，它的阻力较大，多为小口径水表，宜用于测量小的流量；螺翼式的翼轮转轴与水流方向平行，如图 6-1（b）所示。它的阻力较小，多为大口径水表，宜用于测量较大的流量。

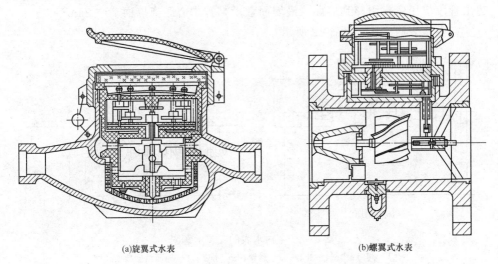

(a)旋翼式水表　　　　　　　　　　　(b)螺翼式水表

图 6-1　流速式水表

复式水表是旋翼式和螺翼式的组合形式，在流量变化很大时采用。

流速式水表按其计数机件所处状态又分干式和湿式两种：干式水表的计数机件用金属圆盘与水隔开；湿式水表的计数机件浸在水中，在计数度盘上装一块厚玻璃，用以承受水压。湿式水表简单、计量准确、密封性能好，但只能用在水中不含杂质的管道上，因为水质浊度高，将降低精度，产生磨损缩短水表寿命。

◈◈6.1.3　水表安装的要求

（1）水表应安装在查看方便、不受暴晒、不受污染和不易损坏的地方，引入管上的水表应装在室外水表井、地下室或专用的房间内。

（2）水表安装到管道上以前，应先除去管道中的污物（用水冲洗），以免造成水表堵塞。

（3）水表应水平安装，并使水表外壳上的箭头方向与水流方向一致，切勿装反。水表前后应装设阀门。

（4）对于不允许停水或设有消防管道的建筑，还应设旁通管道。此时水表后侧要装止回阀，旁通管上的阀门应设有铅封。

（5）为保证水表计量准确，水表前面应装有大于水表口径10倍的直管段，水表前面的阀门在水表使用时全部打开。

（6）家庭独用小水表，明装于每户进水总管上，水表前应有阀门，水表外壳距墙面不得大于30mm，水表中心距另一墙面（端面）的距离为450～500mm，安装高度为600～1200mm。水表前后直管段长度大于300mm时，其超出管段应用弯头引靠到墙面，沿墙面敷设，管中心距离墙面20～25mm。

室内水表的安装如图6-2所示。

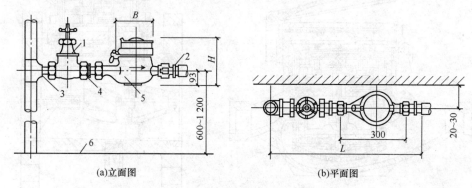

(a)立面图   (b)平面图

图6-2 室内水表的安装示意图

1—阀门；2、4—补心；3—短管；5—水表；6—地面活楼板面

6.2 阀门安装

◆◆◆6.2.1 阀门的设置

（1）居住小区给水管道从市政给水管道的引入管段上。

（2）居住小区室外环状管网的节点处，应按分隔要求设置。环状管段过长时，宜设置分段阀门。

（3）从居住小区给水干管上接出的支管起端或接户管起端。

（4）入户管、水表和各分支立管（立管底部、垂直环形管网立管的上、下端部）。

（5）环状管网的分干管、贯通枝状管网的连接管。

（6）室内给水管道向住户、公用卫生间等接出的配水管起端，配水支管上配水点多于3个时设置。

（7）水泵的出水管，自灌式水泵的吸水泵。

（8）水箱的进、出水管、泄水管。

（9）设备（如加热器、冷却塔等）的进水补水管。

（10）卫生器具（如大、小便器、洗脸盆、淋浴器等）的配水管。

（11）某些附件，如自动排气阀、泄压阀、水锤消除器、压力表、洒水栓等前、减压阀与倒流防止器的前后等。

（12）给水管网的最低处宜设置泄水阀。

◈◈6.2.2 阀门安装前的检查

（1）安装前，应仔细检查核对型号与规格，是否符合设计要求。检查阀杆和阀盘是否灵活，有无卡阻和歪斜现象，阀盘必须关闭严密。

（2）解体检查的阀门质量应符合下列要求：

1）合金钢阀门的内部零件进行光谱分析，材质正确。

2）阀座与阀体结合牢固。

3）阀芯与阀座的结合良好，并无缺陷。

4）阀杆与阀芯的连接灵活、可靠。

5）阀杆无弯曲、锈蚀，阀杆与填料压盖配合适度，螺纹无缺陷。

6）阀盖与阀体结合良好；垫片、填料、螺栓等齐全，无缺。

（3）阀件检查工序如下：

1）拆卸阀门（阀芯不从阀杆上卸下）。

2）清洗、检查全部零件并润滑活动部。

3）组装阀门，包括装配垫片、密封填料及检查活动部件是否灵活好用。

4）修整在拆卸、装配时所发现的缺陷。

5）要求斜体阀门必须达到合金钢阀门的要求。

◈◈6.2.3 阀门安装前需要做的实验

阀门安装前，应作强度和严密性试验。试验应在每批（同牌号、同型号、同规格）数量中抽查 10%，且不少于一个。对于安装在主干管上起切断作用的闭路阀门，应逐个作强度和严密性试验。

试验介质一般是常温清水，重要阀门可使用煤油。安全阀定压试验，可使用氮气较稳定气体，也可用蒸汽或空气代替。对于隔膜阀，使用空气做试验。阀件试验应在阀门试压检查台上进行，如图 6-3 所示。

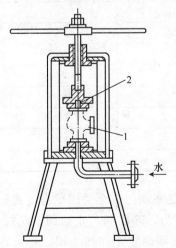

图 6-3 阀门试压检查台
1—阀件；2—放气孔

阀门的强度和严密性试验应符合以下规定：阀门的强度试验压力为公称压力的1.5倍；严密性试验压力为公称压力的1.1倍；试验压力在试验持续时间内保持不变，且壳体填料及阀瓣密封面无渗漏。阀门试压的试验持续时间应不少于表6-1的规定。

表6-1　　　　　　　　　　　　阀门试验持续时间

公称直径 DN/mm	最短试验持续时间/s		
	严密性试验		强度试验
	金属密封	非金属密封	
≤50	15	15	15
65～200	30	15	60
250～450	60	30	150

（1）阀门的强度试验。阀门的强度试验是在阀门开启状态下试验，检查阀门外表面的渗漏情况。公称压力为0.4～32.0MPa，这些常用压力阀门，其强度试验压力为其1.5倍，试验时间不少于5min，壳体、填料无渗漏为合格；$PN>$ 32.0MPa以及$PN<0.4$MPa的阀门，其试验压力见表6-2。

表6-2　　　　　　　　　　　强度试验压力　　　　　　　　（单位：MPa）

公称压力 PN	强度试验压力 P_s	公称压力 PN	强度试验压力 P_s
0.1	0.2	16.0	24.0
0.25	0.4	20.0	30.0
0.4	0.6	25.0	38.0
0.6	0.9	32.0	48.0
1.0	1.5	40.0	56.0
1.6	2.4	50.0	70.0
2.5	3.8	64.0	90.0
4.0	6.0	80.0	110.0
6.4	9.6	100.0	130.0
10.0	15.0	—	—

（2）阀门的严密性试验。阀门的严密性试验是在阀门完全关闭状态下进行的试验，检查阀门密封面是否有渗漏，其试验压力，除蝶阀、止回阀、底阀、节流阀外的阀门，一般应以公称压力进行，在能够确定工作压力时，也可用1.25倍的工作压力进行试验，以阀瓣密封面不漏为合格。

对焊阀门的严密性试验单独进行，强度试验一般可在系统试验时进行。严密性试验不合格的阀门，须解体检查并重做试验。合金钢阀门应逐个对壳体进行光谱分析，复查材质。合金钢及高压阀门每批取 10%，且不少于一个，解体检查阀门内部零件，如不合格则需逐个检查。

（3）试验方法。试压试漏在试验台上进行。试验台上面有一压紧部件，下面有一条与试压泵相连通的管路。将阀压紧后，试压泵工作，从试压泵的压力表上，可以读出阀门承受压力的数字。试压阀门充水时，要将阀内空气排净。试验台上部压盘，有排气孔，用小阀门开闭。空气排净的标志是，排气孔中出来的全部是水。

关闭排气孔后，开始升压。升压过程要缓慢，不要急剧。达到规定压力后，保持 3min，压力不变为合格。

试压试漏程序可以分三步：

1）打开阀门通路，用水（或煤油）充满阀腔，并升压至强度试验要求压力，检查阀体，阀盖、垫片、填料有无渗漏。

2）关死阀路，在阀门一侧加压至公称压力，从另一侧检查有无渗漏。

3）将阀门颠倒过来，试验相反一侧。

试验合格的阀门，应及时排尽内部积水，密封面应涂防锈油（需脱脂的阀门除外），关闭阀门，封闭出入口。

◆◆6.2.4　阀门安装的要求

（1）安装前应仔细检查，核对阀门的型号、规格是否符合设计要求。

（2）根据阀门的型号和出厂说明书，检查它们是否可以在所要求的条件下应用，并且按设计和规范规定进行试压，请甲方或监理验收并填写试验记录。

（3）检查填料及压盖螺栓，必须有足够的节余量，并要检查阀杆是否转动灵活，有无卡涩现象和歪斜情况。法兰和螺栓连接的阀门应加以关闭。

（4）不合格的阀门不准安装。

（5）阀门在安装时应根据管道介质流向确定其安装方向

（6）安装一般的截止阀时，使介质自阀盘下面流向上面，简称"低进高出"。安装闸阀、旋塞时，允许介质从任意一端流入流出。

（7）安装止回阀时，必须特别注意使阀体上箭头指向与介质的流向相一致，才能保证阀盘自由开启。对于升降式止回阀，应保证阀盘中心线与水平面相互垂直。对于旋启式止回阀，应保证其摇板的旋转枢轴装成水平。

（8）安装杠杆式安装阀和减压阀时，必须使阀盘中心线与水平面互相垂直，发现斜倾时应予以校正。

（9）安装法兰阀门时，应保证两法兰端面相互平行和同心。尤其是安装铸铁等材质较脆弱的阀门时，应避免因强力连接或受力不均引起的损坏。拧螺栓应对称或十字交叉进行。

（10）螺纹阀门应保证螺纹完整无缺，并按不同介质要求选择密封填料物。拧紧时，必须用扳手咬牢拧入管道一端的六棱体上，以保证阀体不致变形或损坏。

◈◈*6.2.5　阀门安装的一般规定*

阀门安装的一般规定见表 6-3。

表 6-3　　　　　　　　　　阀门安装的一般规定

项　目	规　　定
方向和位置	许多阀门具有方向性，如截止阀、节流阀、减压阀、止回阀等，如果装倒装反，就会影响使用效果与寿命（如节流阀），或者根本不起作用（如减压阀），甚至造成危险（如止回阀）。一般阀门在阀体上有方向标志；若没有，应根据阀门的工作原理，正确识别。 阀门安装的位置必须方便于操作；即使安装暂时困难些，也要为操作人员的长期工作着想。最好阀门手轮与胸口取齐（一般离操作地坪 1.2m），这样，开闭阀门比较省劲。落地阀门手轮要朝上，不要倾斜，以免操作别扭。靠墙靠设备的阀也要留出操作人员站立的余地。要避免仰天操作，尤其是酸碱、有毒介质等，否则很不安全。 水平管道上的阀门，阀杆宜垂直或向左右偏 45°，也可水平安装。但不宜向下；垂直管道上阀门阀杆必须顺着操作巡回线方向安装；阀门安装时应保持关闭状态，并注意阀门的特性及介质流向。阀门与管道连接时，不得强行拧紧法兰上的连接螺栓；对螺纹连接的阀门，其螺纹应完整无缺，拧紧时宜用扳手卡住阀门一端的六角体
施工作业	阀门堆放时，应按不同规格、不同型号分类堆放。安装施工必须小心，切忌撞击脆性材料制作的阀门。 安装前，应将阀门作一检查，核对规格型号，鉴定有无损坏，尤其对于阀杆。还要转动几下，看是否歪斜，因为运输过程中，最易撞歪阀杆。还要清除阀内的杂物，之后进行压力实验。 阀门吊装时，绳索应绑在阀体与阀盖的法兰连接处，切勿直接拴在手轮或阀杆上，以免损坏手轮或阀杆。对于阀门所连接的管路，一定要清扫干净。可用压缩空气吹去氧化铁屑、泥砂、焊渣和其他杂物。这些杂物，不但容易擦伤阀门的密封面，其中大颗粒杂物（如焊渣），还能堵死小阀门，使其失效。 安装螺口阀门时，应将密封填料（线麻加铅油或聚四氟乙烯生料带），包在管子螺纹上，不要弄到阀门里，以免阀内存积，影响介质流通
施工作业	安装法兰阀门时，要注意对称均匀地把紧螺栓。阀门法兰与管子法兰必须平行，间隙合理，以免阀门产生过大压力，甚至开裂。对于脆性材料和强度不高的阀门，尤其要注意

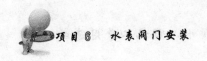

项 目	规 定
保护设施	有些阀门还需有外部保护，这就是保温和保冷。保温层内有时还要加伴热蒸汽管线。什么样的阀门应该保温或保冷，要根据生产要求而定。原则上，凡阀内介质降低温度过多，均会影响生产效率或冻坏阀门，所以需要保温，甚至伴热；凡阀门裸露，均对生产不利或引起结霜等不良现象时，所以需要保冷。保温材料有石棉、矿渣棉、玻璃棉、珍珠岩、硅藻土、蛭石等；保冷材料有软木、珍珠岩、泡沫、塑料等。 长期不用的水、蒸汽阀门必须放掉积水
旁路和仪表	有的阀门除了必要的保护设施外，还要有旁路和仪表。安装了旁路，便于疏水阀检修。其他阀门也有安装旁路的。是否安装旁路，要看阀门状况，重要性和生产上的要求而定
填料更换	库存阀门有的填料已不好使，有的与使用介质不符，这就需要更换填料。 阀门制造厂无法考虑使用单位千门万类的不同介质，填料函内总是装填普通盘根，但使用时，必须让填料与介质相适应。 在更换填料时，要一圈一圈地压入。每圈接缝以 $45°$ 为宜，圈与圈接缝错开 $180°$。填料高度要考虑压盖继续压紧的余地，现时又要让压盖下部压填料室适当深度，此深度一般可为填料室总深度的 $10\% \sim 20\%$。 对于要求高的阀门，接缝角度为 $30°$。圈与圈之间接缝错开 $120°$。 除上述填料之处，还可根据具体情况，采用橡胶 O 形环（天然橡胶耐 60℃ 以下弱碱，丁腈橡胶耐 80℃ 以下油品，氟橡胶耐 150℃ 以下多种腐蚀介质）三件叠式聚四氟乙烯圈（耐 200℃ 以下强腐蚀介质）尼龙碗状圈（耐 120℃ 以下氨、碱）等成形填料。在普通石棉盘根外面，包一层聚四氟乙烯生料带，能提高密封效果，减轻阀杆的电化学腐蚀。在压紧填料时，要同时转动阀杆，以保持四周均匀，并防止太死，拧紧压盖要用力均匀，不可倾斜

◈◈ 6.2.6 闸阀的安装

闸阀可装在管道或设备的任何位置，且一般没有规定介质的流向。

闸阀的安装姿态，依闸阀的结构而定。对于双闸板结构的闸阀，应直立安装，即阀杆处于铅垂位置，手轮在上面；对于单闸板结构的闸阀，可在任意角度上安装，但不允许倒装，若倒装，介质将长期存于阀体提升空间，检修不方便；对明杆闸阀必须安装在地面上，以免引起阀杆锈蚀。

小直径的闸阀在螺纹连接中，若安装空间有限，需拆卸压盖和阀杆手轮时，应略微开启阀门，再加力拧动和拆卸压盖。如果闸板处于全闭状态时，加力拧动压盖，易将阀杆拧断。

◈◈6.2.7　截止阀的安装

截止阀可安装在设备或管道的任意位置。安装时，应使其阀杆尽量铅垂，若阀杆水平安装，会使阀瓣与阀座不同轴线，形成位移，易发生泄漏。

截止阀的安装，有着严格的方向限制，其原则是"低进高出"，即首先看清两端阀孔的高低，使进口管接入低端，出口管接于高端。这种方式安装时，其流动阻力小，开启省力，关闭后，填料不与介质接触，易于检修。

◈◈6.2.8　止回阀的安装

止回阀的安装，必须特别注意介质的流向，才能保证阀盘能自动开启。

为保证止回阀阀盘的启闭灵活，工作可靠，对卧式升降式止回阀，只能水平安装在管道上，立式升降式和旋启式止回阀可水平安装在管道上，也可安装在介质自下而上流动的垂直管道上。

◈◈6.2.9　安全阀的安装

安全阀的安装如图6-4所示。设备的安全阀应装在设备容器的开口上。如有困难时，则应装设在接近容器出口的管路上，但管路的直径应不小于安全阀进口直径。

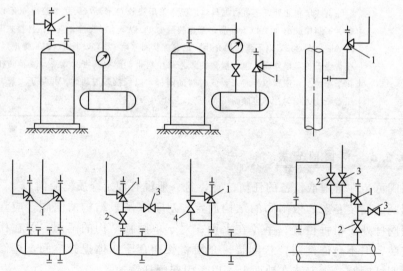

图6-4　安全阀的安装

1—安全阀；2—截止阀；3—检查阀；4—旁通阀

安全阀的定压是安装安全阀的重要环节。定压时，用水压或气压试验的方法，按工作压力+30kPa进行。不同构造的安全阀，其调压方式不同。对弹簧式

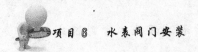

安全阀，通过用旋具调整弹簧的压紧程度的方式进行；对重锤式（杠杆式）安全阀，通过重锤在杠杆上滑动的方式进行。调整安全阀至压力表达到指示定压压力时，能开始泄放介质为止。定压后，应画出定压标记线（油漆线或锯痕线）。

操作要点和注意事项：

（1）安全阀应垂直安装，阀杆与水平面应保持良好的垂直度，有偏斜时必须校正，以保证容器或管道与安全阀间畅通无阻，杠杆式安全阀应使杠杆保持水平。

（2）安全阀的安装应注意其方向性。安装时，介质的流向应从阀瓣下向上流动，如果反向安装，将会酿成重大事故。

（3）对于单独排入大气的安全阀，应在其入口处装设一个常开的截断阀，并采用铅封。对于排入密闭系统或用集气管排入大气的安全阀，则应在它的入口和出口各装一个常开的截断阀，并用铅封。截断阀应选用明杆闸阀、球阀或密封好的旋塞阀。

（4）若安全阀的排出管过长应予固定，以防止振动。

（5）安全阀排放系统应经常试排放，以检查管路系统有无障碍，当排液管可能发生冻结时，则应加保温或伴热管。

◆◆◆ 6.2.10　减压器的安装

减压器即减压阀阀组，包括减压阀、压力表、安全阀等部件。施工中，减压器大多经预装而成。预装时，配以三通、弯头、活接头等管件以螺纹连接方式进行。

减压阀组的安装形式如图 6-5 所示，其尺寸参照表 6-4。

表 6-4　　　　　　　　减压器安装参考尺寸　　　　　　（单位：mm）

直径	方案 a			方案 b			方案 c				方案 d				方案 e	
DN	A	C	H	A	C	H	A	C	H	I	A	B	D	E	F	G
25	1760	450	600	1500	450	300	950	500	300	170	1100	400	200	1350	250	200
32	1830	500	600	1560	500	300	1000	500	300	190	1100	400	200	1350	250	200
40	1960	550	650	1670	550	300	1070	550	300	200	1300	500	250	1500	300	250
50	2200	600	650	1890	600	300	1240	650	300	200	1400	500	250	1600	300	250
65	2350	650	650	1990	650	300	1320	710	300	240	1400	500	250	1650	350	300
80	2500	700	700	2150	700	300	1400	830	300	250	1500	550	350	1750	350	350
100	2840	920	700	2430	820	350	1540	960	350	250	1600	550	400	1850	400	400
125	3015	950	700	2580	950	350	1820	1000	350	280	1800	600	450	—	—	—
150	3290	1000	750	2900	1000	400	2120	1150	400	300	2000	600	500	—	—	—

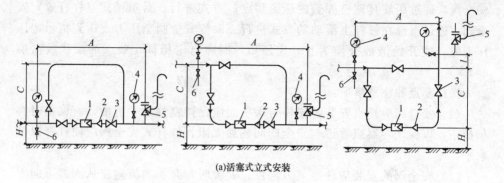

(a)活塞式立式安装

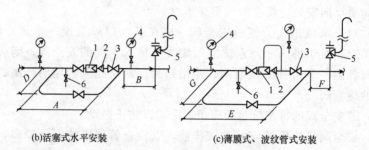

(b)活塞式水平安装　　　　　(c)薄膜式、波纹管式安装

图6-5　减压器的安装形式

1—减压阀；2—大小头；3—截止阀；4—压力表；5—安全阀；6泄水阀

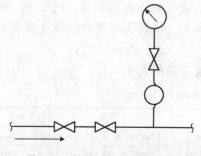

图6-6　简易减压装置示意图

对于用汽量较小的小型采暖系统，若散热器耐压较高或外网供汽压力不高于散热器所能承受的压力时，采用图6-6所示的由两个截止阀组成的简易装置减压。其中一个截止阀作减压用，另一个截止阀则作关闭用。

减压装置应设在振动较小、有足够空间和便于检修的位置，不能设置在临近移动设备或容易受冲击的部位。沿墙铺设时，安装在离地面1.2m处，平台铺设时，安装在离永久性操作平台1.2m处。

操作要点和注意事项：

（1）减压阀均应安装在水平管道，波纹管式减压阀用于蒸汽管道时，波纹管应朝下安装。

（2）减压阀有方向性，安装时不得反装。阀体上的箭头方向应与介质流向一致。

（3）减压阀的两侧应安装阀门，最好采用法兰截止阀，以便于维修。

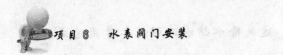

（4）减压阀前的管径与减压阀的公称直径相同。当设计无明确规定时，减压阀的出口管径比阀前管径大 1～2 号，并设旁通管便于检修。

（5）如系统中介质带渣物时，应在减压阀前设过滤器。

（6）减压阀的前后应分别安装高、低压压力表，以观察压力变化。

（7）蒸汽系统的减压阀前，应设疏水阀。

（8）减压阀的低压管上应配以弹簧式或杠杆式安全阀，安全阀的管径通常应比减压阀小 2 号，其排气管应接至室外。

（9）减压阀安装后，必须根据使用压力进行调试，并做好调试后的标志。施工完毕，应对系统进行一试压。试压结束后，关闭进口阀，打开冲洗阀对系统进行冲洗。

◆◆6.2.11　疏水器的安装

疏水器即疏水阀阀组，包括疏水阀、过滤器、止回阀、截止阀等部件。施工中，可参照如图 6-7 所示的组装示意图装配后再进行安装。

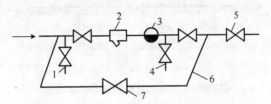

图 6-7　疏水器的组装示意图

1—冲洗管；2—过滤器；3—疏水阀；4—检查管；5—止回阀；

6—旁通管；7—截止阀

（1）不带旁通管疏水器的安装。图 6-8 所示为不带旁通管的疏水器的安装形式，其安装尺寸见表 6-5。

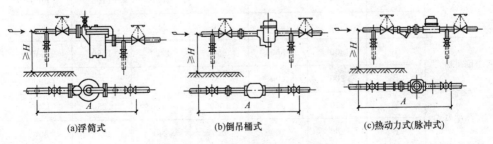

(a)浮筒式　　　　　　　(b)倒吊桶式　　　　　　(c)热动力式(脉冲式)

图 6-8　不带旁通管疏水器的安装

表 6 - 5　　　　　　　　不带旁通管疏水器安装尺寸　　　　（单位：mm）

型号	规格	DN15	DN20	DN25	DN32	DN40	DN50
浮筒式	A	680	740	840	930	1070	1340
	H	190	210	260	380	380	460
倒吊桶式	A	680	740	830	900	960	1140
	H	180	190	210	230	260	290
热动力式	A	790	860	940	1020	1130	1360
	H	170	170	180	190	210	230
脉冲式	A	750	790	870	960	1050	1260
	H	170	180	180	190	210	230

（2）带旁通管疏水器的安装。图 6 - 9 所示为带旁通管疏水器的安装形式，其安装尺寸见表 6 - 6。

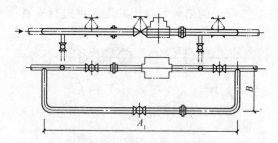

图 6 - 9　带旁通管疏水器的安装

表 6 - 6　　　　　　　　疏水器旁通管安装尺寸表　　　　（单位：mm）

型号	规格	DN15	DN20	DN25	DN32	DN40	DN50
浮筒式	A_1	800	860	960	1050	1190	1500
	B	200	200	220	240	260	300
倒吊桶式	A_1	800	860	950	1020	1080	1300
	B	200	200	220	240	260	300
热动力式	A_1	910	980	1060	1140	1250	1520
	B	200	200	220	240	260	300
脉冲式	A_1	870	910	990	1080	1170	1420
	B	200	200	220	240	260	300

（3）疏水器并联安装。如图 6-10 所示，当排水量较大时，可将疏水器并联使用。疏水装置一般靠墙布置，其中心离墙不应小于 150mm。安装时，在疏水器两侧阀门以外适当位置处设置托架，托架栽入墙内的深度不得小于 120mm。找平找正，将支架埋设牢固后，将其放置在托架上就位。有旁通管时，旁通管朝室内侧卡在支架上。

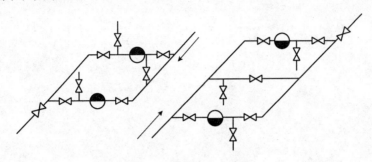

图 6-10　疏水器并联安装

（4）蒸汽干管变坡处疏水器的设置。图 6-11 所示为蒸汽干管变坡"翻身"处的疏水器设置方法。

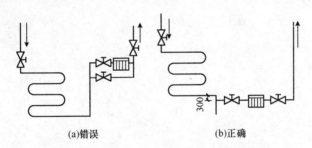

(a)错误　　　　(b)正确

图 6-11　蒸汽干管变坡处疏水器的设置

疏水器中，疏水阀是最重要的组件。疏水阀安装的操作要点和注意事项如下：

1）疏水阀一般应直立安装在水平管道上，不可倾斜安装，以免影响疏水阀动作。热动力式疏水阀方位可任意选择，但应尽量水平安装。

2）疏水阀有方向性。安装时，应使介质流向与阀体上的箭头方向一致，不得反装。

3）疏水阀管道水平铺设时，管道应坡向疏水阀，以免出现水击。

4）疏水阀前后都设置截止阀，但冷凝水不需回收而直接排放时，疏水阀后可不设置。

5）疏水阀的进口端应装有过滤器，防止水中的污物堵塞疏水阀。热动力式疏水阀本身带过滤器，可不另装。

6) 疏水阀前可设置放气管，以排放空气或不凝结气体，减少系统内的气堵现象。

7) 疏水阀和后截止阀间设检查管，用于检查疏水阀工作是否正常。如打开检查管大量冒汽，则说明疏水阀已坏，需检修。

●项目 7　水箱水泵安装

7.1　水箱安装

◆◆7.1.1　水箱安装前的准备

（1）编制施工方案。编制的水箱安装就位方案，要紧密配合土建进行，注意建筑物中水箱进出口和吊装条件及制作水箱场地方案的选定。

（2）设备验收。对装配式或整体式水箱，检查是否具备出厂合格证和技术资料，并填写"设备开箱记录"。对现场制作的水箱，应按设计图样或标准图进行检查。

（3）基础验收。检查基础外形尺寸、空间位置，基础的表面应无裂纹、空洞、掉角、露筋，用锤子敲打时，应无破碎现象发生。基础的标高、平面位置（坐标）、形状和主要尺寸应符合设计要求。填写"设备基础验收记录"。

（4）施工条件检查。检查照明、水源、电源等正常施工条件是否已具备。

◆◆7.1.2　水箱就位

（1）托盘制作。为收集安装在室内钢板水箱壁上的凝结水及防止水箱漏水，一般在水箱支座上（垫梁上）设置托盘。托盘用 50mm 厚的木板上包 22 号镀锌铁皮制作而成。其周边应伸出水箱周界 100mm，高出盘面 50mm。水箱托盘上设泄水管，以排除盘内的积水。

（2）托盘放置。在水箱支座上（垫梁上），放置好水箱托盘。盘上放置油浸枕木。

（3）水箱就位将试验合格的水箱吊装就位，找平找正。

水箱的安装位置、标高应符合设计要求，其允许偏差为坐标，15mm；标高，±5mm；垂直度，1mm/m。

◆◆7.1.3　水箱附件布置

水箱的附件布置如图 7-1 所示。

（1）进水管安装。水箱进水管一般从侧壁接入，也可以从底部或顶部接入。

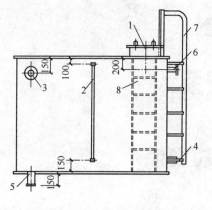

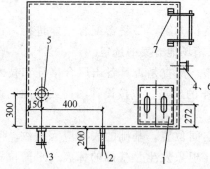

图 7-1 水箱附件

1—进水管；2—出水管；3—溢流管；4—排水管；
5—水位信号；6—人孔；7、8—内外人梯

当水箱利用管网压力进水时，其进水管应设浮球阀。浮球阀直径与进水管直径相同，数量不少于两个。

（2）泄水管安装。泄水管又名排水管或污水管。自水箱底部最低处接出，以便排除箱底沉泥及清洗水箱的污水。泄水管上装设阀门。如图 7-2 所示，可与溢流管连接，经过溢流管将污水排至下水道，也可直接与建筑排水沟相连。

若无特殊要求时，泄水管一般选用公称直径为 40～50mm 的管道。

（3）出水管安装。水箱出水管可从侧壁或底部接出。出水管管口应高出水箱内底 50mm 以上，出水管上一般应设阀门。

（4）溢流管安装。水箱溢流管用来控制水箱的最高水位，可从侧壁或底部接出，其直径宜比进水管大 1～2 号，但在水箱底 1m 以下管段可采用与进水管直径相同的管径。溢流管中的溢水必须经过图 7-3 所示的隔断水箱后，才能与排水管直接相连。设在平屋顶上的水箱，溢流出水可直接排除，但应设置滤网，防止污染水箱。溢流管上不得装设阀门。

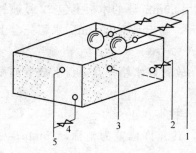

图 7-2 水箱配管示意图

1—进水管；2—出水管；3—信号管；
4—泄水管；5—溢流管

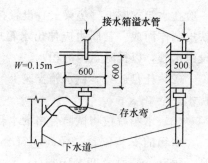

图 7-3 溢流管的隔断水箱

（5）水位信号装置安装。水位信号装置有水位计或信号管两种。

1）水位计安装。水位计的安装如图 7 - 4 所示。参考尺寸见表 7 - 1。水位计旋塞与水箱壁间用一短管相连。该短管一端与水箱焊接，另一端与水位计旋塞螺纹连接。水位计装配时应保证上下阀门对中，玻璃管中心线允许偏差值为 1mm。水位计安装在观察方便，光线充足的地方。

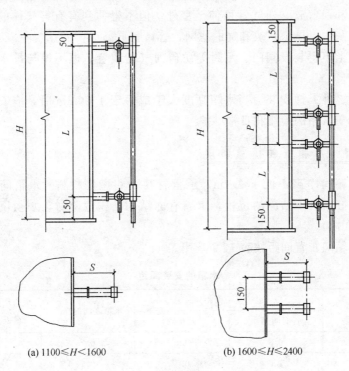

(a) 1100≤H＜1600   (b) 1600≤H≤2400

图 7 - 4 玻璃管水位计安装图

表 7 - 1   水位计安装尺寸

水箱高度 H/mm	水位计长度 L/mm	旋塞错开长度 P/mm	水位计数量 n
1100	900	—	1
1200	1000	—	1
1200	1200	—	1
1400	1200	—	1
1500	1300	—	1
1600	800	200	2
1800	900	200	2
2000	1000	200	2
2400	1200	200	2

2) 信号管安装。信号管一般自水箱侧壁接出，安装在水箱溢流管管口标高以下 10mm 处，管径 15～20mm，接至经常有人值班房间内的污水池上，以便随时发现水箱浮球阀设备失灵而及时检修。

（6）人孔与通气管安装。对生活饮用水的水箱应设有密封箱盖，箱盖上设有检修人孔和通气管。通气管可伸至室外，但不得伸到有有害气体的地方，管口应设防止灰尘、昆虫、蚊和蝇的滤网，管口朝下。

通气管上不得装设阀门、水封等妨碍通气的装置，也不得与排水系统和通风管道相连。

（7）内、外人梯安装。当水箱高度大于或等于 1500mm 时，应安装内、外人梯，以便于水箱的检修和日常维护。

◆◆▩*7.1.4 水箱安装注意事项*

（1）水箱间净高不低于 2.2m，承重材料为非燃烧材料。水箱间应设在采光、通风良好，且不结冻的位置。水箱有冻结和结露危险时，必须设有保温层（包括管道在内）。

（2）水箱间布置间距按表 7-2 选用。

表 7-2 水箱的安装间距 （单位：m）

水箱形式	水箱至墙面距离		水箱之间的净距	水箱顶至建筑结构最低点的距离
	有阀侧	无阀侧		
圆形	0.8	0.5	0.7	0.6
矩形	1.0	0.7	0.7	0.6

注: 1. 当水箱按表中规定布置有困难时，允许水箱之间或水箱与墙壁之间的一面不留检修通道。

2. 表中有阀或无阀指有无液压水位控制阀或浮球阀。

（3）水箱进水管与出水管可合并设置，亦可分开设置，如图 7-5 所示。当进水管与出水管采用合并式时，如图 7-5（a）所示，出水管管口应设止回阀，防止水由水箱底部进入水箱。

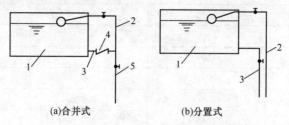

(a)合并式　　　　　(b)分置式

图 7-5 水箱进出水管的设置

1—水箱；2—进水管；3—出水管；4—止回阀；5—配水管

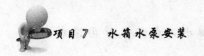

7.2　水泵安装

◆◆7.2.1　水泵安装前的检查

（1）水泵检查。核对水泵的名称、型号和规格，检查有无缺件、损坏和锈蚀等情况，进出管口保护物和封盖是否完好，并填写开箱检查记录表。水泵进出口保护物和封盖如失去保护作用，应将水泵解体检查。离心泵管路及附件如图7-6所示。

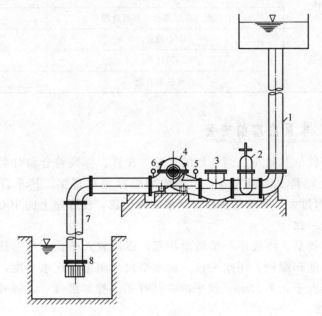

图7-6　离心泵管路及附件

1—压水管；2—闸阀；3—逆止阀；4—水泵；5—压力表；6—真空表；
7—吸水管；8—底阀

（2）电机检查。核实电机的型号、功率、转速；盘动其转子，不得有碰卡现象；轴承润滑油脂不能出现变质及硬化现象；并保证电机引出线接头连接良好。

（3）基础验收。检查基础外形尺寸、空间位置和基础强度。基础尺寸、平面位置和标高是否符合设计要求，如设计无规定，可参照表7-3执行。混凝土强度达到设计强度的75%才能进行水泵安装。基础表面应平整，无裂缝、麻面，放置垫铁处应铲平修光，并划好基础中心线。

表 7 - 3　　　　　　　　　　　水泵基础尺寸、位置的质量要求

项　　目			允许偏差/mm
基础	坐标位置（纵横轴线）		±20
	平面外形尺寸		±20
	基础上平面的不水平度	1m	5
		全长	10
	基础上船垂直不铅垂度	1m	5
		全长	10
预埋地脚螺栓	标高（顶端）		20
	中心距（在根部和顶部两处测）		±2
预埋地脚螺栓孔	中心位置		±10
	深度		±10
	孔壁的垂直度		10

◆◆*7.2.2　水泵底座的安装*

（1）底座就位并找正。当基础的尺寸、位置、标高符合设计要求后，将底座置于基础上，套上地脚螺栓，检查地脚螺栓的垂直度，其垂直偏差不大于1％，否则剪力过大，螺栓易折断。调整底座位置，使底座上的中心线位置与基础上的中心线一致。

（2）底座找平。将底座一端微微抬起，逐次放入垫铁，用薄铁皮找平，安放位置应紧靠地脚螺栓，用水平仪（或水平尺）测定底座水平度，其允许偏差纵横方向均不大于 0.1/1000，找平后将其拧紧。拧紧螺母后，螺栓必须露出螺母 2～3 扣螺纹。

◆◆*7.2.3　水泵和电动机的安装*

水泵的安装有整体安装和分体安装两种方式。

（1）整体安装。若水泵出厂时，电动机、水泵与机座已组装好，安装前检查又未发现其他故障（外观检查良好，用手搬动联轴器无异常现象）则可直接进行机组安装。其安装方法与前述底座安装方法相同。只是需对水泵的曲线、进出水口中心线和泵的水平度进行检查和调整。

（2）分体安装。水泵若分体安装，应先安水泵再装电动机。因为水泵要与其他设备、管道相连接，而受到一定的制约。若水泵位置稍有偏差，就会造成其他设备、管道连接上的困难。而电动机安装只与水泵发生关系，易于调整，所以应先安装水泵后安装电动机。这种方式又称为分体组装法。其安装步骤

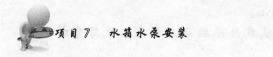

如下：

1) 水泵就位。无底座水泵直接安装在基础上，有底座水泵安装在底座上。水泵吊装就位时，应防止碰撞。吊装工具可用三脚架和倒链滑车，也可用吊车直接吊装就位。起吊时，钢丝绳应系在泵体吊环上，不允许系在轴承座或轴上，以免损坏轴承座或使轴弯曲。

2) 水泵找正。调整水泵位置，使泵的中心线与基础的中心线一致。

3) 水泵找平。泵体中心线位置找正后，就应调整泵体的水平度。找平时可用水平仪或水平尺测量。

小型水泵一般用水平尺测量。操作时，把水平尺放在水泵轴上测量轴向水平，调整水泵高度，使水平仪气泡居中，误差不应超过 0.1mm/m，然后把水平尺平行靠在水泵进出口法兰面的垂直面上，测径向水平。

大型水泵可用水平仪或吊线法找正。吊线法找正如图 7-7 所示，将垂线从水泵进出口吊下，用钢直尺测量法兰面离垂线的距离 a、b，若 a 和 b 相等，则为水平；若 a 和 b 不等，说明水泵不水平，应调整垫铁，直至二者相等为止。

4) 水泵标高找正。标高找正的目的是检查水泵轴中心线的高程是否与设计要求的安装高程相符，以保证能在允许的吸水高度内工作。水泵安装高度以其进水口中

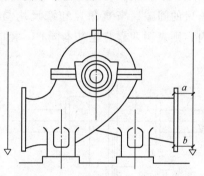

图 7-7　吊线法找正示意图

心为准。标高找正可用水平仪测量，小型水泵也可用钢直尺直接测量。

5) 泵体固定。水泵找正、找平后，可向地脚螺栓孔和基础与水泵底座间的空隙内灌注水泥砂浆，待水泥砂浆凝固后拧紧地脚螺栓，复查水泵的位置和水平，保证后续安装能顺利进行。

(3) 电动机的安装。

1) 电动机就位。将电动机搬运到底座上，使其联轴器与水泵的联轴器相对。

2) 电动机找平找正。电动机找平找正，应以水泵为基准。泵轴的中心线应与电动机轴的中心线在同一轴线上。电动机与水泵是通过联轴器连接的。只要两个联轴器既同心又相互平行，即符合安装要求。

电机轴与泵轴的对中情况，可利用测量两轴间的轴向和径向间隙的方法进行。

a. 轴向间隙测量。轴向间隙即两个联轴器端面的距离，轴向间隙不能过大或过小，过大传动效率低，过小则容易窜轴，造成轴功率增加，轴承发热，影

响使用寿命。对此间隙，通常图样上都有规定，如无规定，可参照下列数值调整：小型泵，（吸入口径300mm以下）轴向间隙为2.4mm；中型泵，（吸入口径350～500mm）轴向间隙为4～6mm；大型泵，（吸入口径600mm以上）轴向间隙为4～8mm。

两联轴器间的轴向间隙，可用塞尺在联轴器的上下左右四点测得，测定方法如图7-8所示。当两联轴器周围间隙大小一样或其间隙误差不大于0.1mm，即表明两联轴器基本相互平行，轴向间隙符合要求。

b. 径向间隙测量。径向间隙的测定方法如图7-9所示。测量时，用手轻轻地转动联轴器，把直角尺一直角边靠在联轴器上，并沿轮缘做圆周移动。如直角尺各点都和两个轮缘的表面靠紧，则表示联轴器同心。也可沿该联轴器分别在上、下、左、右并互为90°的四个测点，用塞尺检查另一个联轴器的周边和直角尺的间隙。当直角尺和塞尺均与各点表面紧贴，或误差在0.1～0.15mm之内，则表明两靠背轮基本同心，径向间隙符合要求。

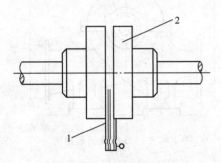

图7-8　轴向间隙测定
1—塞尺；2—联轴器

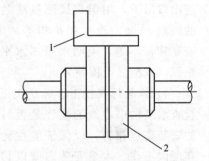

图7-9　径向间隙测定
1—直角尺；2—联轴器

c. 间隙的调整。如轴向间隙或纵向间隙不符合要求时，应松开底座与电动机的固定螺栓，移动电动机位置或增减电动机与底座（基础）间垫片厚度来调整。

电动机找正后，拧紧地脚螺栓和联轴器连接螺栓，水泵机组安装完毕。

◈◈7.2.4　水泵管路的安装

水泵的管路分吸入和排出两部分。安装时，应从水泵进出口开始分别向外延伸配管。

(1) 泵吸水管路的安装。如图7-10所示，水泵吸水管路安装时，必须保证吸水管不漏气、不积气、不吸气，否则会影响水泵的吸水性能。吸水管安装好后，应做防腐处理。常见的方法是在吸水管表面涂沥青防腐层。

(2) 水泵压水管路的安装。水泵压水管路经常承受高压，要求具有较高的

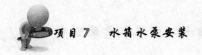

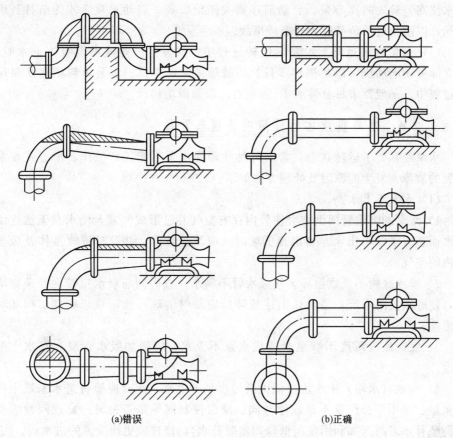

(a)错误　　　　　　　　　　　　　　　(b)正确

图 7 - 10　水泵吸水管路安装

强度，一般采用钢管。除为维修方便在适当位置处采用法兰连接外，均采用焊接接口，以求坚固而不漏水。

◈◈7.2.5　水泵试运转及故障排除

　　水泵安装完毕后，必须进行试运转，其目的是检查及排除在安装中没有发现的故障，使水泵系统的各部分配合协调。

　　(1) 水泵试运转前检查。水泵试运转前应进行全面检查，内容包括轴承内润滑油的质量情况，各紧固部位的连接情况，出水阀、压力表及真空表和旋塞位置是否合适，电动机的转向检查等。

　　(2) 盘车。用手转动联轴器，检查其转动是否灵活，有无异常声响。然后将联轴器的连接螺栓拆下，进行电动机空负荷运行，检查电动机的转向是否与泵的转向一致，合格后，上好联轴器的连接螺栓，即可启动。

　　(3) 水泵的启动。对于高于水位的泵，运转前应向吸水管内注满水；而吸入水位高差较大的离心泵，启动前还需关闭出口阀，启动水泵后才逐渐打开出水阀，以防止启动负荷过大而造成事故。

（4）水泵的试运转。水泵试运转过程中，如发生故障或水泵吸不上水时，应立即关闭电动机，以免损坏零件，待故障消除后再试。水泵填料函在水泵运转过程中，一般要求每分钟滴 10 滴左右，以润滑填料。

◆◆7.2.6 水泵机组运行故障的检查与处理

水泵经常处于运转状态，常因种种故障使水泵不能正常工作。离心式水泵常见的故障、发生的原因及处理方法如下。

（1）水泵不上水。

1）水泵的吸水管因倒坡会使管内存有空气并已形成气塞，使水泵无法连续吸水而造成水泵不出水。当出现倒坡时，应调整坡度，并及时排放泵体及吸水管内的空气。

2）吸水底阀不严或损坏，使吸水管不满水，或底阀与吸水口被泥沙杂物堵塞，使底阀关闭不严。当确认上述故障后应及时清理污物，检修底阀，损坏时应更换。

3）底阀淹没深度不够也会造成水泵不上水，应增加吸水管浸入在水中的深度。

4）水池（水箱）中水位过低也会使水泵不上水，此时应检查进水系统中的进水量、水压是否严重不足或浮球阀、液位控制阀等是否失灵。发现问题应及时调整补水时间（如利用夜间低峰用水时补水），修理或更换失灵的进水阀。

（2）水泵不出水或水量过少。

1）故障原因。压力管阻力太大；水泵叶轮转向不对；水泵转速低于正常数；叶轮流道阻塞等。

2）排除方法。检查压水管，清除阻塞；检查电动机转向并改变转向；调整转速；清理叶轮流道。

（3）水泵轴承过热。在水泵运转时，轴承温升不宜超过 60℃，当轴承缺油或水泵与电动机轴不同心、轴承间隙太小、填料压得过紧，均可造成轴承过热。此时，应调整同心度、加油、调整填料压盖松紧度。

（4）水泵运转振动及噪声过大。水泵同心度偏差过大时会产生较大振动，其次应检查地脚螺栓、底座螺栓是否拧紧无松动。对要求控制噪声和振动较严格的建筑物应增加减振或隔振装置。

当吸水管深度过大、吸水池水位过低时，还会使水泵产生汽蚀现象而增大水泵的噪声。

离心式水泵减振装置常用的有橡胶隔振垫及减振弹簧盒。

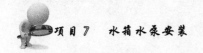

1）橡胶隔振垫通常安装在减振平衡板下面，安装时应根据水泵的型号，按图集要求的垫块的规格型号和数量分别垫在减振板四角及边位下，垫板必须成对支垫。

2）采用减振盒时，其减振板必须留洞准确，预制板表面应平整。弹簧减振盒应准确平稳地摆放在板下的孔内，减振盒的规格型号及数量需按设计选定购置，不得任意变更型号和规格。

减振平衡板为钢筋混凝土预制板，加工时应严格按有关图集尺寸、混凝土强度等级、预留孔及预埋件的位置施工。

（5）水泵运行中突然出现停止出水。

1）故障原因。进水管突然被堵塞；叶轮被吸入杂物打坏；进水口吸入大量空气。

2）排除方法。检查进水管，清除堵塞物；检查叶轮并更换；检查吸水池的水位及水泵的安装高度，保证有足够的水量。

7.3 水箱水泵的防腐与保温

参见项目 3 给水管道及设备的防腐与保温的相关内容。

项目 8　卫生器具安装

8.1　卫生器具安装基本要求

8.1.1　安装前的准备工作

(1) 熟悉施工安装图样，确定所需的工具、材料及其数量、配件的种类等。

(2) 检查卫生器具的质量及外观，熟悉现场的实际情况。

(3) 对现场进行清理，确定卫生器具的安装位置并凿眼、打洞。

8.1.2　安装前的质量检查

1. 质量检查的内容

卫生器具安装前的质量检验是安装工作的组成部分。质量检验包括：器具外形的端正与否、瓷质的细腻程度、色泽的一致性、有无损伤、各部分几何尺寸是否超过允许公差。

卫生洁具的规格、型号必须符合设计要求；并有出厂产品合格证。卫生洁具外观应规矩、造型周正，表面光滑、美观、无裂纹，边缘平滑，色调一致。

卫生洁具零件规格应标准，质量应可靠，外表光滑，电镀均匀，螺纹清晰，锁母松紧适度，无砂眼、裂纹等缺陷。

2. 质量检查的方法

(1) 外观检查。表面是否有缺陷。

(2) 敲击检查。轻轻敲打，声音实而清脆是未受损伤的，声音沙裂是受损伤破裂的。

(3) 尺量检查。用尺实测主要尺寸。

(4) 通球检查。对圆形孔洞可做通球试验，检验用球直径为孔洞直径的 0.8 倍。

8.1.3　卫生器具安装的基本要求

卫生器具安装的基本要求见表 8-1。

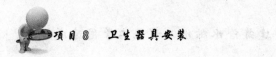

表 8 - 1　　　　　　　　　　　卫生器具安装的基本要求

项目	内　　容
安装的位置要准确	安装位置包括平面位置和安装高度，应符合设计要求或有关标准规定，见表 8 - 2
安装的卫生器具应稳固	卫生器具安装时，通常采用预埋支架或木螺钉固定。固定木螺钉用的预埋木砖须在沥青中浸泡，进行防腐处理。卫生器具本身与支架接触处应平稳贴实，可采取加软垫的方法实现。若直接使用螺栓固定时，螺栓上应加软胶皮垫圈，且拧紧时用力要适当。卫生器具与管道、地面等的连接处，应加垫胶皮、油灰等填料填实
安装的美观性	卫生器具安装应端正、平直
安装的严密性	卫生器具与给水配件连接的开洞处，应使用橡胶板；与排水管、排水栓连接的下水口应使用油灰；与墙面靠接时，应使用油灰或白水泥填缝
安装的可拆卸性	由于瓷质卫生器具在使用过程中会有破损和更换的可能，安装时应考虑到卫生器具可拆卸的特点，在器具和给水支管连接处，必须装可拆卸的活接头，器具的排水口和排水短管、存水弯连接处应用油灰填塞，以利于拆卸
安装后的防护	卫生器具安装后，应采取有效的防护措施，如切断水源、草袋覆盖、封闭器具敞口等
连接卫生器具的排水管	管径坡度应符合设计要求或表 8 - 3 中的有关规定

表 8 - 2　　　　　　　　　　　卫生器具的安装高度

项次	卫生器具名称		卫生器具安装高度/mm		备注
			居住和公共建筑	幼儿园	
1	污水盆（池）	架空式	800	800	
		落地式	500	500	
2	洗涤盆（池）		800	800	自地面至器具上边缘
3	洗脸盆和冲手盆（有塞、无塞）		800	500	
4	盆洗槽		800	500	
5	浴盆		520	—	
6	蹲式大便器	高水箱	1800	1800	自台阶面至高水箱底
		低水箱	900	900	自台阶面至高水箱底
7	坐式大便器	高水箱	1800	1800	自台阶面至高水箱底
		低水箱　外露排出管式虹吸	510	—	自地面至低水箱底
		低水箱　喷射式	470	370	
8	小便器	立式	1000	—	自地面至上边缘
		挂式	600	450	自地面至上边缘

续表

项次	卫生器具名称	卫生器具安装高度/mm		备注
		居住和公共建筑	幼儿园	
9	小便槽	200	150	自地面至台阶面
10	大便槽冲洗水箱	不低于2000	—	自台阶至水箱低
11	妇女净身盆	360	—	自地面至器具上边缘
12	化验盒	800	—	自地面至器具上边缘

表8-3　　　　　　　连接卫生器具的排水管管径和最小坡度

项次	卫生器具名称		排水管管径/mm	管道的最小坡度
1	污水盆（池）		50	0.025
2	单双格洗涤盆（池）		50	0.025
3	洗脸盆、冲手盆		32～50	0.020
4	浴盆		50	0.020
5	淋浴器		50	0.020
6	大便器	高、低水箱	100	0.012
		自闭式冲洗阀	100	0.012
		拉管式冲洗阀	100	0.012
7	小便器	手动冲洗阀	40～50	0.020
		自动冲洗水箱	40～50	0.020
8	妇女净身盆		40～50	0.020
9	饮水器		25～50	0.01～0.02

◆◆8.1.4　作业条件

（1）所有与卫生洁具连接的管道压力、闭水试验已完毕，并已办好稳预检手续。

（2）浴盆的稳装应待土建做完防水层及保护层后配合土建施工进行。

（3）其他卫生洁具应在室内装修基本完成后再进行稳装。

◆◆8.1.5　操作工艺

工艺流程：安装准备→卫生洁具及配件检验→卫生洁具安装→卫生洁具配件预装→卫生洁具稳装→卫生洁具与墙、地缝隙处理→卫生洁具外观检查→通水试验。

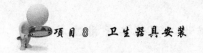

卫生洁具在稳装前应进行检查、清洗。配件与卫生洁具应配套。部分卫生洁具应先进行预制再安装。

◆◆■8.1.6　成品保护

（1）洁具在搬运和安装时要防止磕碰。稳装后洁具排水口应用防护用品堵存，镀铬零件用纸包好，以免堵塞或损坏。

（2）在釉面砖、水磨石墙面剔孔洞时，宜用手电钻或先用小錾子轻剔掉釉面，待剔至砖底灰层处方可用力，但不得过猛，以免将面层剔碎或震成空鼓现象。

（3）洁具稳装后，为防止配件丢失或损坏，如拉链、堵链等材料、配件应在竣工前统一安装。

（4）安装完的洁具应加以保护，防止洁具瓷面受损和整个洁具损坏。

（5）通水试验前应检查地漏是否畅通，分户阀门是否关好，然后按层段分房间逐一进行通水试验，以免漏水使装修工程受损。

（6）在冬季室内不通暖时，各种洁具必须将水放净。存水弯应无积水，以免将洁具和存水弯冻裂。

◆◆■8.1.7　应注意的质量问题

（1）蹲式大便器不平，左右倾斜。原因：稳装时，正面和两侧垫砖不牢，焦渣填充后，没有检查，抹灰后不好修理，造成高水箱与便器不对中。

（2）高、低水箱拉、扳把不灵活。原因：高、低水箱内部配件安装时，三个主要部件在水箱内位置不合理。高水箱进水、拉把应放在水箱同侧，以免使用时互相干扰。

（3）零件镀铬表层被破坏。原因：安装时使用管钳，应采用平面扳手或自制扳手。

（4）坐式大便器与背水箱中心没对正，弯管歪扭。原因：划线不对中，坐式大便器稳装不正或先稳背水箱，后稳坐式大便器。

（5）坐式大便器周围离开地面。原因：下水管口预留过高，稳装前没修理。

（6）立式小便器距墙缝隙太大。原因：甩口尺寸不准确。

（7）洁具溢水失灵。原因：下水口无溢水眼。

（8）通水之前，将器具内污物清理干净，不得借通水之便将污物冲入下水管内，以免管道堵塞。

（9）严禁使用未经过滤的白灰粉代替白灰膏稳装卫生设备，避免造成卫生设备胀裂。

8.2　各类器具的安装

◆◆8.2.1　小便器的安装

1. 挂式小便器安装

（1）安装所需材料及安装图。

安装每组一联挂式小便器所需主要材料见表 8-4，挂式小便器的安装如图 8-1所示。

表 8-4　　　　　　安装每组一联挂式小便器所需主要材料

序号	名称	规格/mm	单位	数量
1	小便器	—	个	1
2	高水箱	—	个	1
3	存水弯	$DN32$	个	1
4	自动冲洗管配件	（一联）	套	1
5	螺纹门	$DN15$	个	1
6	水箱进水嘴	$DN5$	个	1
7	水箱冲洗阀	$DN32$	个	1
8	钢管	$DN15$	m	0.3

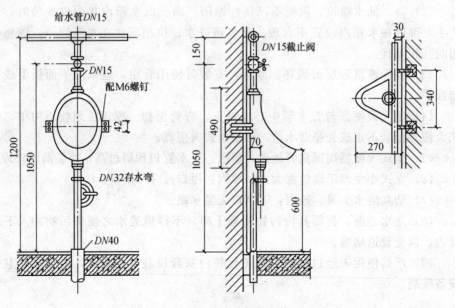

图 8-1　挂式小便器安装

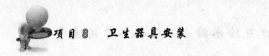

（2）安装方法。

1）安装小便斗。确定小便器两耳孔在墙上的位置，打洞并预埋木砖。将小便斗的中心对准墙上中心线，用木螺钉配铝垫片穿过耳孔将小便器紧固在木砖上，小便斗上沿口距离地面 600mm。

2）安装排水管。将存水弯下端插入预留的排水管口内，上端与小便斗排水口相连接，找正后用螺母加垫并拧紧，最后将存水弯与排水管间隙处用油灰填塞密封，用压盖压紧。

3）安装冲洗管。冲洗管可以明装或暗装，明装时，用截止阀、镀锌短管和小便器进水口压盖连接；暗装时，采用铜角式阀门，铜管和小便器进水口锁母和压盖连接。

（3）安装要领及注意事项

1）冲洗管与小便器进、出水管中心线应重合。小便器与墙面的缝隙需用白水泥嵌平、抹光。

2）明装管道的阀门采用铜皮线阀，安装管道的阀门采用铜角式截止阀。

2. 立式小便器安装

立式小便器的安装如图 8-2 所示，安装方法与挂式小便器基本相同。安装时将排水栓加垫后固定在出水口上，在其底部凹槽中嵌入水泥和白灰膏的混合灰，排水栓突出部分抹油灰，将小便器垂直就位，使排水栓和排水管口接合好，找平找正后固定。

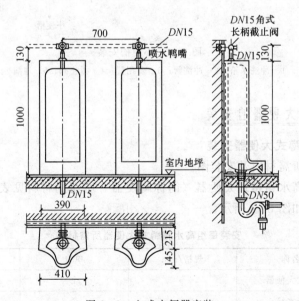

图 8-2 立式小便器安装

安装要领及注意事项：

（1）给水横管中心距光地坪 1130mm，最好为暗装。

（2）小便器与墙面或地面不贴合时，用白水泥嵌平并抹光。

3. 小便槽安装

小便槽主体结构由土建部分砌筑。按其冲洗形式有自动和手动两种。冲洗水箱和进水管的安装方法与前述基本相同，只是小便槽的多孔喷淋管需用 $DN15mm$ 的镀锌钢管现场制作。孔径为 2mm，孔间距为 12mm，安装时使喷淋孔的出水方向与墙面成 45°，用钩钉或管卡固定。小便槽的安装如图 8-3 所示。

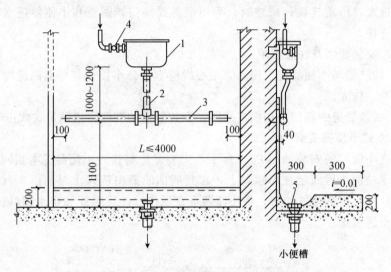

图 8-3 小便槽安装

1—冲洗水箱；2—冲洗管；3—多孔管；4—截止阀；5—地漏

◆◆**8.2.2 大便器的安装**

1. 高水箱蹲式大便器安装

（1）安装所需材料及安装图。

安装每组高水箱蹲式大便器（简称蹲便器）所需的材料见表 8-5，高水箱蹲便器的安装如图 8-4 所示。

表 8-5   安装每组高水箱蹲式大便器所需材料

序号	名称	规格/mm	单位	数量
1	蹲式大便器	—	个	1
2	高水箱	—	个	1
3	冲洗管	$DN25$	m	2.6

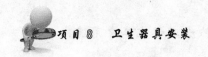
续表

序号	名称	规格/mm	单位	数量
4	螺纹门	DN15	个	1
5	钢管	DN15	m	0.3
6	弯头	DN15	个	1
7	活接头	DN15	个	1

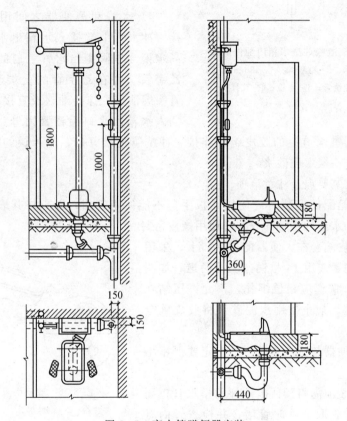

图 8-4　高水箱蹲便器安装

（2）安装方法。

1）安装虹吸管、浮球阀、冲洗拉杆等高水箱配件，如图 8-5 所示。配件安装好后需对水箱加水进行试验，确保其冲水、进水灵活，连接处紧密不漏水。

2）安装蹲便器。根据图样的设计要求和地面下水管口的位置，确定存水弯的安装位置并安装存水弯。在排水连接管承口内外壁抹油灰，并在周围及大便器下面铺垫白灰膏，然后将蹲便器排水口插入承口内稳住。将大便器两侧用砖砌好，用水平尺找平、找正后抹光，接口处用油灰压实、抹平。

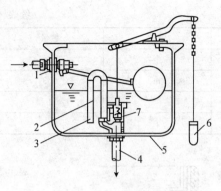

图 8-5　虹吸冲洗水箱内配件安装

1—浮球阀；2—虹吸阀；3—45mm 小孔；

4—冲洗管；5—水箱；6—拉杆；

7—弹簧阀

3）确认蹲便器中心线与墙面中心线一致后，用木螺钉或膨胀螺栓加胶垫将水箱紧固在墙上。使水箱出水口对准蹲便器的中心线，水箱三角阀装在给水管的管件上，用合适的铜管或塑料管连接浮球阀和三角阀，之间用锁母压紧石棉填料密封。

4）水箱和蹲便器之间用冲水管连接。冲水管上端插入水箱出水口，根据高水箱浮球阀距给水管三通的尺寸配好乙字管，并在乙字管的上端套上锁母，管头缠油麻、抹铅油（或直接缠生料带）插入水箱出水口后锁紧锁母。冲水管下端与大便器进水口上的胶皮碗相连接。冲洗管连接好后，用干燥的细砂埋好，并在上面抹一层水泥砂浆。

（3）安装要点及注意事项。

1）水箱配件安装时应使用活扳手，不能使用管钳，以免将其表面咬成痕迹。配件和水箱的接触部分均应使用橡皮密封。

2）胶皮碗套在大便器的进水口上，采用成品喉箍箍紧或用 14 号铜丝绑扎两道，如图 8-6 所示。铜丝应错位绑扎，不允许压结在一条直线上。禁止使用水泥砂浆将胶皮碗全部填死。

3）蹲便器与排水管接口处一定要严密不漏水。

4）安装前需将预留出地坪的排水管口周围清扫干净，取下临时管堵，并检查管内有无杂物。安装好后应使用草袋（草绳）盖上便器，以防堵塞或损坏便盆。

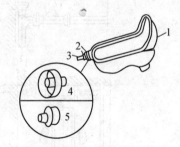

图 8-6　胶皮碗安装

1—大便器；2—铜丝绑扎；3—胶皮碗；

4—未翻边的胶皮碗；5—翻边的胶皮碗

2. 低水箱蹲便器安装

（1）安装图及安装所需材料。

低水箱蹲便器的安装如图 8-7 所示。蹲便器及水箱等安装方法与上述方法相同，只是水箱底的安装高度距台阶面为 900mm。给水管可明装在外，也可暗装在墙内，进水管上的三角阀在水箱中心线左侧离台阶面 800mm 处。

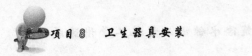

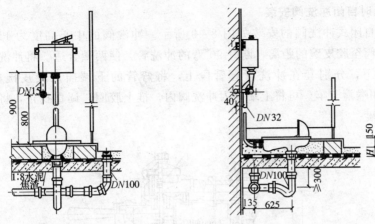

图 8-7   低水箱蹲便器安装图

（2）低水箱坐式大便器的安装。

低水箱坐式大便器从结构上分有低水箱与坐便器连体和分体两种形式。低水箱坐式大便器安装如图 8-8 所示。安装所需的主要材料见表 8-6。

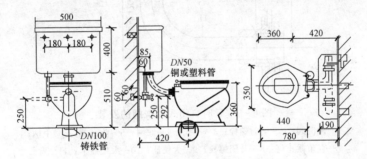

图 8-8   低水箱坐式大便器安装图（单位：mm）

表 8-6   安装每组低水箱坐式大便器的主要材料

序号	名称	规格/mm	单位	数量
1	低水箱	—	个	1
2	坐便器	—	个	1
3	坐便器座盖	—	套	1
4	镀锌钢管	DN15	m	0.3
5	弯头	DN15	个	1
6	活接头	DN15	个	1
7	角式截止阀	DN15	个	1
8	冲洗管及配件	DN50	套	1

3. 延时自闭冲洗阀安装

延时自闭式冲洗阀的安装如图 8-9 所示。冲洗阀的中心高度为 1100mm。根据冲洗阀至胶皮碗的距离，断好 90°弯的冲洗管，使两端合适。将冲洗阀锁母和胶圈卸下，分别套在冲洗管直管段上，将弯管的下端插入胶皮碗内 40～50mm，用喉箍卡牢。再将上端插入冲洗阀内，推上胶圈，调直找正，将锁母拧至松紧适度。

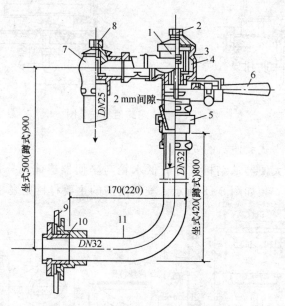

图 8-9 延时自闭式冲洗阀的安装

1—冲洗阀；2—调时螺栓；3—小孔；4—滤网；5—防污器；6—手柄；
7—直角截止阀；8—开闭螺栓；9—大便器；10—大便器卡；11—弯管

4. 低水箱坐式大便器安装

坐式大便器（简称坐便器）从结构上分有低水箱与坐便器连体和分体两种形式。分体低水箱坐便器的安装如图 8-10 所示，安装所需的主要材料见表 8-7。安装顺序为大便器、水箱、进水管、冲洗管。

（1）安装方法。

1）确定安装位置并打眼。将便器排水口插入到排水管内，并使其排水口中心对准下水管中心，找正找平后标出便器底座外部轮廓及固定坐便器的四个螺栓孔眼位置，并在此位置打眼（不能破坏地面防水层），预埋膨胀螺栓或木砖。

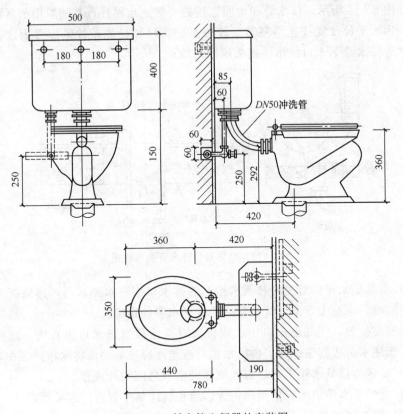

图 8-10 低水箱坐便器的安装图

表 8-7 安装每组低水箱坐便器的主要材料

序号	名称	规格/mm	单位	数量
1	低水箱	—	个	1
2	坐便器	—	个	1
3	坐便器座盖	—	套	1
4	镀锌钢管	DN15	m	0.3
5	弯头	DN15	个	1
6	活接头	DN15	个	1
7	角式截止阀	DN15	个	1
8	冲洗管及配件	DN50	套	1

2) 安装坐便器。安装前，清除排水管口及大便器内部的杂物，按照所画便器的轮廓线将大便器出水口插入 DN100mm 的排水管口内。坐便器与排水管的

连接如图 8 - 11 所示，排水管和地面连接处安装止水翼环，其间隙用细石混凝土填塞。用水平尺反复校正坐便器安放平正后，将螺栓加垫拧紧螺母固定，坐便器出水与排水管下水口的承插接头用油灰填充。

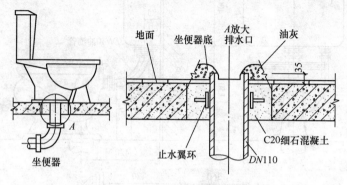

图 8 - 11　坐便器与排水管的连接图

3）安装低水箱。首先安装低水箱上的排水口、进水浮球阀、冲洗扳手等配件，组装时，水箱中带溢流管的管口应低于水箱固定螺孔 10～20mm。然后确定水箱的安装位置，使其出水口中心线位置对准坐便器进水口中心线，并在墙上打孔，预埋木砖或膨胀螺栓，再用木螺钉或预埋螺栓加垫圈将水箱固定在墙上。

4）安装连接低水箱出水口与大便器进水口之间的冲洗管。

5）安装低水箱给水三角阀和铜管，给水管应横平竖直，连接严密。

（2）操作要点及注意事项。

1）拧紧螺母固定大便器时，不可过分用力，以防便器底部瓷质碎裂。

2）大便器排水口周围和底面不得使用水泥砂浆进行填充，油灰不宜涂抹太多。大便器就位固定后，应及时擦拭便器周围的污物，并灌入 1～2 桶清水，防止油灰粘贴甚至堵塞排水管口。

3）坐便器上的塑料盖应在即将交工时安装，以免在施工过程中被损坏。

5. 大便槽安装

大便槽主体是由土建部分砌筑而成，给排水部分主要是安装冲洗水箱、冲洗水管、大便槽排水管，如图 8 - 12 所示。

首先在墙上打洞，放置角钢平正后用水泥砂浆填灌并抹平表面。安装水箱，并根据水箱位置安装进水管、冲洗管和大便槽排水管，水箱进水口中心与排水管中心及沟槽中心在一条直线上。

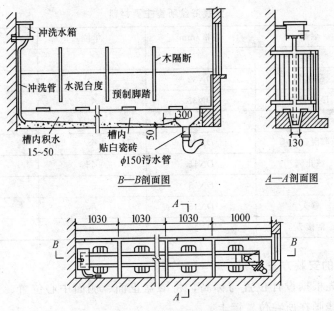

图 8-12　大便槽安装图

◈◈ 8.2.3　浴盆的安装

1. 浴盆的形式

浴盆的形式很多，按结构形式有方形、圆形和椭圆形等，按材料的不同有陶瓷制品、搪瓷制品、不锈钢制品、玻璃钢制品等。

2. 浴盆的安装图及安装材料

方形搪瓷浴盆的安装如图 8-13 所示。安装每个浴盆所需材料见表 8-8。

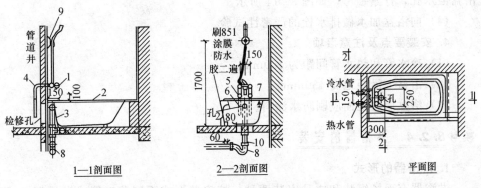

图 8-13　浴盆安装图

1—浴盆三联混合水嘴；2—裙板浴盆；3—排水配件；4—弯头；5—活接头；
6—热水管；7—冷水管；8—存水弯；9—喷头固定架；10—排水管

表 8 - 8 安装浴盆所需主要材料

序号	名称	规格/mm	单位	数量
1	浴盆	—	个	1
2	存水弯	DN32	个	1
3	排水配件	DN32	个	1
4	固定支架	—	副	1
5	三联混合水嘴	DN15	个	1
6	截止阀	DN15	个	2
7	支管	DN15	m	0.8
8	弯头	DN15	m	2
9	活接头	DN15	个	2

3. 浴盆的安装方法

（1）首先根据设计位置与标高，将浴盆正面、侧面中心位置、上沿标高线和支座标高线画在所在位置墙上。

（2）按照放线位置砌砖墩支座，砖墩支座达到要求后，用水泥砂浆铺在支座上，将浴盆对准墙上中心线就位放稳后调整找平。

（3）安装排水栓及浴盆排水管，将浴盆配件中的弯头与抹匀铅油缠好麻丝的短横管相连接，再将横短管另一端插入浴盆三通的中口内，拧紧锁母。三通的下口插入竖直短管，连接好接口，将竖管的下端插入排水管的预留甩头内。再将排水栓圆盘下加进胶垫，抹匀铅油，插进浴盆的排水孔眼里，在孔外也加胶垫和眼圈在螺纹上抹匀铅油，缠好麻丝，用扳手卡住排水口上的十字筋与弯头拧紧连接好。将溢水立管套上锁母，缠紧油盘根绳，插入三通的上口，对准浴盆溢水孔，拧紧锁母，如图 8 - 14 所示。

（4）向浴盆加水做排水栓的严密性试验。

4. 安装要点及注意事项

（1）冷水管和热水管间距为 150mm。

（2）浴盆上沿距地面 450mm。

（3）浴盆周边地面应刷防水涂料。

◆◆◆ 8.2.4　淋浴器的安装

1. 淋浴器的形式

淋浴器有现场组装和成品安装两种。按安装形式不同分为管式淋浴器、成组淋浴器、升降式淋浴器等。

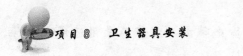
2. 淋浴器安装图及安装材料

管式淋浴器的安装如图 8-14 所示。安装每组双管式淋浴器所需主要材料见表 8-9。

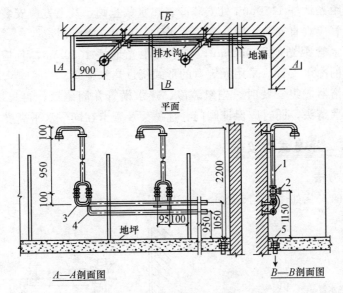

图 8-14 淋浴器安装图
1—淋浴器；2—截止阀；3—热水器；4—给水管；5—地漏

表 8-9 安装每组双管淋浴器所需主要材料

序号	名称	规格/mm	单位	数量
1	莲蓬头	$DN15$	个	1
2	支管	$DN15$	m	2.6
3	螺纹门	$DN15$	个	2
4	弯头	$DN15$	个	3
5	活接头	$DN15$	个	2
6	三通	$DN15$	个	1

3. 安装方法

（1）首先在墙上确定管子中心线和阀门水平中心线的位置，并根据设计要求下料。淋浴器拧入锁母处丝口内后将固定圆盘与墙面紧贴，并用木螺钉固定。

（2）热水管暗装时，找正、找平预留冷、热水管口后，安装短管和弯头；冷、热水管明装时。制作元宝弯并装管箍，淋浴器与管箍或弯头连接。

（3）成品淋浴房安装时需先将淋浴房本体组装牢固，然后连接淋浴房的进水和排水。其安装方法同淋浴器。若为高级多功能计算机淋浴房，还需进行电路连接。

4. 安装要点及注意事项

（1）连接莲蓬头出水横管中心距离光地坪的高度，男浴室为2240mm，女浴室为2100mm。

（2）在距光地坪1150mm处安装冷、热水截止阀，其上方应安装活接头。

（3）立管应垂直安装，喷头安装要平正，并用立管卡固定。

（4）冷水管距光地坪950mm，热水管距光地坪1050mm，且应平行铺设，连接莲蓬头的冷水支管，采用元宝弯的形式绕过热水横管。

（5）淋浴器成组安装时，先组装冷、热水横管并固定后，再集中安装淋浴器的立管及莲蓬头，同时应保证阀门、莲蓬头及管卡在同一水平高度。

◆◆*8.2.5 净身盆的安装*

1. 安装方法

净身盆的安装如图8-15所示，方法如下。

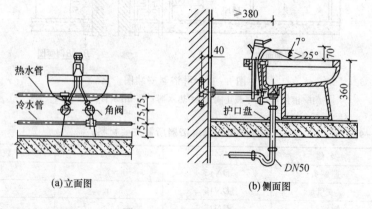

图8-15 净身盆安装图

（1）安装混水阀，冷、热水阀，喷嘴，排水栓及手提拉杆等净身盆配件。配件安装好后，接通临时水进行试验，无渗漏后方可进行安装。

（2）按净身盆下水口距后墙尺寸不小于380mm确定安装位置，并在地面画出盆底和地面接触的轮廓线。

（3）在地上打眼并预埋螺栓或膨胀螺栓，在安装范围内的地面上垫白灰膏，将压盖套在排水铜管上，放置净身盆，找平找正后在螺栓上加垫并拧紧螺母。

（4）安装净身盆的冷、热水管及水嘴。

2. 安装要点及注意事项

（1）安装前需先将排水管口周围清理干净，取下临时管堵，并检查有无杂物。

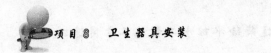
（2）排水口间隙应用麻丝填塞，底座与地面的缝隙处用白水泥填塞并抹平。

◈◈8.2.6　洗脸盆的安装

1. 洗脸盆的形式

洗脸盆一般安装在卫生间或浴室内供人们洗脸、洗手用。按形状的不同有长方形、三角形、椭圆形等；按材料的不同有陶瓷制品、不锈钢制品、玛瑙制品等；按安装方式的不同有墙架式、柱脚式和角形等。

2. 洗脸盆的安装图及安装材料

墙架式洗脸盆的安装如图 8-16 所示。立柱式洗脸盆的安装如图 8-17 所示。在比较狭小的卫生间通常在墙角安装角型脸盆，角型脸盆的安装如图 8-18 所示。安装每组有冷热水管的洗面器所需材料见表 8-10。

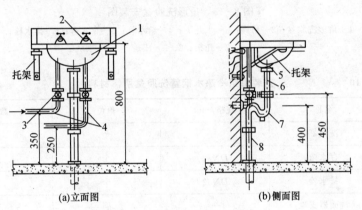

(a)立面图　　　　　　　　　(b)侧面图

图 8-16　墙架式洗脸盆安装图

1—洗脸盆；2—水龙头；3—截止阀；4—给水管（左冷右热）；

5—排水栓；6—钢管；7—存水弯；8—排水管

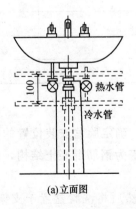
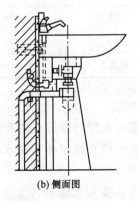

(a)立面图　　　　　　　　　(b)侧面图

图 8-17　立柱式洗脸盆安装图

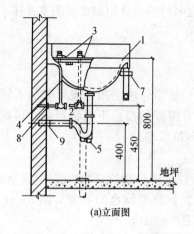
(a)立面图

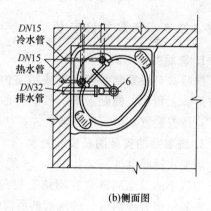
(b)侧面图

图 8-18 角形洗脸盆安装图

1—角形洗脸盆；2—角阀；3—水龙头；4—给水管；5—存水弯；6—排水栓；

7—托架；8、9—压盖

表 8-10　　　　　　　　安装每组冷热水钢管洗脸盆所需材料

序号	名称	规格/mm	单位	数量
1	洗面器	—	个	1
2	存水弯	DN32	个	1
3	排水栓	DN32	个	1
4	洗面器支架	—	副	1
5	木螺钉	2	个	6
6	立式水嘴	DN15	个	2
7	截止阀	DN15	个	2
8	支管	DN15	m	0.8
9	弯头	DN15	个	2
10	活接头	DN15	个	2

3. 安装方法

（1）根据给水管的甩口位置和安装高度，确定脸盆安装位置的中心线。然后在安装位置的墙上打洞并预埋木砖。若墙壁为钢筋混凝土结构，则应预埋膨胀螺栓。

（2）将脸盆架用木螺钉拧紧在木砖上，然后将洗脸盆置于支架上，找平、找正后拧紧螺栓固定牢靠。安装立柱式脸盆时需将立柱依照排水管口中心线的

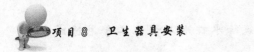

位置支好，然后将脸盆置于立柱上并使其中心线与立柱中心线平行，找平、找正后，拧紧螺母固定牢靠，立柱与脸盆接缝处及立柱与地面接缝处用白水泥嵌缝抹光。

（3）将水嘴垫上胶垫穿入脸盆进水孔，后加垫并用根母锁紧。

（4）将排水栓加胶垫后插入脸盆的排水口内，上根母拧紧。将存水弯插入已做好的预留口内与排水栓相接，调节安装高度到合适后，在锁母内加垫并拧紧，然后填塞排水管口间隙，并用油灰塞严、抹平。

4. 安装要点及注意事项

（1）安装洗脸盆时，注意使排水栓的保险口与脸盆的溢水口对正。

（2）若只接冷水嘴时，应封闭热水嘴安装孔。

（3）水管明装时只需配好短管，装上角阀即可；暗装时，需在管道出墙处用压盖盖住。若为混合出水，一般进水三通通过铜管与水嘴连接。

◆◆◆ **8.2.7　洗涤盆的安装**

洗涤盆有普通式、肘式开关和脚踏开关三种，洗涤盆的安装如图 8-19 所示。

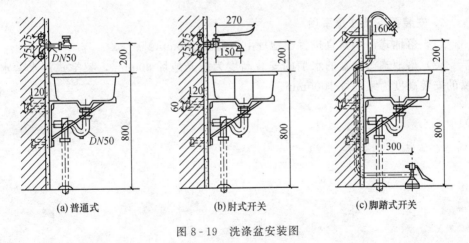

(a) 普通式　　　　　(b) 肘式开关　　　　　(c) 脚踏式开关

图 8-19　洗涤盆安装图

（1）洗涤盆托架用 40mm×5mm 的扁钢制作，用预埋螺栓或木螺钉固定。

（2）洗涤盆置于盆架上，其上沿口距地面 800mm，安装平正后用白水泥嵌塞盆与墙壁间的缝隙。

（3）安装排水栓、存水弯，确保排水栓中心与排水管中心对正，接口间隙打麻、捻灰并抹平。

（4）洗涤盆上只装设冷水嘴时，应位于中心位置；若装设冷、热水嘴时，冷水嘴偏下，热水嘴偏上。

◈◈*8.2.8*   污水盆的安装

1. 安装方法

架空式污水盆需用砖砌筑支墩，污水盆放置在支墩上，盆上沿口的安装高度为 800mm，水嘴的安装高度为距光地坪 1000mm。架空式污水盆的安装如图 8-20 所示。污水盆给排水管道和水嘴的安装方法同洗脸盆。

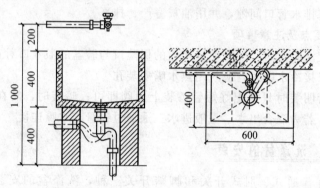

图 8-20   架空式污水盆安装图

2. 安装要点及注意事项

（1）落地式污水盆直接置于地坪上，盆高 500mm。

（2）落地式污水盆的水嘴的安装高度为距光地坪 800mm，架空式污水盆水嘴的安装高度为距地坪 1000mm。

参 考 文 献

[1] 华北地区建筑设计标准化办公室. 建筑设备施工安装图集：给水工程［M］. 北京：中国计划出版社，2008.

[2] 华北地区建筑设计标准化办公室. 建筑设备施工安装通用图集：排水工程［M］. 北京：中国计划出版社，2008.

[3] 华北地区建筑设计标准化办公室. 建筑设备施工安装通用图集：卫生工程［M］. 北京：中国计划出版社，2008.

[4] 樊建军，梅胜，何芳. 建筑给水排水及消防工程［M］. 北京：中国建筑工业出版社，2005.

[5] 张英. 新编建筑给水排水工程［M］. 北京：中国建筑工业出版社，2004.

[6] 王增长. 建筑给水排水工程［M］. 北京：高等教育出版社，2004.

[7] 孙培祥. 建筑给水排水工程快速识读［M］. 北京：中国铁道出版社，2012.

[8] 赵俊丽. 建筑给水排水及采暖工程［M］. 北京：中国铁道出版社，2012.

[9] 孙连溪. 实用给水排水工程施工手册. 2版［M］. 北京：中国建筑工业出版社，2006.

[10] 陈送材. 建筑给排水［M］. 北京：机械工业出版社，2007.

[11] 中国建筑设计研究院. 建筑给水排水设计手册. 2版［M］. 北京：中国建筑工业出版社，2008.